Herbert Meschkowski · Was wir wirklich wissen

Dem Andenken
meiner Frau

Inhaltsverzeichnis

Vorwort

Bei einem Essen am Trinity College in Cambridge versuchte A. L. Smith, ein Gast aus Oxford, mit seiner Umgebung ins Gespräch zu kommen. Die Szene, über die C. P. Snow berichtet, mag sich um 1890 abgespielt haben:

> Der Kollege richtete ein paar heitere Bemerkungen im leichten Oxfordton an sein Gegenüber, bekam aber nur ein Knurren zur Antwort. Dann versuchte er es mit seinem Nachbarn zur Rechten, der aber auch nur ein Knurren von sich gab. Zu seiner Überraschung bemerkte er dann, wie die beiden einander anblickten und sagten: »Verstehen Sie, wovon er spricht?« – »Keine blasse Ahnung.« Das brachte selbst Smith aus der Fassung. Doch der Präsident überbrückte die peinliche Situation und beruhigte ihn mit den Worten: »Ach, die – das sind Mathematiker. Mit denen reden wir überhaupt nicht.«

Als Snow selbst im Jahre 1939 nach Cambridge kam, traf er immer noch eine Aufspaltung der Akademiker in zwei diametrale Gruppen an, zwischen denen es kaum eine Kommunikation gab: Auf der einen Seite standen die »literarisch« Gebildeten, die von sich als den »Intellektuellen« sprachen; auf der anderen die Vertreter der »exakten« Wissenschaften, die in jenen Jahren durch wichtige, unser ganzes Weltbild verändernde Fortschritte von sich reden machten. Aber: Die »Intellektuellen« waren die anderen, die Wissenschaftler des Wortes.

Es wäre gewiß nicht schwierig, auch für unsere Zeit die Aufspaltung des kulturellen Lebens in die von Snow registrierten »diametralen Gruppen« nachzuweisen. Aber es hat sich doch einiges verändert: Die großen Erfolge der exakten Wissenschaften in den

11

letzten Jahrzehnten haben dazu geführt, daß sich heute viele Vertreter der früher als »Geisteswissenschaften« bezeichneten Disziplinen um Einführung mathematischer Methoden bemühen. Es scheint, daß das Vorkommen mathematischer Symbole in soziologischen (psychologischen, philosophischen, juristischen ...) Abhandlungen jetzt als eine Art von »Gütesiegel« angesehen wird.

Noch eindrucksvoller aber ist vielleicht die Bedeutung exakter Verfahren für die Philosophie. Man kann heute nicht mehr über die Probleme von Raum und Zeit reden, ohne sich mit den Ergebnissen der Relativitätstheorie zu beschäftigen, und auf den Tagungen der Philosophen nehmen heute die Fragestellungen der formalen Logik einen breiten Raum ein.

Vielleicht ist die Zeit bald vorbei, wo man in der guten Gesellschaft mit seiner Unkenntnis auf dem Gebiet von Mathematik und Physik protzen konnte.

Wir wollen in dieser Schrift auf die viel zuwenig beachtete Tatsache hinweisen, daß die Grundlagenforschung der exakten Wissenschaften wichtige und über das Fachgebiet hinausgehende erkenntniskritische Einsichten freilegt. Die Frage »Was wir wirklich wissen« (*sicher* wissen) ist auch von eminenter praktischer Bedeutung. Das soll in der Einleitung weiter ausgeführt werden. Hier wollen wir nur anmerken, daß man zur Einführung in diesen Problemkreis natürlich nicht ganz auf Beispiele aus der Mathematik und den Naturwissenschaften verzichten kann. Es geht dabei freilich nur um Erörterungen, die jedem Abiturienten verständlich sein müßten, aber immerhin! Es gibt unter den an solchen Fragestellungen interessierten Lesern nicht wenige, die einen Horror vor allen mathematischen Formeln haben. Solche Leser verfügen dann aber meist über die schon in der Schule geübte Kunst, sich an allen Formeln vorbeizuschleichen. Das kann man natürlich auch bei der Lektüre dieses Buches tun. Man muß sich dann nur entschließen, dem Autor die Folgerungen abzunehmen, die sich aus den dargestellten elementaren Rechnungen ergeben.

Ich widme dieses Buch dem Andenken meiner Frau, die bei seiner Abfassung bis ins letzte Kapitel hinein meinen müden Augen zu Hilfe kam. Weiter danke ich meinem Kollegen Nilson für seine treue Hilfe bei der Textgestaltung und Korrektur.

Berlin, im März 1983   *Herbert Meschkowski*

I. Einleitung

Wir müssen wissen, wir werden wissen!   D. Hilbert

Ich weiß, daß ich fast nichts weiß, und kaum das.   K. R. Popper

Am 27. November 1811 hielt der französische Mathematiker Augustin Cauchy vor einer gelehrten Gesellschaft in Cherbourg einen Vortrag über die Grenzen des menschlichen Wissens. Es war ein früher futurologischer Versuch, die Zukunftsaussichten der Wissenschaft abzuschätzen. Die großen Fortschritte der Forschung in der letzten Zeit, so führte Cauchy aus, hatten manche Zeitgenossen zu der Meinung gebracht, daß es für die fortschreitende wissenschaftliche Erkenntnis überhaupt keine Grenzen gebe. Aber man habe leicht einsehen können, daß das ein Irrtum sei. Über die Zustände im Innern der Erdkugel zum Beispiel könne es nur Hypothesen geben. Man könne nicht weiter als 1 500 Meilen ins Innere der Erde eindringen, und auch die Forschung in großer Höhe sei durch die Schwierigkeit eingeschränkt, daß dem Menschen in den oberen Schichten der Atmosphäre die Luft zum Atmen ausgeht. Und erst recht seien gesicherte Ergebnisse über die fremden Himmelskörper nicht zu erwarten. Cauchy fragte:

> Welcher Reisende, der aus fremden Welten kommt (oder gekommen ist), wird uns Kenntnis geben können von der Bodenbeschaffenheit oder den Bewohnern jener Himmelskörper?

Cauchy sah auch keine großen Möglichkeiten mehr für die Forschungen auf seinem eigenen Gebiet, der Mathematik. Er meinte, daß in der Geometrie, der Algebra, der Zahlentheorie, aber auch der Analysis alles Wesentliche bereits bekannt sei. Es wäre höchstens möglich, auf dem Gebiet der Anwendungen einiges nachzutragen.

Wer sich in der neueren Mathematik nur einigermaßen auskennt, der weiß, daß diese Ansicht Cauchys völlig verfehlt war. Er selbst hat ja in seinen späteren Jahren noch wesentlich zum Ausbau der Analysis beigetragen. Außerdem sind inzwischen ganz neue mathematische Disziplinen entwickelt worden, von denen Cauchy noch nichts ahnte. Wir können noch hinzufügen, daß wenige Jahre vor diesem Vortrag der geniale junge Galois auf dem Gebiet der Algebra ganz wichtige neue Ergebnisse erreicht hatte, von denen Cauchy damals noch nichts wußte.

Diese Tatsachen sind wohl nur den Fachleuten bekannt. Aber daß Cauchys Prognosen über die Möglichkeiten der Erforschung anderer Himmelskörper verfehlt sind, das wird jedem Bürger unserer Tage klar sein, der am Fernsehschirm die Landung der Astronauten auf dem Mond miterlebt hat.

Der futurologische Versuch Cauchys ist also durch die Erfahrungen auf der ganzen Linie widerlegt worden. Dieses Beispiel einer verfehlten pessimistischen Prognose kann all jenen Aufwind geben, die eine hohe Meinung von den Zukunftsaussichten der Forschung haben. Zu diesen wissenschaftsgläubigen Optimisten gehörte der wohl größte Mathematiker unseres Jahrhunderts, David Hilbert. Er hat sich in seinem berühmten Königsberger Vortrag vom Jahre 1930 über »Naturerkennen und Logik« zu erkenntnistheoretischen Fragen geäußert. Insbesondere hat er das vieldiskutierte »Ignorabimus« von du Bois-Reymond* scharf abgelehnt:

> Man darf nicht denen glauben, die heute mit philosophischer Miene und überlegenem Tone den Kulturuntergang prophezeien und sich in dem »Ignorabimus« gefallen. Für uns gibt es kein Ignorabimus und meiner Meinung nach in der Naturwissenschaft überhaupt nicht. Statt des törichten »Ignorabimus« heiße unsere Losung:
> Wir müssen wissen, wir werden wissen!

Nun wußte natürlich auch Hilbert, daß es in der Mathematik nachweisbar unlösbare Probleme gibt. Er sah aber ein mathemati-

---

* Im Jahre 1872 hatte der Berliner Physiologe du Bois-Reymond einen Vortrag »Über die Grenzen des Naturerkennens« gehalten. Er sprach von den ungelösten Problemen der Forschung und meinte, daß die Wissenschaft gewisse Probleme wohl nie lösen werde, z. B. das Problem des menschlichen Bewußtseins. Er schloß mit dem berühmten »Ignorabimus!« (Wir werden nicht wissen).

sches Problem auch dann als »gelöst« an, wenn man seine Unlösbarkeit (mit gegebenen Hilfsmitteln bzw. in einem bestimmten
Axiomensystem) exakt beweisen konnte. Er wollte freilich aus ge-
gebenem Anlaß – es sollte sichergestellt werden, daß in axiomatisch aufgebauten Theorien Widersprüche wie die Antinomien in
der Mengenlehre unmöglich sind – die vorhandenen Resultate
seiner Wissenschaft dadurch absichern, daß er die Widerspruchsfreiheit der einzelnen mathematischen Disziplinen durch einen
formalen Beweis herausstellte. Das war für ihn (und für die ihm
folgenden Formalisten) das wohl wichtigste Ziel seiner Grundlagenforschung.

Aber da gelang im Jahre 1931, also ein Jahr nach dem Königsberger Vortrag Hilberts, dem österreichischen Mathematiker Kurt
Gödel der Beweis, daß die Widerspruchsfreiheit der formalen
Zahlentheorie nicht mit den Mitteln des zugrunde gelegten Axio-
mensystems bewiesen werden kann. Das bedeutet, daß das »Hilbertsche Programm« schon in diesem wichtigen und einfachen
Fall nicht durchführbar ist. Der deutsche Logistiker Heinrich
Scholz hat diese Arbeit Gödels einmal eine »Kritik der reinen Vernunft vom Jahre 1931« genannt.

Hilbert war, wie uns seine Biographie berichtet, über dieses Ergebnis betroffen, ja verärgert. Das ist verständlich. Gödel hatte ja gezeigt, daß das »Hilbertsche Programm« (mindestens in seiner ursprünglichen Form) nicht erfüllbar ist. Man kann es auch so
ausdrücken: Es wurde klar, daß das »törichte Ignorabimus« doch
nicht so ganz verfehlt war. Aber Hilbert hat in seinen letzten Lebensjahren seine Grundauffassungen offenbar nicht mehr geändert. Wir hatten Gelegenheit, den etwa achtzig Jahre alten Gelehrten während des Krieges zu hören, als er in Berlin seinen
Königsberger Vortrag (mit leichten Variationen) wiederholte. Er
schloß dieses Mal seine Polemik gegen das (immer noch) »törichte Ignorabimus« mit den Worten:

> Nescimus, sed sciemus! (Wir wissen nicht, aber wir werden
> wissen.)

Es mag an der schweren Erkrankung in seinen letzten Lebensjahren liegen, daß Hilbert sich nicht mehr mit der Gödelschen »Kritik der reinen Vernunft vom Jahre 1931« auseinandergesetzt hat.

Aber viele Mathematiker und Philosophen taten es, und sie zogen aus den Ergebnissen Gödels und anderer Grundlagenforscher gewichtige Folgerungen. Der Philosoph Stegmüller formulierte seine Ergebnisse so:

> Eine Selbstgarantie menschlichen Denkens ist ausgeschlossen.

Leider finden wir bei Hilbert auch keine Begründung für seine Meinung, seine Ablehnung des »Ignorabimus« solle für die gesamte Naturwissenschaft gelten. Damals lagen doch bereits die Ergebnisse der Quantenphysik vor mit der Heisenbergschen Unschärferelation. Diese beschrieb ja nicht etwa die Grenze, die die Forschung gerade zu diesem Zeitpunkt erreicht hatte, sondern behauptete die Existenz einer Grenze für die Meßgenauigkeit, die aus grundsätzlichen Erwägungen für alle Zeiten gültig sein muß. In unseren Tagen finden wir in der Fachliteratur, aber noch häufiger in der für einen breiten Leserkreis bestimmten Sachbuchliteratur Äußerungen über die Möglichkeiten der Wissenschaft, die an den Hilbertschen Optimismus erinnern. Andererseits hat kürzlich der renommierte Naturphilosoph Sir Karl Popper das alte »Ignorabimus« auf seine Weise wiederaufgenommen. Im Jahre 1979 hielt er in Frankfurt (anläßlich der Verleihung der Ehrendoktorwürde) einen Vortrag über »Wissen und Nichtwissen«. Er begann mit einem Faust-Zitat:

> Da steh ich nun, ich armer Tor,
> und bin so klug als wie zuvor,
> Ich sehe, daß wir nichts wissen können;
> das will mir schier das Herz verbrennen.

Popper stellt dann die berühmte »Apologie« des Sokrates in den Mittelpunkt seiner Ausführungen. Er zeigt, daß die sokratische These vom Nicht-Wissen auch heute noch berechtigt ist. Das wird durch Ergebnisse der Forschung und ihre naturphilosophische Auswertung immer wieder bekräftigt.

Kann man nun solchen kritischen Aussagen der Grundlagenforscher entgegenhalten, daß ja doch ein so gescheiter Mann wie der Mathematiker Cauchy und vor und nach ihm viele andere mit pessimistischen Aussagen über die Zukunft der Forschung gescheitert sind? Daß Forscher und Erfinder immer wieder möglich gemacht haben, was die Weisen vergangener Epochen für unmöglich hielten?

Wir wollen uns versagen, auf diese Frage schon in der Einleitung unserer Arbeit eine Antwort zu geben. Es mag genügen, daß hier die Fragen gestellt sind, auf die die Antworten in unserer Zeit recht unterschiedlich ausfallen. Aber dies soll noch unterstrichen werden: Die Frage nach den Möglichkeiten und Grenzen der gegenwärtigen und zukünftigen Forschung ist für uns und unsere Nachkommen lebenswichtig. Das soll zunächst an einem Beispiel verdeutlicht werden. Kürzlich hat der amerikanische Physiker E. Teller in einem Buch über die Energieprobleme des 21. Jahrhunderts eine sehr optimistische Prognose gegeben. Er glaubt, daß die Menschen auch im kommenden Jahrhundert auf unserem Planeten ernährt werden können. Es gibt noch unerschöpfte Reserven an Nahrungsgütern im Meer, es gibt noch viele von der Landwirtschaft ungenutzte Flächen auf der Erde. Freilich, zur Bewässerung der afrikanischen Wüsten und zur Nutzung der im Meer vorhandenen Nährstoffe braucht man Energie, viel mehr Energie, als uns jetzt zur Verfügung steht. Aber auch dies Problem ist – nach Teller – lösbar, und zwar durch Nutzung der sogenannten Kernfusion. Bisher ist diese Energiequelle allerdings nur in der schrecklichen Wasserstoffbombe existent. Aber viele Forscher sind heute damit beschäftigt, diese Energiequelle zu zähmen, sie also für die Gewinnung von elektrischem Strom nutzbar zu machen. Wenn dies erreicht ist, steht uns ein guter Energielieferant zur Verfügung: Wasserstoff ist genügend vorhanden, und Entsorgungsprobleme für Rückstände gibt es nicht. In etwa 20 Jahren, meint Teller, werden wir so weit sein. Werden wir wirklich? Zunächst ist zu sagen, daß der Lösung dieses Problems keine grundsätzlichen, erkenntnistheoretischen Erwägungen entgegenstehen. Es geht »nur« um schwierige technische Fragen. Werden unsere Forscher sie lösen, bevor die Menschheit verhungert oder sich in einem Kampf um die Reserven unserer Erde vernichtet? Kürzlich brachte das deutsche Fernsehen einen Bericht zu diesem Problem, in dem die technischen Schwierigkeiten diskutiert wurden, die einer Lösung entgegenstehen. Die Sachverständigen dieses Berichts waren weit weniger optimistisch als E. Teller. Man hielt es sogar für möglich, daß es niemals gelingen wird, durch Kernfusion technisch nutzbare Energie zu gewinnen.

Es leuchtet ein, daß hier schwer zu entscheidende politische Fragen auftauchen können, die von Männern zu lösen sind, die ihr Urteil nicht auf eigenen technischen Sachverstand gründen können. Wenn es nicht in absehbarer Zeit gelingen sollte, mit der Kernfusion zurechtzukommen, muß man dann nicht verstärkte Anstrengungen unternehmen, um andere, wenn auch weniger ergiebige Energiequellen zu erschließen? Soll man es mit der Ausnutzung von Ebbe und Flut versuchen oder mit der Sonnenenergie?

Dieses eine Beispiel mag zeigen, daß die Abschätzung der Zukunftsaussichten der wissenschaftlich-technischen Forschung keine müßige Spielerei ist.

Auch die Beschäftigung mit den Grundlagenfragen der exakten Naturwissenschaften ist für unsere Zukunft von nicht zu überschätzender Bedeutung, und das nicht nur weil sie für den Praktiker immer wieder richtungsweisend sein kann. Man hat oft den »Verlust der Mitte« in unserer Zeit beklagt, jener großen Gemeinsamkeiten des Denkens und Glaubens, die einst das Leben der mittelalterlichen Menschen so einheitlich gestalteten. Man kann natürlich die Zeit nicht zurückdrehen und etwa den Menschen unseres naturwissenschaftlich-technischen Zeitalters die Glaubensweise des Mittelalters aufprägen. Aber man kann doch fragen, ob es nicht möglich sei, aus den Einsichten unseres Jahrhunderts eine neue »Mitte« zu finden. Gemeinsamkeiten in der Weltansicht also, die die Entscheidungen über die schwierigen Fragen der Zukunft erleichtern könnten. Nun kann man in der Tat – das wird noch darzulegen sein – bemerkenswerte Gemeinsamkeiten in den Schriften einiger unserer großen Forscher finden, in ihren Meditationen, die über die Darlegung der Einzelergebnisse und ihre mathematisch formulierten Theorien hinausweisen. Man könnte also versuchen, eine neue »Mitte« für unser Zeitalter in den allgemeinen Betrachtungen von Männern wie Planck und Einstein, Schrödinger und Heisenberg zu finden.

Solche Hoffnungen werden aber getrübt durch die Feststellung, daß es beim Reden über »Gott und die Welt« in unserer Fach- und Sachbuchliteratur doch immer noch starke Divergenzen gibt.

Man stößt da auf eine naive Wissenschaftsgläubigkeit, die ganz wesentlich von der Haltung der oben genannten Forscher abweicht.

Wir sehen den Grund für solche Divergenzen in der unkritischen Geisteshaltung mancher Autoren, die immer wieder zu vorschnellen Verallgemeinerungen bereit sind. Um hier weiterzukommen, erscheint uns eine erkenntniskritische Besinnung geboten: Was dürfen wir als gesichertes Ergebnis der Forschung ansehen? Und wie weit sind Verallgemeinerungen zu verantworten? Es gibt in unserem naturwissenschaftlichen Zeitalter nicht wenige Forscher, die mit viel Geschick und Einfallsreichtum zur Lösung eines Einzelproblems fähig sind, die aber versagen bei dem Bemühen, die Einzelheiten zu einem Gesamtbild zusammenzufügen. Hier erscheinen Überlegungen über den Gültigkeitsbereich von verallgemeinernden Theorien dringend geboten.

Dies ist die grundlegende Frage:

Was wissen wir wirklich?

Das heißt ausführlicher:

Wie zuverlässig sind jene Aussagen der Forschung, die über die schlichte Registrierung von Meßergebnissen hinausgehen?

Wie sicher sind die Theorien über die Evolution und die Aussagen über die ersten fünf Minuten nach dem Urknall?

Was ist von den mancherlei Zukunftsprognosen zu halten? Und was von den Aussagen über mathematisch nicht zu behandelnde Fragen wie die nach dem Wesen des menschlichen Bewußtseins?

Bevor wir auf einzelne Fragestellungen eingehen, müssen wir uns über gewisse erkenntnistheoretische Prinzipien verständigen. Goethe hat einmal gesagt, daß sich der Forscher bei seinen Aussagen immer so verhalten solle, als ob er »dem strengsten Geometer Rechenschaft schuldig« wäre. Diese Forderung ist deshalb so erstaunlich, weil Goethe bekanntlich eine starke Abneigung gegen das »Hexengewirre« mathematischer Formeln hatte und es gar nicht schätzte, wenn die Gelehrten physikalische Probleme mit mathematischen Methoden anpackten. Trotzdem legte er Wert darauf, daß bei allen Schlüssen mathematische Strenge gewahrt wurde, daß also Klarheit und Korrektheit die Deduktionen beherrschten.

Wir meinen aber, daß die Mathematik dem Erkenntnistheoretiker weit mehr zu bieten hat als das Vorbild absoluter Korrektheit. Die moderne Grundlagenforschung hat deutlich gemacht, daß die formal aufgebauten mathematischen Theorien Aussagen über die Beweisbarkeit der Widerspruchsfreiheit dieser Systeme zulassen. Das sind Aussagen von hohem erkenntnistheoretischem Wert. Aber man muß gar nicht bis zu diesen nicht immer einfachen Beweisgängen vordringen, um aus der Beschäftigung mit der Mathematik wichtige erkenntnistheoretische Einsichten zu gewinnen. Es gibt ganz elementar zu begründende Aussagen über die Lösbarkeit gewisser Aufgaben, über die Notwendigkeit, zu umfassenderen Strukturen überzugehen, wenn man gewisse einfache Probleme lösen will.

Wir wollen im ersten Teil unserer Schrift einige wichtige Beispiele für diese Zusammenhänge geben. Dazu kommen entsprechende Berichte über die Strukturen der Physik.

Manche Leser werden skeptisch sein, wenn ein Mathematiker einen Gedankengang »ganz elementar« nennt. Wer ärgerliche Erinnerungen an die Schulmathematik hat, ist leicht geneigt, alles beiseite zu schieben, was mit Mathematik zu tun hat. Wir möchten dem Leser vorschlagen, es doch noch einmal zu versuchen. Wir bringen vorwiegend solche Beispiele für unsere Aussagen über mathematische Strukturen, die aus dem Bereich der Schulmathematik stammen. An einigen wenigen Stellen freilich wollen wir für den geschulten Leser darüber hinausgehende Betrachtungen bringen. Sie können aber ohne Verlust für das Verständnis des Ganzen übergangen werden.

II. Exaktheit

Es trete kein der Geometrie Unkundiger ein.

Inschrift der Akademie Platons

Jede Wissenschaft ist so weit Wissenschaft, wie Mathematik in ihr ist.

I. Kant

1. Das Vorbild des »Geometers«

Wenn man heute einen Wissenschaftler zu Exaktheit in seinen Deduktionen ermahnen wollte, unter Hinweis auf das (in der Einleitung zitierte) Wort Goethes, wenn man ihm also den »Geometer« zum Vorbild empfehlen wollte, dann müßte man wohl mit einer verärgerten Reaktion rechnen. Unser Gelehrter würde vielleicht antworten, daß ihm Genauigkeit und Sorgfalt selbstverständlich seien, daß er im übrigen mit dem Vorbild des Geometers schon deshalb nichts anfangen könne, weil er nach ganz anderen Methoden zu arbeiten habe.

Wir meinen aber (und wollen das im folgenden begründen), daß auch in unserem naturwissenschaftlichen Jahrhundert einige Gründe bestehen, die Mahnung Goethes ernst zu nehmen. Ein wenig wollen wir sie variieren: Wir können den »Geometer« durch den »Mathematiker« ersetzen. Im 18. Jahrhundert war die Geometrie die tragende mathematische Disziplin; ihre Probleme standen im Vordergrund des Interesses. Das hat sich inzwischen gewandelt, und wir wollen zeigen, daß die gesamte Mathematik und ihre Grundlagenforschung eine weit über das Fach hinaus wichtige erkenntnistheoretische Bedeutung hat.

Wir wollen das mathematische Verständnis von Exaktheit an der elementaren Zahlentheorie erläutern und beginnen mit einem Beispiel.

2. Zahlentheoretische Beispiele

Im Jahre 1742 äußerte Christian Goldbach in einem Brief an Euler die Vermutung, daß jede gerade Zahl (2 N ≧ 4) auf mindestens eine Weise als Summe zweier Primzahlen darstellbar sei. Es ist zum Beispiel:

$$16 = 11 + 5 = 13 + 3, \quad 18 = 13 + 5 = 11 + 7 \text{ usf.}$$

Nähere Untersuchungen haben bisher zu keinem Gegenbeispiel geführt. Es zeigt sich weiter, daß die Zahl ψ (2 N) der möglichen Zerlegungen der geraden Zahlen 2 N mit wachsender Nummer N schwankt, aber im ganzen steigende Tendenz aufweist. (Bei der Zählung wird auf die Reihenfolge der Summanden nicht geachtet. $12 = 5 + 7 = 7 + 5$ gilt als *eine* Zerlegung.) So gibt es für 2 N = 50 vier Zerlegungen, ψ (50) = 4:

$$50 = 47 + 3 = 43 + 7 = 37 + 13 = 31 + 19;$$

für 100 hat man schon 6 Zerlegungen.

Georg Cantor (Meschkowski [8], S. 168 ff.), der Begründer der Mengenlehre, hat sich in seinen späteren Jahren einmal mit diesem Zerlegungsproblem beschäftigt und versucht, Gesetzlichkeiten für die Funktion ψ:

$$2N \longrightarrow \psi \,(2N) = n$$

herauszufinden. Gegenüber ein Auszug aus seiner Tabelle. Es ist z. B. ψ (50) = 4, weil es für 50 vier verschiedene Zerlegungen gibt.

Abb. 1 zeigt eine graphische Darstellung der Funktion

$$2N \longrightarrow \psi \,(2N).$$

Diese Darstellung macht deutlich, daß es in der Anzahl der Darstellungen erhebliche Schwankungen gibt, aber im ganzen liegt doch steigende Tendenz vor. Es ist indes noch nicht gelungen, die Goldbachsche Vermutung zu beweisen, also zu zeigen:

Jede *gerade Zahl 2N (N> 1) ist als Summe zweier Primzahlen* darstellbar: 2 N = p + q.

2N	2	4	6	8	10	12	14	16	18	20	22	24
n	1	2	2	2	2	2	3	2	3	3	3	4
2N	26	28	30	32	34	36	38	40	42	44	46	48
n	3	2	4	3	4	4	3	3	5	4	4	6
2N	50	52	54	56	58	60	62	64	66	68	70	72
n	4	3	6	3	4	7	4	5	6	3	5	7
2N	74	76	78	80	82	84	86	88	90	92	94	96
n	6	5	7	5	5	9	5	4	10	4	5	7
2N	98	100	102	104	106	108	110	112	114	116	118	120
n	4	6	9	6	6	9	7	7	11	6	6	12

Es ist freilich auch kein Gegenbeispiel bekannt, und man hat doch in letzter Zeit die Möglichkeit gehabt, mit Hilfe von Computern die Zerlegungsmöglichkeiten sehr großer Zahlen zu prüfen. Da außerdem die Kurve der Abb. 1 im ganzen steigende Tendenz zeigt, liegt die Vermutung sehr nahe, daß es unter den noch größeren Zahlen erst recht kein Gegenbeispiel geben wird. Manch ein Kollege aus einer anderen Disziplin (ein Historiker, ein Biologe, ein Paläontologe) wäre vielleicht glücklich, wenn er zur Begründung einer seiner Thesen so viele Beispiele vorweisen könnte.

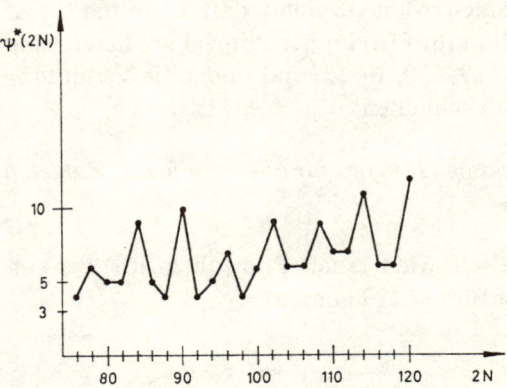

Abb. 1

23

Aber der Mathematiker ist auf Beweise aus und begnügt sich nicht mit noch so vielen Beispielen. In diesem Fall ist der Nachweis gefordert, daß aus der Eigenschaft einer Zahl, gerade zu sein, die behauptete Zerlegbarkeit folgt.

Soll man so viel vorsichtige Zurückhaltung für kleinlich halten? Doch wohl nicht. Der Mathematiker ist gewiß gut beraten, wenn er an der in seiner Disziplin gegebenen Möglichkeit zu exakter Deduktion (z. B. durch vollständige Induktion) festhält.

Es kommt noch hinzu, daß die Mathematik überreich ist an Beispielen für die Einsicht, daß man nicht ungesichert verallgemeinern darf. Schon die Reihe der natürlichen Zahlen, die so harmlos aussieht und einfach durch sukzessive Zusammenfügung von Einsen entsteht, hat es in sich. Sie liefert überzeugende Beispiele gegen die Neigung, allzu rasch aus sechs, zwanzig oder dreißig Beispielen auf ein allgemeines Gesetz zu schließen.

Ein eindrucksvolles Exempel liefert dafür die Eulersche Funktion:

$$(1) \quad n \rightarrow f(n) = n^2 - n + 41.$$

Wenn man für n nacheinander die natürlichen Zahlen einsetzt, erhält man für $f(n)$:

$$41, 43, 47, 53, 61, \ldots$$

Das sind lauter Primzahlen. Man vermutet, daß die durch (1) erklärte Eulersche Funktion für f (n) immer Primzahlen liefert, und probiert weiter mit $n = 6, 7, 8, 9, 10, \ldots$ und findet die Vermutung bestätigt. Also kann man schließen:

Die Eulersche Funktion (1) liefert für alle natürlichen Zahlen n Primzahlen f (n).

Aber dieser Satz ist falsch. Man erhält Primzahlen $f(n)$ bis einschließlich $n = 40$. Aber für $n = 41$ hat man:

$$f(41) = 41^2,$$

und das ist keine Primzahl.

Die Funktion

$$n \rightarrow g(n) = n^2 - 79\,n + 1601$$

liefert Primzahlen g (n) bis einschließlich n = 79.

Das »chinesische Problem« liefert ein Beispiel, das noch stärker zu einer unberechtigten Verallgemeinerung verführt: Man hat im Fernen Osten einst die These aufgestellt,

die Zahl n sei eine Primzahl, wenn sie Teiler von $2^n - 2$ ist.

Das ist zwar in vielen Fällen richtig, doch in n = 341 hat man ein Gegenbeispiel: 341 ist Teiler von $2^{341} - 2$, aber die Zahl 341 ist trotzdem nicht prim: Man hat $341 = 11 \cdot 31$.

Versuchen wir es einmal mit dem Satz:

Jede natürliche Zahl ist auf höchstens eine Weise als Summe von zwei Kuben darstellbar.

Die Zahl 35 ist z. B. auf genau eine Weise als Summe von zwei Kuben darstellbar: $35 = 27 + 8 = 3^3 + 2^3$. Nun sind 36, 37, 38, ..., 71 Zahlen, die man überhaupt nicht als Summe von zwei Kuben darstellen kann, 72 wieder auf eine Weise: $72 = 4^3 + 2^3$. Und doch ist der Satz falsch. Als der englische Mathematiker Hardy seinen indischen Freund Ramanujan besuchte, erwähnte er die Nummer seines Taxis: »Ich glaube, die Nummer meines Taxis war 1729. Das scheint mir eine ziemlich langweilige Zahl zu sein.« Sein junger Kollege war anderer Meinung: »Nein, Hardy, nein, Hardy! Es ist eine sehr interessante Zahl. 1729 ist die kleinste Zahl, die auf zwei verschiedene Weisen als Summe von zwei Kuben darstellbar ist.« ($1729 = 10^3 + 9^3 = 12^3 + 1^3$.)

Der zitierte Satz ist also richtig für alle natürlichen Zahlen bis einschließlich 1728.

Man könnte übrigens das Beispiel mit der Eulerschen Funktion eindrucksvoller finden als das mit der Kubensumme. Es leuchtet schließlich ein, daß mehrfache Darstellungen durch Summen von Kuben (wenn überhaupt) erst für größere Zahlen möglich sein dürften. Dagegen bleibt das Beispiel mit der Eulerschen Funktion einfach rätselhaft: Primzahlen sind einigermaßen selten, und wenn $n^2 - n + 41$ wieder und wieder auf Primzahlen führt, dann möchte man doch hier ein geheimes (uns noch nicht durchschaubares) allgemeines Gesetz vermuten. Aber nein! Die so harmlos aussehende (manche Leute sagen: so langweilige) Reihe der natürlichen Zahlen legt es anscheinend darauf an, die Mathematiker zum Narren zu halten.

Fassen wir zusammen: Wir haben eine Reihe von Sätzen über natürliche Zahlen zusammengestellt, die in einer eindrucksvoll großen Zahl von Fällen richtig sind, sich aber dann doch von einer bestimmten Nummer an (von 41, 80 bei den Eulerschen Funktionen, von 341 an beim chinesischen Problem, von 1729 an beim Kubenproblem) als falsch erweisen.

Wir geben noch als ein letztes Beispiel den Satz:

Für jede natürliche Zahl n (> 1) gibt es natürliche Zahlen x, y, z mit der Eigenschaft

$$\frac{4}{n} = \frac{1}{x} + \frac{1}{y} + \frac{1}{z}.$$

Der Satz ist erwiesen für alle natürlichen Zahlen $n < 141\,648$. Kann man danach behaupten, daß er sicherlich für alle natürlichen Zahlen n gelten wird? Kein ernster Mathematiker wird das ohne Beweis behaupten, und deshalb gilt auch der Goldbachsche Satz immer noch als Vermutung.

Es liegt nun hier die Frage nahe: Wenn schon die so harmlose Reihe der natürlichen Zahlen so viele Fallgruben aufweist, so viele Versuchungen zu unberechtigten Verallgemeinerungen, sollte man nicht erst recht bei allen Fragestellungen, die menschliche Probleme betreffen, zurückhaltend sein mit allgemeinen Thesen?

Wer entsprechend der Goethischen Mahnung dem Vorbild des Mathematikers folgen will in der Strenge der Deduktionen, in der Zurückhaltung bei Verallgemeinerungen, der mag auch noch auf einem anderen wichtigen Gebiet die mathematischen Methoden studieren: Der Mathematiker hat ein anderes Verhältnis zur Sprache als sein philologisch orientierter Kollege, und es waren gute Gründe, die seine Eigenständigkeit auf diesem Gebiet begründeten.

3. Die Problematik des Definierens

Wie oft geschieht es in politischen und wissenschaftlichen Diskussionen, daß aneinander vorbeigeredet wird, bis schließlich einer seinen Partner fragt: »Was verstehen Sie eigentlich unter ›Sozialismus‹ oder unter ›Kausalität‹, ›Induktion‹, ›Marktwirtschaft‹?« Und dann setzt der schwierige Versuch ein, sich über die Definitionen der abzuhandelnden Begriffe zu einigen . . .

Bis ins 17. Jahrhundert hinein sind die Mathematiker dem allgemeinen Brauch gefolgt und haben ihre Begriffe der allgemeinen Gelehrtensprache entnommen. Beim Ausbau ihrer immer komplizierter werdenden Systeme stellte sich aber die Notwendigkeit heraus, alle nicht elementaren Begriffe exakt zu definieren. Auf diese Weise haben wir heute in den exakten Wissenschaften ein anderes Verhältnis zur Sprache als in den Geisteswissenschaften. Es ist nützlich, das klar zu sehen.

Bei einem Staatsexamen wurde der Kandidat in der Theorie der Filter geprüft. Es war ausführlich die Rede von Filtern, Filter-Basen und Bourbaki-Filtern. Der Vorsitzende der Kommission, ein Altphilologe, konnte natürlich nicht folgen, aber er hatte doch gewisse Assoziationen, wenn von »Filter« die Rede war, und er fragte den Prüfling, warum denn die Dinge, von denen hier gesprochen wurde, ausgerechnet Filter hießen. Der Student war ahnungslos. Er hatte sich diese Frage nie gestellt. Er wußte, daß eine Menge von Mengen unter gewissen Voraussetzungen Filter hieß; er kannte die Eigenschaften dieser Filter, aber er brachte sie nicht in Beziehung zum Kaffeefilter oder zum Filter eines Wasserwerks. Der prüfende Professor war allerdings in der Lage, die gewünschte Aufklärung zu geben, und so konnten der Prüfling und der Vorsitzende in diesem Examen etwas dazulernen.

Ein Geisteswissenschaftler mag es barbarisch finden, daß der Student der Mathematik nie nach dem Sinn des Fachausdruckes in seiner Wissenschaft gefragt hat. Vom Standpunkt der modernen formalistischen Mathematik her ist die Haltung des jungen Mannes durchaus berechtigt. Es ist unmöglich, aus dem Wort »Filter« auf das Wesen dieses mathematischen Begriffs zu schließen. Der Begriff wird durch die in jedem Lehrbuch der Topologie oder der Verbandstheorie gegebene Definition hinreichend geklärt. Diese

Erklärung ist klar und unmißverständlich, und man braucht nicht den Bezug auf anschauliche Modelle (Kaffeefilter), um sich verständlich zu machen. Der Name ist Schall und Rauch. Man könnte statt »Filter« auch »Regenschirm« oder »Gießkanne« sagen, wenn nur die Definition klar ist. Natürlich hat die als »Filter« bezeichnete Menge tatsächlich etwas mit dem Kaffeefilter gemeinsam (und kaum mit einem Regenschirm), aber diese Gemeinsamkeit ist unwesentlich. Man kann sie herausstellen, aber man darf an dieser Deutung nicht das Verständnis der Begriffe aufhängen. Dieser Sachverhalt wird besonders deutlich, wenn man mathematische Begriffe in fremde Sprachen übersetzt. »Verband« heißt auf englisch »lattice«. Wenn man aber in einem normalen Wörterbuch nach der Bedeutung des Wortes »lattice« sucht, so findet man etwa »Gitterwerk«. Übersetzt man umgekehrt »Verband« nach einem Taschenwörterbuch ins Englische, so findet man verschiedene Möglichkeiten, nur nicht den mathematischen Begriff »lattice«. Trotzdem versteht der englische Mathematiker unter »lattice« dasselbe wie der deutsche unter »Verband«. Ein Verband ist eine Menge von Objekten, die durch zwei Verknüpfungen nach wohlbestimmten Axiomen verbunden werden können. Hier liegt eine Verknüpfung vor, die der Deutsche »Verband«, der Engländer »lattice«, Gitterwerk, nennt. Irgendeine Eigenschaft des Gebildes gibt den Namen. Maßgebend ist aber nicht der vieldeutige Name der Umgangssprache, sondern die Festlegung durch die fundierten Axiome, und die behalten ihren Sinn auch bei der Übersetzung in eine Fremdsprache.

Im Bereich der Geisteswissenschaften kommt es häufig vor, daß grundlegende Aussagen aus der philologischen Analyse von Wörtern der Umgangssprache gewonnen werden. Man versucht, aus einem Verständnis des Wortes zu einer gültigen Sinndeutung zu kommen.

Betrachten wir als ein Beispiel die Art, wie F. K. Schumann in seinem Referat »Mythos und Technik« die Brücke zwischen Antike und Gegenwart schlägt. Die übliche Auffassung, die Technik sei »methodisch angewandtes Mittel zur Erfüllung menschlicher Lebensbedürfnisse«, hält Schumann zwar nicht für unrichtig, aber sie betrifft doch (nach Heidegger) nicht das Wesen der Technik.

Die Frage des Wesens hat es nicht mit Richtigkeiten, sondern mit der Wahrheit einer Sache zu tun. Zum Wahren der Technik führt erst der ursprunghafte griechische Gedanke, daß alle Technik ein Hervorbringen, ein Ans-Licht-Bringen eines bisher noch nicht Hervor-Gebrachten ist. Als solches Hervorbringen hat Technik es zutiefst mit der Wahrheit des Daseins zu tun. Denn alle Wahrheit (α-λήθεια) ist ein aus der Verborgenheit »Entborgenes«. Technik ist also eine bestimmte Haltung von Menschsein überhaupt, das wesenhaft ἀληθεύειν, »Ent-bergen«, ist. Ehe wir nun fragen, was für eine besondere Weise des Ent-bergens in der Technik vorliegt, verweilen wir einen Augenblick bei diesem Gedankeneinsatz, der bereits ein Ergebnis darstellt. Er bedeutet ja von vornherein, daß Technik nicht als ein mehr oder weniger Zufälliges, als ein Mittel zur Befriedigung kontingent auftretender Bedürfnisse verstanden werden darf. Die Technik hat es wesenhaft nicht mit solchen Bedürfnissen des Lebens zu tun, vielmehr geht es auch in ihr um die Unumgänglichkeit der Wahrheit. »Die Technik west in dem Bereich, wo ... Wahrheit geschieht.«

Wir sehen davon ab, daß dem Naturwissenschaftler die Sicherheit, mit der in diesem Text von der »Wahrheit« gesprochen wird, suspekt ist. Interessant ist hier die Relation

Technik-Wahrheit-Mythos.

Durch philologische Analyse des griechischen Wortes für Wahrheit wird hier eine Gemeinsamkeit hergestellt zwischen Technik und Mythos. Technik hat es mit dem Ent-Bergen zu tun, und (so erfahren wir weiter) der Mythos auch: »Im Mythos werden die Grundstrukturen des Seienden in seinem Sein gestalthaft ergriffen und ›entborgen‹.« Daraus deduziert der Theologe Schumann das Recht, den Techniker unserer Tage auf den Prometheus-Mythos hinzuweisen. Wer sich mit Feuer beschäftigt, begibt sich »in den Bereich des Wagnisses, ja des Frevels hinein«.
Wir wollen uns versagen, auf die hier zur Diskussion gestellte Frage einzugehen und nach der Legitimation des Mythos zu fragen. Uns interessiert der Versuch, durch Analyse des Wortes das We-

sen der Wahrheit der Technik und des Mythos zu deuten. Es ist doch mit Händen zu greifen, daß man durch diese Art von Philologie alles und nichts beweisen kann. Wir wollen noch ein Beispiel ausführlicher behandeln, das in der Mathematik, der Philosophie und sogar in der Theologie eine wichtige Rolle spielt. Wir meinen das Begriffspaar *Paradoxie und Antinomie.* Hier sind durch Unklarheiten der Definition ernsthafte Fehlaussagen möglich.

4. Antinomien und Paradoxien

Es ist zuweilen üblich, diese beiden Begriffe synonym zu gebrauchen. Das kann man niemandem verwehren. Aber wer das tut, verzichtet auf wichtige Aussagemöglichkeiten und läuft Gefahr, in ärgerliche Irrtümer zu verfallen.

Wir beginnen mit der mathematischen Definition des Begriffes der *Antinomie.*

> *Eine Antinomie ist eine Aussage des Typs*
> (2) A ∧ non A.*

Als ein Beispiel für eine in der Umgangssprache formulierte Antinomie wollen wir einen Satz Luthers aus seiner Römerbriefvorlesung zitieren:

> Also ist das alles wahr: Gott will das Böse,
> Gott will das Böse nicht. Gott will das Gute,
> Gott will das Gute nicht.

Von solchen echten Widersprüchen (Antinomien) sind die *Paradoxien* wohl zu unterscheiden.

> *Eine Aussage heißt paradox,* wenn sie einem unzulässig Verallgemeinernden (einem Anfänger) falsch zu sein scheint.

Die Aussage, daß ein Satz einer Theorie paradox sei, ist danach nicht eine für die betreffende Theorie wichtige Feststellung. Sie sagt etwas aus über den Bildungsstand des Lernenden. Nehmen

---

* Zur Definition der logischen Zeichen s. Kap. IV.

wir als Beispiel die berühmte Galileische Paradoxie aus der Mengenlehre! Der große Gelehrte hatte sich darüber gewundert, daß eine umkehrbar eindeutige Zuordnung zwischen der Menge der natürlichen Zahlen und der der geraden Zahlen möglich ist. Durch die Abbildung

$$n \rightarrow 2n$$
$$1 \ 2 \ 3 \ 4 \ \ 5 \ \ 6 \ \ 7 \ \ 8 \dots$$
$$\updownarrow \ \updownarrow \ \updownarrow \ \ \dots$$
$$2 \ 4 \ 6 \ 8 \ 10 \ 12 \ 14 \ 16 \dots$$

ist jeder natürlichen Zahl n umkehrbar eindeutig die gerade Zahl 2n zugeordnet. Man ist geneigt zu sagen: Es gibt danach »gleich viele« natürliche und gerade Zahlen. Und doch bildet die Menge G der geraden Zahlen eine echte Teilmenge der Menge |N der natürlichen Zahlen.

Das erscheint dem Anfänger paradox, weil er bisher nur mit endlichen Mengen zu tun hatte. Und bei einer Menge M von 8 Elementen kann man tatsächlich keine umkehrbar eindeutige Zuordnung zu einer Menge von 7 Elementen vornehmen.

Aber müssen denn die Gesetzlichkeiten für endliche Mengen auch noch für unendliche gültig sein? Es gibt keinen zwingenden Grund, das anzunehmen. Aber der immer zu unzulässigem Verallgemeinern geneigte Mensch versucht gern, die gewohnten Gesetzlichkeiten auch für einen neu zu erforschenden Bereich als gültig anzunehmen. Deshalb empfindet er die Abweichung vom Gewohnten als paradox.

Die Mathematik ist überreich an Paradoxien, die uns immer wieder lehren, daß man nicht ungesichert verallgemeinern darf. Es gibt noch einen anderen – harmloseren – Typ von Paradoxien, bei dem ein errechnetes Ergebnis unsinnig zu sein scheint, weil es anscheinend der Anschauung widerspricht. Man nehme etwa die folgende Aufgabe:

Man denke sich um den Äquator der Erde ein Band gelegt, das fest aufliegt (dabei wird von allen Bodenerhebungen usw. abgesehen). Jetzt werde das Band um einen Meter verlängert und konzentrisch zum ersten Kreis um die Erde gelegt. Wie hoch steht es über der Erde?

Kann darunter ein Kaninchen durchkriechen, eine Maus oder wenigstens eine Ameise?

Die meisten Menschen sind geneigt, alle drei Fragen zu verneinen. Aber eine einfache Rechnung zeigt, daß das verlängerte Band etwa 17 cm über der Erde liegt! Sind nämlich R der Erdradius und x die gesuchte Strecke, so haben wir doch

$$2\pi R + 1 = 2\pi \, (R + x),$$

und daraus folgt

$$x = \frac{1}{2\pi},$$

also

$$x \sim 0{,}16 \, \text{m}.$$

Bemerkenswert ist, daß der Erdradius R dabei herausfällt. Man hat also dasselbe Ergebnis, wenn man statt der Erdkugel etwa eine Apfelsine nimmt.

C. F. von Weizsäcker hat in einem Vortrag in Berlin zu dieser Aufgabe einmal gesagt, daß dieses Ergebnis zwar rechnerisch einwandfrei sei, aber doch der Anschauung widerspreche und daher »paradox« erscheine. Im gegebenen Fall kann man aber der Anschauung leicht nachhelfen: Man führe das entsprechende Experiment für einen Würfel oder eine quadratische Säule durch.

Man lege also um die quadratische Säule R (Abb. 2) eine Schnur und verlängere sie um 1 Meter. Mit diesem verlängerten Band wird ein dem gegebenen quadratischen Querschnitt parallel und konzentrisch liegendes Quadrat gebildet, das überall den Abstand x hat. Man liest leicht an der Figur ab, daß $8x = 1$ gilt, also $x = 0{,}125$. Das Ergebnis ist unabhängig von der Länge der Quadratseite.

Es ist nicht schwer, die entsprechende Überlegung für ein Sechseck, Achteck, allgemein für ein n-Eck durchzuführen. Immer ist der Abstand des von der verlängerten Schnur gebildeten Polygons von der Größe der gegebenen Figur (d. h. vom Umkreisradius der gegebenen Figur) *unabhängig*. Es leuchtet nun ein, daß man auch für den Kreis das entsprechende Ergebnis bekommt. Das unsinnig Erscheinende, die Paradoxie, ist aufgelöst.

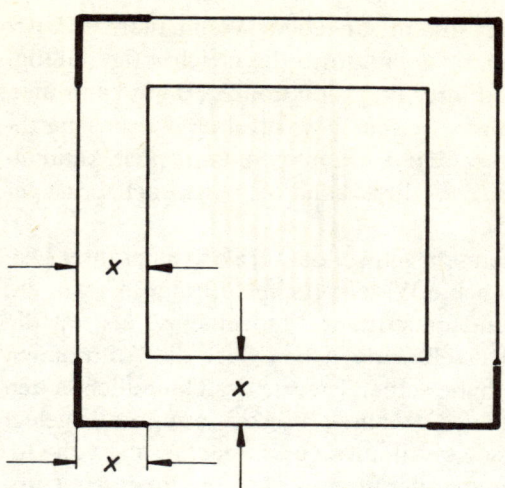

Abb. 2

Fassen wir zusammen: Paradoxien sind richtige Aussagen, die dem Anfänger falsch zu sein *scheinen*. Meist entsteht dieser Irrtum aus der Neigung des Menschen, vorhandene Ergebnisse unzulässig zu verallgemeinern.

Paradoxien sind also wichtige Hilfen, um Denkfehler ad absurdum zu führen. Die Aussage, ein Satz sei paradox, ist keine Feststellung, die sich auf die Theorie selbst bezieht. Die schwächere Aussage, ein Satz sei merkwürdig, hat ebenfalls einen rein subjektiven Charakter. Dazu ein Beispiel: Im Staatsexamen wurde ein Kandidat gefragt (sein Prüfer war ein Forscher von hohem Rang): »Was ist an der Hyperbel merkwürdig?« Er wollte hören, daß sie Asymptoten hat. Die Antwort des Kandidaten: »In der Mathematik ist alles oder nichts merkwürdig.« Er fiel daraufhin »wegen Frechheit« durch. Schade; wir meinen, daß der junge Mann eine sehr gescheite Antwort gegeben hat.

Zu sagen, etwas sei paradox, ist eine psychologische Feststellung, die etwas über den Bildungsstand des Sprechers aussagt. Das läßt sich auch so formulieren: Paradoxien sind immer nur für den Anfänger paradox!

Ganz anders steht es mit den echten *Antinomien*. Wir werden später (in Kap. IV, 3) noch darauf eingehen: Wenn man in einer Theorie nur *eine* Antinomie zuläßt (also die gleichzeitige Gültigkeit einer Aussage A und ihrer Negation non A), dann kann man *jede beliebige* Aussage B beweisen. Wer in einer wissenschaftlichen Arbeit mit solchen echten Antinomien herumspielt, kann alles und nichts beweisen. Er verliert damit den Anspruch, ernst genommen zu werden.

Die Mathematiker trugen sehr schwer daran, als in einer ihrer Disziplinen zum erstenmal echte Widersprüche auftraten. Es war ein Schlag für die junge und umstrittene Mengenlehre, als um die Jahrhundertwende B. Russell seine Arbeit über die Antinomien veröffentlichte. Cantor hatte seiner Theorie des Unendlichen den Begriff der Menge (anfangs: »Mannigfaltigkeit«) zugrunde gelegt und wollte darunter »jede bestimmte Zusammenfassung von Objekten unserer Anschauung oder unseres Denkens zu einem Ganzen« verstehen.

Natürlich würde sich der Mathematiker in erster Linie mit Mengen von Zahlen, Punkten, von Geraden oder Kreisen usw. zu befassen haben. Aber grundsätzlich wollte Cantor die Mengenbildung in keiner Weise einschränken. Man konnte auch die Menge der Häuser einer Stadt betrachten, die Menge aller Eigenschaftswörter einer Sprache oder die Menge aller abstrakten Begriffe. Die Menge aller abstrakten Begriffe ist nun selbst ein abstrakter Begriff, und man muß deshalb sagen, daß diese Menge *sich selbst als Element enthält*. Normalerweise ist das ja nicht der Fall. Eine Menge von Punkten ist etwas anderes als ein Punkt, eine Menge von Zahlen ist keine Zahl.

Russell führte nun die folgende Menge ein, die wir mit dem Buchstaben *R* bezeichnen wollen:

R: die Menge aller Mengen, die sich selbst nicht als Element enthalten.

Und nun fragen wir: *Enthält die Menge* R *sich selbst als Element?* Wäre es so, dann wäre *R* also eine Menge, die sich selbst als Element enthält. *R* sollte doch aber gerade die Menge aller Mengen sein, die sich *nicht* selbst als Element enthalten. Also ist die Annahme falsch, und *R* enthält sich *nicht* als Element. Aber dann muß sich ja *R* doch als Element enthalten, denn *R* ist ja . . .

Es gibt zwei scherzhafte Einkleidungen dieser Antinomie, die wir nicht unterschlagen wollen: Die erste stammt von T. Skolem, die zweite von Russell selbst.

1. In einer großen Bibliothek gibt es Katalogbände, in denen alle Bücher registriert sind. Auch die Katalogbände seien dabei notiert. Es kann dann solche Kataloge geben, »die sich selber registrieren«, und solche, für die das nicht gilt. Es sei K ein Katalogband, der alle die Kataloge registriert, die sich »nicht selber registrieren«.
   Registriert K sich selbst?
2. Ein Dorfbarbier rasiert »alle Leute des Dorfes, die sich nicht selber rasieren«. Rasiert sich der Barbier selber?

Man kann leicht noch weitere Beispiele von in sich widerspruchsvollen Mengen bilden, z. B. einfach »die Menge aller Mengen« (vgl. Meschkowski [8]). Cantor selbst waren übrigens derartige Beispiele schon vor der die mathematische Welt erregenden Russellschen Veröffentlichung bekannt. Er hat darüber seit 1895 korrespondiert und immer die Ansicht vertreten, daß in der Mathematik eben nur »konsistente«, d. h. in sich widerspruchsfreie Mengenbildungen zugelassen sein sollten. Man könnte dazu anführen, daß man schließlich auch in der elementaren Mathematik Widersprüche herstellen könnte, wenn man ein »viereckiges Dreieck« oder dergleichen einführt. Der Unterschied ist nur, daß man dem »viereckigen Dreieck« sofort ansieht, daß es ein in sich widerspruchsvoller Begriff ist.
Bei den schwierigeren Begriffen der Mengenlehre gelingt dieser Nachweis unter Umständen erst nach einigem Überlegen.
Aber so einfach konnte man das durch Russell aufgeworfene Problem nicht lösen. Es blieb ja die Frage offen, ob es nicht noch andere bisher verborgene Widersprüche in der Mengenlehre oder in der Mathematik überhaupt gab.
Zunächst mußte man versuchen, das Feuer da zu löschen, wo es ausgebrochen war, in der Mengenlehre. Der große David Hilbert (und mit ihm viele andere Mathematiker) wollte sich, wie dieser einmal sagte, nicht aus dem »Paradies vertreiben« lassen, das Cantor uns durch seine kühnen Begriffsbildungen geschaffen hatte. Jüngere Gelehrte (Zermelo, Fraenkel, v. Neumann und andere)

bemühten sich um einen axiomatischen Aufbau der Mengenlehre. Dadurch sollte erreicht werden, alle bisher bekannten Antinomien auszuschließen. Darüber hinaus entwickelte Hilbert den kühnen Plan, die gesamte Mathematik aus Systemen von Axiomen aufzubauen und die Widerspruchsfreiheit der einzelnen Systeme mit den Mitteln der formalen Logik zu beweisen. Wir werden darauf noch eingehen (Kap. IV, 4). Es mag hier die Feststellung genügen, daß die Mathematik die Gefahr der Antinomien sehr ernst genommen und sich gegen ihr Auftreten mit einigem Erfolg gewehrt hat. Leider ist in letzter Zeit zuweilen der grundlegende Unterschied zwischen Paradoxie und Antinomie verwischt worden. Das geschah vor allem bei dem Bemühen, einige Ergebnisse der neueren Physik für die Verständigung zwischen Physikern, Philosophen und Theologen nutzbar zu machen. Besonders einige Gedanken Bohrs über das Wesen des Lichtes wurden dazu benutzt.

5. Das Bohrsche Prinzip der Komplementarität

Auch die moderne Physik hat ihre Paradoxien. Es lag ja sehr nahe: Wenn man mit den Denkgewohnheiten und den Begriffsbildungen der klassischen Physik an die atomaren Probleme heranging, dann konnten einige der hier gewonnenen Einsichten zunächst in sich widerspruchsvoll erscheinen. Da waren zum Beispiel die mit den Eigenschaften des Lichtes zusammenhängenden alten und neuen Vorstellungen.

In der Schule haben wir vor einigen Jahrzehnten gelernt, daß das Licht eine Wellenbewegung des »Äthers« sei. Frühere Generationen freilich hätten gemeint, das Licht sei so etwas wie ein materielles Ding. Aber heute – das ist das Heute meiner Schuljahre –, *heute* weiß man, daß das Licht Schwingung ist, und zwar transversale Schwingung, wie man durch Beugungs- und Polarisationserscheinungen nachweisen kann.

Inzwischen hat die moderne Physik eine Reihe von optischen Erscheinungen studiert, die nicht gut anders erklärt werden können als mit der Vorstellung vom Lichtquant. Niels Bohr hat in seinem berühmten Prinzip der Komplementarität diese Erfahrungen zusammengefaßt: *Es gibt gewisse wohlbestimmte Versuchsanordnun-*

gen, bei denen sich das Licht wie ein materielles Teilchen benimmt (beim Compton-Effekt zum Beispiel), *und andere, bei denen man den Versuch nur mit Hilfe der Wellenvorstellung beschreiben kann.*

Das ist eine recht verwirrende Situation, und es ist verständlich, wenn die Frage gestellt wird: Ja, was ist das Licht nun eigentlich? Es kann doch nur *entweder* materiell sein *oder* den Charakter einer Schwingung haben?

Dieses Entweder-Oder ist nicht echt. Wir haben es hier tatsächlich nicht mit einem Widerspruch, sondern nur mit einer *Paradoxie* zu tun, mit einer Aussage also, die falsch zu sein *scheint,* weil wir alle gewohnt sind, in unseren alten Bildern und Begriffen zu denken. Darin liegt gerade die Bedeutung der neuen Physik, daß sie uns immer wieder darauf hinweist, daß es Grenzen gibt für die Gültigkeit aller Gesetze und aller wissenschaftlichen Verfahren, aber auch für die Brauchbarkeit von Bildern und Begriffen. Das mag uns auf drastische Weise ein Scherz deutlich machen, mit dem Niels Bohr einmal die Situation veranschaulichte: Wenn vor 50 Jahren ein Junge beim Krämer für 5 Pfennig »gemischte Bonbons« verlangte, so konnte er erwarten, entsprechend seinem Wunsch bedient zu werden. Wenn das heute jemand versuchen würde, so könnte ihm passieren, daß der Händler ihm zwei Bonbons gibt und sagt: »Hier hast du zwei Bonbons, misch sie dir selbst!«

Damit soll klarwerden, daß der Begriff der Mischung seinen Sinn verliert, wenn die Zahl der zu mischenden Objekte zu gering wird. Es gibt keinen Grund dafür, daß die Bilder und Begriffe aus der Welt, in der wir leben, auch anwendbar sind in den Dimensionen des Atoms. Man kann zufrieden sein, wenn (unter genau festgelegten Bedingungen) einmal der eine, einmal der andere Begriff verwendbar ist, oder sagen wir besser: *gerade noch* verwendbar ist. Das mag für den Anfänger paradox sein (Paradoxien sind immer nur für den Anfänger paradox), ein echter *Widerspruch* liegt hier nicht vor. Es liegt nahe, das Prinzip der Komplementarität auch in Bereichen außerhalb der Physik anzuwenden und damit als ein Element der menschlichen Bildung fruchtbar zu machen. Nils Bohr (vgl. Meschkowski [1], S. 95 f.) selbst hat eine solche Betrachtungsweise angeregt. Er sagt:

Ähnlich wie man in der Atomphysik das Wort komplementär gebraucht, um das Verhältnis zwischen Erfahrungen zu charakterisieren, die mit Hilfe verschiedener Versuchsanordnungen gewonnen werden können und deren Veranschaulichung nur bei verschiedenartigen Vorstellungen möglich ist, können wir sagen, daß verschiedenartige menschliche Kulturen komplementär zueinander sind.

Auch die Begriffe »Gerechtigkeit« und »Liebe« bezeichnet er als komplementär:

> Obwohl die engstmögliche Vereinigung von Gerechtigkeit und Liebe in allen Kulturen ein gemeinsames Ziel darstellt, muß dennoch anerkannt werden, daß in jeder Situation, welche die strikte Anwendung der Gerechtigkeit erfordert, kein Raum mehr frei bleibt für die Entfaltung der Liebe und daß umgekehrt die aus einem Gefühl der Liebe erwachsenden äußersten Forderungen allen Vorstellungen der Gerechtigkeit widerstreiten können. Diese Situation, die in vielen Religionen mythisch durch den Kampf zwischen verschiedenen göttlichen Personifikationen solcher Grundhaltungen dargestellt wird, ist in der Tat eine der überzeugendsten Analogien zu der Komplementaritätsbeziehung zwischen physikalischen Phänomenen, die mit verschiedenen elementaren Begriffen beschrieben werden.

Es ist verständlich, daß die Theologie sich dieses Bohrschen Prinzips angenommen hat, um Paradoxien in ihrem eigenen Bereich eine neuartige Deutung zu geben. Dagegen ist vom Standpunkt des Naturwissenschaftlers nichts einzuwenden. Man muß freilich darauf hinweisen, daß das Bohrsche Prinzip *paradox,* aber nicht in sich widerspruchsvoll ist. Man darf also nicht – wie es gelegentlich geschehen ist – das Prinzip der Komplementarität heranziehen, um echte Antinomien zu verteidigen.

Das von Bohr begründete Prinzip der Komplementarität (mit seinen eigenen Hinweisen auf Entsprechungen außerhalb der Physik) hat in der philosophischen und vor allem in der theologischen Literatur eine lang andauernde Diskussion ausgelöst. Wenn man schon in der exakten Wissenschaft nicht ohne solche Komplementarität auskam, dann durfte man erst recht in der Philosophie und in der Theologie wagen, mit Widersprüchen zu leben. Insbesondere konnte man die theologische Betrachtungsweise im ganzen als ein Komplement zur naturwissenschaftlichen Weltsicht gelten lassen. Das liegt ja ganz auf der Linie der von Bohr selbst durchgeführten Betrachtungen.

Es bleibt aber zu bedenken, daß in der Physik beide Betrachtungsweisen in gleicher Weise durch solide Versuchsreihen abgesichert sind und – sagen wir es noch einmal – hier keinerlei Widerspruch vorliegt. Manche Ergebnisse scheinen freilich dem Anfänger im Widerspruch zu stehen zu andern bereits bekannten Resultaten, wenn er es nicht lassen kann, die aus anderen Arbeitsbereichen (der Makrophysik) stammenden Bilder und Begriffsbildungen in die Atomphysik zu übernehmen. Natürlich kann es auch in anderen Disziplinen analoge Situationen geben. Aber man darf nicht übersehen, daß die Paradoxien von echten Widersprüchen wohl zu unterscheiden sind. Man kann nicht die Hinnahme echter Antinomien wie die auf S. 30 zitierten Sätze Luthers mit dem Hinweis auf das Komplementaritätsprinzip verteidigen.

Wir wollen darauf verzichten, auf dieses Problem der Antinomien im theologischen und philosophischen Bereich näher einzugehen (vgl. Meschkowski [1], S. 161 ff.).

Die Diskussionen um diese Fragestellungen scheinen abzuklingen. Immerhin ist kürzlich in einer Arbeit von J. Illies das alte Thema wieder aufgegriffen worden bei dem Versuch, Brücken zwischen der Naturwissenschaft und der Theologie zu schlagen. Wir meinen: Man dient solchen Zielen nicht durch Verunklärung. Da werden einige Paradoxien der Physik in knapper Darstellung so formuliert, daß sie dem unbefangenen Leser als echte Antinomien erscheinen können. Illies (S. 92) schreibt:

> Das Elektron hat einen Ort, und es hat auch zugleich keinen. Es ist Wirklichkeit und ist zugleich nur Modell.

Solche überspitzten Formulierungen sind nun in der modernen Physik durchaus üblich. Wenn man sie ohne Kommentar aus dem Zusammenhang reißt, kann der Eindruck entstehen, daß die exakten Wissenschaften sich damit abgefunden haben, mit echten Widersprüchen zu leben. Aber dieser Eindruck ist falsch. Es heißt weiter auf derselben Seite bei Illies, daß die moderne Physik »mit dem Sowohl-als-Auch, das die ganze Spannung des Paradoxen aushält«, leben muß.

Es ist freilich richtig, daß das Auftreten des Paradoxons (das ja im ersten Augenblick nicht sofort als *scheinbarer* Widerspruch deutlich wird) den Forscher in einen Zustand unbehaglicher Spannung versetzt. Aber diese Spannung ist nur dann unerträglich, wenn wir uns mit unserem Denken in eine echte Antinomie verrannt haben, wie das zuweilen geschehen kann. Wenn wir aber bei unserem Tun auf ein Paradoxon stoßen, dann haben wir bei eindringender Arbeit die schöne Chance, diesen scheinbaren Widerspruch aufzulösen. Diese Erfahrung hat etwas Entspannendes und Befreiendes.

Hinsichtlich des Bohrschen Prinzips haben die Physiker längst erkannt, daß hier kein echter Widerspruch vorliegt. Man muß sich deshalb auch nicht mit der Notwendigkeit abfinden, mit dem *scheinbaren* Widerspruch, der durch zwei unzureichende »Bilder« zustande kommt, auf die Dauer zu leben. Man kann nach einer übergreifenden mathematischen Theorie suchen, die *beide* Phänomene (Welle und Korpuskel) interpretiert. Als ein erster Versuch in dieser Richtung ist die klassische Arbeit von Schrödinger aus dem Jahre 1926 zu deuten. Sie geht von der Wellenvorstellung aus und begreift die Quantisierung als »Eigenwertproblem« einer partiellen Differentialgleichung.

Wir können die Goethische Forderung nach Exaktheit im Sinne des »strengsten Geometers« so interpretieren: Wir müssen uns hüten, unzulässig zu verallgemeinern. Die zahlentheoretischen Beispiele machen uns klar, daß man nicht von 5, 6, 7 oder auch von 40 auf Unendlich schließen darf, daß man also nicht allzu rasch »allgemeine« Gesetze konstatieren darf. Und die Überlegungen über Paradoxien machen deutlich, daß alle Begriffsbildungen eine Grenze ihrer Anwendbarkeit haben. Mit solchen Hinweisen ist aber die erkenntniskritische Funktion der Mathematik noch nicht erschöpft. Um weiterzukommen, wollen wir uns zunächst mit einigen ganz einfachen Beispielen aus der Geschichte der Mathematik befassen.

Vorher aber soll, um Mißverständnisse zu vermeiden, noch ein Wort über das im Motto dieses Kapitels stehende Kant-Zitat eingefügt werden. Man hat einschränkend kommentiert, daß dieser die Mathematik so herausstreichende Satz sich nur auf die exakten Naturwissenschaften beziehe. Wir meinen, daß man ihm einen weiter greifenden Sinn geben kann. Natürlich nicht den, daß nur jene Disziplinen als Wissenschaften gelten sollen, die ihre Ergebnisse in mathematischen Formeln wiedergeben können. Aber vielleicht in dem Sinne, daß die hier interpretierte Mahnung Goethes überall da ihre Berechtigung hat, wo ernsthaft wissenschaftlich gearbeitet wird. Und auch für die in den nächsten Kapiteln zu erarbeitenden Einsichten möchten wir in Anspruch nehmen, daß sie weit über die exakten Wissenschaften hinaus Bedeutung haben.

III. Mathematische Strukturen

Die Mathematik ist Tapferkeit der reinen Ratio.　　R. Musil

Der Begriff der Mathematik ist der Begriff der Wissenschaft überhaupt. Alle Wissenschaften müssen streben, »*Mathematik*« *zu werden.*　　C. G. J. Jacobi

1. Inkommensurable Strecken

Weshalb schätzte wohl Platon die Kenntnis der Geometrie so hoch ein, daß er dem »Unkundigen« den Zutritt zu seiner Akademie verwehrte? Die Antwort kann man aus vielen Passagen seiner Werke herauslesen, ganz besonders aber aus einer (von vielen modernen sogenannten Humanisten kaum beachteten) Stelle aus den »Gesetzen« (819–820):

> Lieber Kleinias, ich habe ja wohl auch erst selbst recht spät etwas vernommen und muß mich über diesen Übelstand höchlich verwundern. Es kam mir vor, als wäre das nicht bei Menschen möglich, sondern eher nur beim Schweinevieh. Und da schämte ich mich, nicht nur für mich selbst, sondern auch für alle Hellenen.

Was ist das für eine Unkenntnis, die den »Athener« so harte Worte brauchen läßt? Er erklärt es dem Kleinias:

> Länge oder Breite gegen Tiefe oder Breite und Länge gegeneinander – nimmt man hierbei nicht in ganz Griechenland an, daß sich diese Dinge irgendwie gegeneinander messen lassen?
> Kleinias: Ganz entschieden.
> Der Athener: Wenn das aber nun schlechterdings unmöglich ist und doch, wie gesagt, wir Griechen insgesamt an die Möglichkeit glauben: ist's da nicht der Mühe wert, sich für alle zu schämen und ihnen zuzurufen: Ihr wackren Hellenen, das ist eins von den Dingen, davon wird gesagt, es sei eine Schande, wenn man's nicht wisse, und wenn man das Notwendige weiß, ist's erst noch keine sonderliche Ehre.

In der Sprache der modernen Mathematik ausgedrückt, ist es die Einsicht in die Existenz inkommensurabler Strecken, der *Platon* eine solche Bedeutung beimißt.

Da es auch heute noch selbst unter den Vorkämpfern der klassischen Bildung nicht wenige gibt, denen die Kenntnis dieser von *Platon* so wichtig genommenen mathematischen Zusammenhänge abgeht, da leider auch im Schulunterricht mathematisch orientierter Gymnasien diese Fragen oft völlig übergangen werden, wollen wir hier einen arithmetischen und einen geometrischen Beweis für die Inkommensurabilität von Seite und Diagonale eines Quadrats bringen.

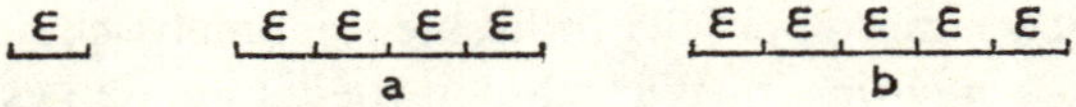

Abb. 3

Zwei Strecken a und b heißen kommensurabel, wenn es eine Strecke ε gibt, so daß $a = m \cdot \varepsilon$ und $b = n \cdot \varepsilon$ gilt, wobei m und n ganze Zahlen sind (Abb. 3).

Zwei Strecken heißen inkommensurabel, wenn es ein solches gemeinsames Maß nicht gibt. Es war bereits bei den Pythagoreern bekannt, daß die Seite und die Diagonale eines Quadrats inkommensurabel sind.

Das kann man etwa so beweisen:

Wären die Seite a und die Diagonale d eines Quadrats kommensurabel, etwa $a = n \cdot \varepsilon$ und $d = m \cdot \varepsilon$, so würde nach dem Satz des Pythagoras folgen

$$(1) \quad m^2 = 2n^2$$

mit ganzen Zahlen m und n. Wir können annehmen, daß m und n teilerfremd sind. Hätten diese Zahlen nämlich einen von 1 verschiedenen größten gemeinsamen Teiler t, so wäre etwa $m = u \cdot t$ und $n = v \cdot t$, wobei u und v teilerfremd sind.

Dann könnten wir statt ε die Strecke $\eta = t \cdot \varepsilon$ als gemeinsames Maß wählen, und nach dem Satz des Pythagoras würde sich

$$u^2 = 2v^2$$

mit teilerfremden Zahlen u und v ergeben. Wir dürfen also ohne

Einschränkung der Allgemeinheit annehmen, daß bereits m und n teilerfremd sind. Die beiden Zahlen sind dann also insbesondere nicht beide gerade. Nach (1) müßte aber m jedenfalls gerade sein.

Dann ist aber m^2 eine sogar durch 4 teilbare Zahl. $2n^2$ ist zwar durch 2, aber (da n ungerade ist) nicht durch 4 teilbar. Die Gleichung (1) würde also ausdrücken, daß eine durch 4 teilbare Zahl gleich einer solchen ist, die nicht durch 4 teilbar ist. Das ist ein Widerspruch, und deshalb kann die Gleichung (1) überhaupt nicht für ganze Zahlen m und n richtig sein. Das heißt also: Die Annahme, daß die Seite und die Diagonale eines Quadrats ein gemeinsames Maß haben, ist falsch.

Wir wollen nun noch einen ebenfalls indirekten geometrischen Beweis für diese Tatsache bringen. Wir nehmen wieder an, daß es ein gemeinsames Maß für die Seite a und die Diagonale d eines gegebenen Quadrats Q gibt:
Seien also

(2) $a = m \cdot \varepsilon, \quad d = n \cdot \varepsilon$.

Wir tragen nun (Abb. 4) die Seite $CA = a$ auf der Diagonalen ab: $CD = CA = a$. Die Senkrechte auf BC in D treffe die Seite AB in E. Dann ist das Dreieck EBD gleichschenklig rechtwinklig (da die Winkel bei E und B beide gleich ½ R sind!); also gilt $BD = ED$ ($= a_1$). Wegen der Kongruenz der Dreiecke AEC und EDC ist auch $AE = a_1$. Für EB schreiben wir d_1. Diese Strecke ist die Diagonale des Quadrats BDEF, das durch Spiegelung des Dreiecks EBD an EB entsteht. Dann folgt aus der Annahme (2):

(3) $a_1 = d - a = (n - m) \cdot \varepsilon = m_1 \cdot \varepsilon$.
$d_1 = a - a_1 = (2m - n) \cdot \varepsilon = n_1 \cdot \varepsilon$.

Da natürlich $a_1 < a$ und $d_1 < d$ ist, gilt für die ganzen Zahlen m_1 und n_1:

(4) $m_1 < m, \quad n_1 < n$.

a_1 und d_1 sind aber die Seite und die Diagonale eines kleineren Quadrates Q_1. Auch die Seite und die Diagonale von Q_1 haben – wegen (3) – ε als gemeinsames Maß mit den nach (4) kleineren Maßzahlen m_1 und n_1. Von diesem Quadrat Q_1 können wir zu ei-

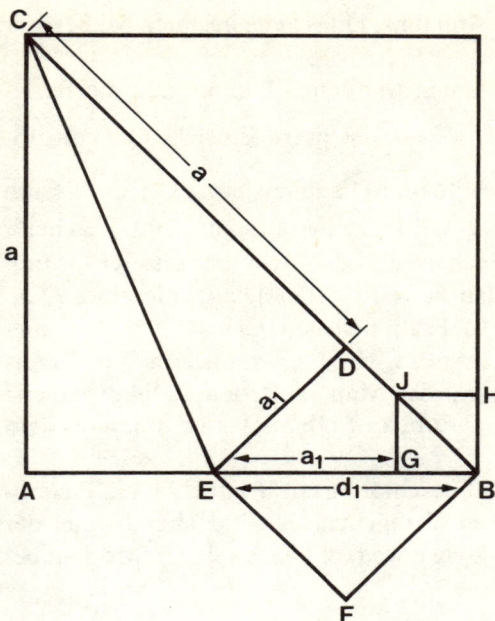

Abb. 4

nem weiteren Quadrat Q_2 kommen, indem wir wieder die Seite auf der Diagonale abtragen, die Senkrechte errichten usw. So erhalten wir das Quadrat Q_2 mit den Ecken B, G, J, H. Das Verfahren kann offenbar beliebig fortgesetzt werden. Wir erhalten so eine unendliche Folge von Quadraten mit immer kleineren Seiten: Q, Q_1, Q_2, ... Dabei sind die Seiten der Quadrate mit gerader Nummer immer denen von Q, die mit ungerader Nummer denen von Q_1 parallel.

Für alle diese Quadrate wäre ε eine gemeinsame Meßstrecke für Seite und Diagonale. Die Maßzahlen werden aber beim Übergang von Q_ν zu $Q_{\nu+1}$ ebenso wie bei dem von Q zu Q_1 immer kleiner. Da m und n und alle weitere Maßzahlen m_ν und n_ν (für die Quadrate Q_ν) positive ganze Zahlen sein müssen, ist das ein Widerspruch. Nach endlich vielen Schritten wäre man bei der Maßzahl 0 angelangt, während doch der Prozeß der Bildung immer kleinerer Quadrate unbegrenzt fortgesetzt werden kann. Wir kommen wie-

45

der zu dem Schluß: Die Annahme eines gemeinsamen Maßes war falsch.

In der Sprache der modernen Mathematik kann man die Beziehung (1) so umformen: $\sqrt{2} = \dfrac{m}{n}$. Unsere Einsicht über die Inkommensurabilität von Seite und Diagonale eines Quadrats kann man auch so ausdrücken: $\sqrt{2}$ ist keine rationale Zahl. Das heißt also: Keine der den Griechen (und den Schülern unserer Grundschule) bekannten Zahlen kann man der Diagonale eines Quadrats von der Seite 1 als Maßzahl beilegen. Es wäre gut, wenn diese für Platon so aufregende Einsicht auch in unserm Schulunterricht nicht übergangen würde. Man muß den Zahlkörper erst erweitern, um eine solche Zahl zu finden. Das ist durchaus kein elementares Verfahren.

Wir haben uns hier darauf beschränkt, ein Beispiel für ein Paar inkommensurabler Strecken abzugeben. Es sind aber bereits der griechischen Mathematik viele weitere Paare solcher Strecken bekannt gewesen.

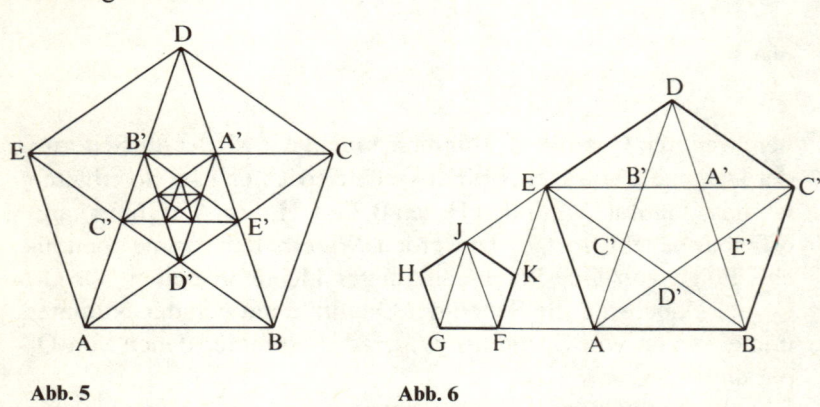

Abb. 5   Abb. 6

Wahrscheinlich ist sogar der erste Beweis für die Existenz inkommensurabler Strecken nicht am Quadrat, sondern am regulären Fünfeck geführt worden. Wir zeigen hier in Abb. 5 und Abb. 6 Verschachtelungen von Fünfecken, an denen man die Inkommensurabilität von Seite und Diagonale ähnlich wie am Viereck zeigen kann. Die Durchführung sei dem Leser überlassen. Näheres findet man bei Meschkowski [3] und [7], Bd. II. In dem zuletzt genannten Band wird gezeigt, daß auch beim *goldenen Schnitt* ein Paar inkommensurabler Strecken entsteht.

Wir haben hier ein Kapitel aus der elementaren Geometrie in einiger Ausführlichkeit behandelt, das wohl nur wenigen Lesern aus dem Schulunterricht bekannt war. Wir haben es getan, weil Platon – im Gegensatz zu unseren modernen Schulmathematikern – dies Thema für sehr wichtig hielt. Er nannte ja den ein »Schweinevieh«, der nichts von der Existenz inkommensurabler Strecken wußte (S. 42).

Um ihn zu verstehen, muß man bedenken, daß die Zeitgenossen Platons (ca. 429–ca. 348 v. Chr.) ihre mathematische Bildung von den Anhängern der Pythagoreischen Schule (Näheres darüber in Meschkowski [3] und bei van der Waerden) bezogen. Die Schüler und Nachfahren des großen Pythagoras bildeten eine religiöse Gemeinschaft, die sich intensiv mit Philosophie, Mathematik und Musik beschäftigte. Sie haben bemerkenswerte Eigenschaften in der Reihe der natürlichen Zahlen entdeckt, und sie fanden heraus, daß bei vielen Prozessen in der Natur immer wieder Gesetzlichkeiten in ganzen Zahlen auftraten. So führten sie die erlebte Harmonie bei schwingenden Saiten auf die einfachen Zahlverhältnisse der Saitenlängen zurück. Und sie entdeckten auch bei der Betrachtung des Sternenhimmels solche einfachen Zahlenverhältnisse. Deshalb lautete eine der Grundregeln ihres Meisters Pythagoras: »Alles ist Zahl!«

Wenn das stimmt, dann mußten sich solche Relationen natürlich auch in der Geometrie nachweisen lassen, und die Pythagoreer nahmen als selbstverständlich an, daß die Strecken einer regelmäßigen Figur (eines Quadrates, eines regelmäßigen Fünfecks) durch ganzzahlige Verhältnisse bestimmt waren, also ein »gemeinsames Maß« haben mußten.

Die Entdeckung inkommensurabler Strecken an einfachen geometrischen Figuren war ein schwerer Schlag für die Pythagoreer. Diese Einsicht bedeutet doch, daß die Grundthese ihrer religiösen Weltsicht, »Alles ist Zahl«, nicht uneingeschränkt gültig war.

Die Auseinandersetzung traf die pythagoreische Gemeinschaft schwer. Es kam zu einer Spaltung zwischen den »Akusmatikern«, also den »Hörern«, und den »Mathematikern«. Die »Hörer«:

Das waren jene, die auf das Wort des Meisters hörten und an der sogenannten reinen Lehre festhalten wollten, was immer die Geometer herausfanden. Die »Mathematiker« dagegen waren die Fortschrittlichen, die zu einer Variation der überkommenen Lehre bereit waren, um die neuen Erkenntnisse zu berücksichtigen. Natürlich haben sich schließlich die »Mathematiker« durchgesetzt. Es wurde unter den Ordensmitgliedern vereinbart, daß das Wissen von der Existenz inkommensurabler Strecken als Geheimnis keinem »Unwürdigen« verraten werden sollte. Die »Unwürdigen«: Das waren all jene, die nicht dem Orden angehörten. Aber solcherart Geheimnisse lassen sich auf die Dauer nicht hüten. Es heißt indes bei den späteren Pythagoreern, daß derjenige, der das peinliche Geheimnis ausgeplaudert hatte, bei einem Schiffbruch ums Leben kam: eine »Strafe der Götter«!

Ob unsere modernen Mathematiklehrer, die diese mathematisch wie erkenntnistheoretisch wichtigen Zusammenhänge ihren Schülern vorenthalten, noch immer die »Strafe der Götter« fürchten? Wir haben hier doch ein schönes und einfaches Beispiel für die Möglichkeit, mit exaktem Forschen ungesicherte Ideologien zu überwinden.

Es sei noch angemerkt, daß nach moderner Einsicht die Pythagoreer mit ihrem Suchen nach ganzzahligen Gesetzlichkeiten in der Natur nicht ganz und gar auf dem Holzwege waren. Es gibt Einsichten der modernen Physik, die die Existenz ganzzahliger Verhältnisse in der Atomtheorie zu bestätigen scheinen. Verfehlt war nur die allzu rasche Verallgemeinerung der pythagoreischen Einsichten zu einem dogmatisch festgelegten Gesetz: »*Alles* ist Zahl.«

Zum Verständnis für die Abkehr der neueren Schulmathematik vom griechischen Denken muß man berücksichtigen, daß nach der Platonischen Epoche das praktische Interesse an der Mathematik in den Vordergrund rückte. Aber von Euklid wird noch dies erzählt: Als ihn ein Schüler fragte, wozu die Geometrie nützlich sei, forderte er einen Sklaven auf, dem Fragenden ein Goldstück zu geben, weil er offenbar die Mathematik ihres Nutzens wegen betreibe.

So nobel werden fürwitzige Fragen nicht immer belohnt. Aber damals war die Mathematik ein Betätigungsfeld für wohlhabende und philosophisch interessierte Menschen, und die Einsicht in ihre technische Bedeutung wurde erst später, in der Archimedischen Epoche, wichtig genommen.

Für den Praktiker andererseits war die Existenz inkommensurabler Strecken nicht so wichtig. Wollte man etwa die Länge der Diagonale eines Quadrats von der Seitenlänge 1 bestimmen, so konnte man das vermöge eines Dezimalbruchs »mit beliebiger Genauigkeit« erreichen. Der Umgang mit Dezimalbrüchen wurde zwar erst im Mittelalter üblich, aber schon bei Heron (ca. 130 n. Chr.) ist zu lesen, daß man jede Strecke mit einer Länge »belegen« könne. Eine korrekte Begründung dieser These Herons setzt eine Theorie der reellen Zahlen voraus, die erst im Jahre 1872 unabhängig voneinander durch Cantor, E. Heine und Dedekind begründet wurde (Näheres darüber bei Meschkowski [5]).

Aber gerade um unsere moderne Mathematik zu verstehen, tun wir gut, die elementaren erkenntnistheoretischen Weisheiten der frühen griechischen Mathematik zu studieren. Es wird uns dann deutlich, daß die Mathematik eine wichtige erkenntnistheoretische Funktion ausüben kann.

Um das deutlich zu machen, wollen wir zunächst noch weitere Beispiele heranziehen.

2. Zur Geschichte der Gleichungslehre

Die Auflösung linearer Gleichungen

$$(5) \quad ax = b$$

(mit ganzen Zahlen a und b) war schon im Altertum bekannt. Für die quadratischen Gleichungen

$$(6) \quad x^2 + ax + b = 0$$

fanden die Araber im Mittelalter geometrische und rechnerische Lösungsverfahren (Einzelheiten in Meschkowski [7], Bd. I).

Dabei ist anzumerken, daß in der Frühzeit die Aufgaben in der Umgangssprache formuliert wurden. Formalisierungen vom Typ (5) und (6) wurden erst im ausgehenden Mittelalter üblich.

In der Aufgabenstellung waren zunächst ganzzahlige Lösungen

gefragt, aber man erkannte natürlich bald, daß die Gleichungen (5) oft nur rationale, die von (6) nur irrationale Lösungen zulassen. Solchen Einsichten stand freilich zunächst der Umstand im Wege, daß die klassische Schule Platons nur natürliche Zahlen und Proportionen mit diesen natürlichen Zahlen gelten ließ. Es liegt nach Platon im Wesen der Einheit, daß man sie nicht teilen kann, und deshalb wollte er auch die »Stammbrüche« (½, ⅓, ¼, . . .) der ägyptischen Kaufleute nicht gelten lassen. Aber später, in den Schriften von Archimedes und Heron von Alexandria, finden wir auch rationale Zahlen vor, ohne daß freilich eine Theorie dieser »neuen« Größen für nötig gehalten wurde. Bei Heron steht die Bemerkung, daß man gewisse Wurzeln nur »annähernd« bestimmen kann. Eine systematische Theorie der irrationalen Zahlen wird aber erst viel später, im 19. Jahrhundert, entwickelt (vgl. Meschkowski [5]). Im späten Mittelalter richtete sich das Interesse der Mathematiker dann auf die Lösung von Gleichungen dritten Grades:

$$(7) \quad x^3 + ax^2 + bx + c = 0.$$

Die Auseinandersetzungen um die Lösungsformel für diese Gleichung gehören zu den erregendsten Kapiteln in der Geschichte der Mathematik. Wir müssen uns versagen, hier auf den Streit zwischen Tartaglia (1500–1557) und Cardano (1501–1576) einzugehen. Es möge der Hinweis genügen, daß zuerst Ferro für die »reduzierte« Gleichung

$$(7') \quad x^3 + px = q$$

die Lösung angab:

$$(8) \quad x = \sqrt[3]{\frac{q}{2} + \sqrt{\left(\frac{q}{2}\right)^2 + \left(\frac{p}{3}\right)^3}} + \sqrt[3]{\frac{q}{2} - \sqrt{\left(\frac{q}{2}\right)^2 + \left(\frac{p}{3}\right)^3}}.$$

Diese Formel liefert freilich nur dann brauchbare reelle Werte, wenn der Radikand der Quadratwurzel nicht negativ ist:

$$(9) \quad \left(\frac{q}{2}\right)^2 + \left(\frac{p}{3}\right)^3 \geqq 0.$$

Für den Mathematiker des Mittelalters »gab es« ja keine Quadratwurzeln aus negativen Zahlen. Aber hier zeigte sich nun etwas sehr Merkwürdiges: Wenn man den Mut hatte, mit Zahlen des Typs $a + b \cdot \sqrt{-1}$ weiterzurechnen, als ob sie existierten, so kam man nach einigen Umformungen zu drei reellen Lösungen für die gegebene kubische Gleichung! Die Glieder mit $\sqrt{-1}$ fielen heraus. Dieses überraschende Ergebnis für den »casus irreducibilis« führte zu einer neuen Einstellung zu den »Zahlen« des Typs $a + b \cdot \sqrt{-1}$. Leibniz nannte diese komplexen Zahlen »Amphibien zwischen Sein und Nichtsein«. Noch im Jahre 1844 sprach der große Analytiker Cauchy den komplexen Zahlen jeden Sinn ab; sie seien nur formale Hilfsmittel für das Rechnen. Gauß aber dachte ganz anders. Er sicherte den Zahlen von der Form $a + bi$ $= a + b \cdot \sqrt{-1}$ das »volle Heimatrecht« in der Mathematik.

Man fand bald auch allgemein anwendbare Lösungsverfahren für die Gleichung vierten Grades:

$$(10) \quad x^4 + ax^3 + bx^2 + cx + d = 0.$$

Die Darstellung der allgemeinen Lösung dieser Gleichung (10) durch Radikale war zwar kompliziert, aber sie gelang doch, und man durfte nun hoffen, bald auch mit den entsprechenden Gleichungen höheren Grades fertigzuwerden.

Aber die Mathematiker des 17. und 18. Jahrhunderts hatten keine großen Erfolge auf dem Gebiet der Gleichungslehre. Es gelang ihnen zwar die Entwicklung der analytischen Geometrie und der Analysis, aber diesen gewaltigen Erfolgen standen nur schwache Ergebnisse auf dem Gebiet der Algebra gegenüber. Man fand einige Regeln für die reellen Wurzeln (z. B. die cartesische Zeichenregel), aber es gelang nicht, die Gleichung fünften Grades allgemein durch Radikale zu lösen.

Zu Beginn des 19. Jahrhunderts nahm sich der geniale und auf verschiedenen Gebieten der Mathematik so erfolgreiche Lagrange (1736–1813) wieder der Lehre von den Gleichungen an. Er erreichte zwar eine Vereinfachung der bekannten Lösungsverfahren, aber auch er scheiterte an der allgemeinen Gleichung fünften Grades.

Angeregt durch Lagrange beschäftigte sich der Philosoph Auguste Comte (1798–1857) mit diesem schwierigen Problem. Der Begründer des Positivismus sah in dieser ungelösten Aufgabe einen Hinweis auf die Grenzen menschlichen Erkennens. Comte (vgl. Vicomte, S. 159 f.) schrieb im Jahre 1828:

> Die wachsende Komplikation, die notwendigerweise die Formeln zur Auflösung von Gleichungen höheren Grades bieten müssen, die extreme Schwierigkeit, die schon der Gebrauch der Formeln des vierten Grades bietet und sie fast unanwendbar macht, haben die Analytiker bestimmt, in schweigender Übereinkunft auf weitere Untersuchungen dieser Art zu verzichten, obgleich sie weit davon entfernt sind, eine Lösung für Gleichungen fünften Grades für unmöglich zu halten. Die einzige Frage dieser Art, die wirklich, mindestens vom logischen Standpunkt aus, von höchster Wichtigkeit wäre, ist die allgemeine Lösung von algebraischen Gleichungen beliebigen Grades. Je mehr man über dieses Thema nachdenkt, desto mehr wird man geneigt, mit Lagrange zu denken, daß es tatsächlich die effektive Möglichkeit unserer Intelligenz überschreitet.

Unter Berufung auf Lagrange kommt Comte bei seinen Überlegungen über die Misere mit dem Gleichungsproblem zu dem Ergebnis:

> Unsere Möglichkeiten, neue Probleme zu erfassen, sind viel größer als unsere Mittel, sie zu lösen, und unser Geist ist besser geeignet zur Imagination als zur Deduktion.

Als Comte diese Zeilen schrieb (1828), kannte er weder die Abhandlungen von Abel (1824) noch die von Galois, die ja erstmals im Jahre 1830 publiziert wurden (vgl. z. B. Meschkowski [5]). Er übersah die Möglichkeit, daß in der Mathematik eine exakte Erledigung eines Problems auch dadurch erreicht werden kann, daß man die Unmöglichkeit einer Lösung beweist.

Fassen wir zusammen: Die Auflösung von Gleichungen dritten Grades durch Radikale gelang den Mathematikern erst im 16. Jahrhundert. Die allgemeine Lösung erforderte die Einführung neuer Zahlen von der Form $a + bi = a + b \cdot \sqrt{-1}$, deren »Realität« lange umstritten war. Bald fand man auch die entsprechenden Lösungen für die Gleichungen vierten Grades, und man hoffte, auch mit den Gleichungen höheren Grades analog fertigzuwerden. Aber das war ein Irrtum. In den zwanziger Jahren des 19. Jahrhunderts zeigten unabhängig voneinander Galois und Abel, daß eine allgemeine Lösung von Gleichungen fünften (und höheren) Grades durch Wurzelausdrücke nicht möglich ist.

Andererseits aber gilt der sogenannte Fundamentalsatz der Algebra, der zuerst von Gauß in seiner Dissertation (1799) bewiesen wurde:

Jede algebraische Gleichung mit reellen Koeffizienten hat mindestens eine (reelle) oder komplexe Lösung.

Man braucht also über die komplexen Zahlen hinaus keine neuen Zahlen einzufügen, um die allgemeine Gleichung

$$x^n + a_{n-1}x^{n-1} + \ldots + a_1x + a_0 = 0$$

zu lösen. Andererseits gelingt im Falle $n \leq 4$ die Lösung immer durch Radikale.

Für den Praktiker ist diese Einschränkung nicht weiter bedrückend: Man kann ja Wurzeln auch nur angenähert berechnen, und die effektive Bestimmung der Lösung einer Gleichung höheren Grades kann mit Hilfe von analytischen Methoden (etwa der Newtonschen Näherungsmethode) beliebig genau durchgeführt werden.

Für den Erkenntnisprozeß ist aber dies bedeutsam: Die für die Gleichungen bis zum vierten Grad üblichen Methoden können nicht zu einer allgemeinen Lösung für Gleichungen höheren Grades ausgeweitet werden.

3. Die »Offenheit« der mathematischen Strukturen

Die einzelnen mathematischen Theorien scheinen durch ihren axiomatischen Aufbau oder auch durch die Festlegung ihrer Arbeitsmittel von einer schönen Abgeschlossenheit zu sein. Doch es tauchen in allen Disziplinen immer wieder durchaus naheliegende Fragestellungen auf, die nur durch eine Ausweitung der Grundlagen zu beantworten sind.

Wir wollen noch weitere Beispiele erwähnen, die von der expandierenden Kraft der mathematischen Forschung zeugen, von der Notwendigkeit, zur Lösung naheliegender Probleme nach übergreifenden Strukturen zu suchen.

Man beschäftigt sich in der Analysis seit langem mit den von Fourier eingeführten trigonometrischen Reihen zur Darstellung periodischer Funktionen:

$$f(x) = a_0 + \Sigma(a_n \cos nx + b_n \sin nx).$$

Es liegt – im Hinblick auf die Praxis – nahe, sich auf »vernünftige« Funktionen zu beschränken, auf stetige und womöglich differenzierbare Funktionen. Gerade die Physiker haben oft Einwände erhoben gegen die Neigung der Mathematiker, »pathologische« Funktionen zu untersuchen.

Aber für den Praktiker stellt sich nun das *Umkehrproblem!* Gegeben sei eine Reihe $\Sigma(a_n \cos nx + b_n \sin nx)$. Entspricht einer solchen (konvergenten) Reihe immer eine differenzierbare oder auch nur eine stetige Funktion? Es zeigt sich, daß dies nicht der Fall ist.

Man muß wieder einmal erweitern: Die »Abgeschlossenheit« wird erst dann erreicht, wenn man die im Lebesgueschen Sinne quadratintegrablen Funktionen zuläßt.

Unsere Beispiele machen deutlich, daß die ernsthafte Beschäftigung mit der Mathematik kein geruhsames Spiel mit vorgegebenen Formalismen ist. In allen mathematischen Theorien muß man mit der Möglichkeit rechnen, auf scheinbar einfache, jedenfalls naheliegende Fragestellungen zu stoßen, die sich mit den bisher vorliegenden Mitteln nicht beantworten lassen. Man muß sich etwas Neues einfallen lassen: Der Definitionsbereich der betrachteten Funktionen ist zu erweitern, oder es müssen *neue* »Zahlen« eingeführt werden. Vielleicht muß man auch nach ganz neuen Verfahren zur Lösung uralter Probleme suchen.

Wir wollen unseren Betrachtungen ein weiteres Beispiel anfügen, das für die spätere Erörterung erkenntnistheoretischer Probleme in der Physik besonders wichtig ist. Wir meinen die von Euklid axiomatisch begründete Geometrie des dreidimensionalen Raumes. Diese Theorie schien – schon wegen ihres Bezuges auf die Anschauung – besonders klar und in sich geschlossen zu sein. Und doch tauchte auch hier ein Problem auf, das zunächst unlösbar schien und dessen erst im 19. Jahrhundert gefundene Lösung nicht nur die Mathematiker, sondern auch Physiker und Philosophen zum Umdenken zwang. Wir meinen die Auseinandersetzung um das Parallelenpostulat.

4. Das Parallelenpostulat

Zu den bemerkenswerten Büchern der Weltliteratur gehört Euklids Lehrbuch der Geometrie, »Die Elemente«. Bis zum Ende des vorigen Jahrhunderts war es das Lehrbuch der Geometrie in allen Gymnasien.

Die 13 Teile des Werkes wurden ungefähr um 300 v. Chr. von Euklid zusammengestellt. Die einzelnen Bücher haben durchaus verschiedenen Wert und stammen keineswegs alle vom selben Verfasser. Um die Bedeutung dieses Werkes zu würdigen, fragen wir am besten nach den Gründen, die die Schulmänner etwa seit Beginn unseres Jahrhunderts veranlassen, dieses Buch nicht mehr zur Grundlage des elementaren Geometrieunterrichts in den Gymnasien zu wählen. Es ist »zu schwer«: Die Rücksicht auf die psychologische Situation der 10- bis 12jährigen Schüler läßt es uns Heutigen wünschenswert erscheinen, auf eine mehr spielende, jedenfalls immer vom Anschaulichen ausgehende Art an die Fragen der Geometrie heranzuführen. Erst allmählich soll das »Beweisbedürfnis« geweckt werden.

Das Werk Euklids beginnt mit Definitionen, »Axiomen« und »Postulaten«. Mit den Definitionen führt er die Gegenstände seiner Forschung ein, z. B. Punkte und Geraden. Die entsprechenden, wahrscheinlich auf Platon zurückgehenden Definitionen lauten bei Euklid so:

Ein Punkt ist, was keinen Teil hat. Eine Gerade ist eine Linie, die gleich liegt mit den Punkten auf ihr selbst.

Von der Kritik an diesen Definitionen wird noch zu reden sein. Wir wollen zunächst den Aufbau des euklidischen Werkes charakterisieren:

Den Definitionen folgt eine Reihe von Sätzen, die ohne Beweis an den Anfang gestellt werden. Euklid unterscheidet »Axiome« und

»Postulate«. Die Axiome sind allgemeine Größenaussagen, etwa von der Art: »Sind zwei Größen einer dritten gleich, so sind sie untereinander gleich.« Die Postulate sagen etwas aus über die Möglichkeit von Konstruktionen. Beispielsweise: »Es soll möglich sein, von einem Punkt zu einem andern eine gerade Linie zu ziehen.« Sätze dieser Art sind die Grundlagen, auf denen Euklid seine Theorie aufbaut. Von hier aus werden durch logische Schlüsse Beweise geführt in der Art, wie sie jedem Schüler vertraut sind. Dabei besteht allerdings der Unterschied, daß die moderne Schule eine breite anschauliche Basis für die Beweise zuläßt. So werden im allgemeinen die Kongruenzsätze als anschaulich gegeben hingenommen, während Euklid auch diese Sätze aus seinem System der Axiome und Postulate ableitet.

In moderner Zeit hat man das Werk Euklids aus zwei Gründen kritisiert:

1. Die Definitionen in den »Elementen« sind unzureichend. Es wird ein »unbekannter« Begriff (z. B. die Gerade) durch einen andern keineswegs »bekannten« (»gleich liegen mit den Punkten auf ihr selbst«) umschrieben.

2. Sein System der Axiome und Postulate ist unvollständig. Er benutzt z. B. in seinen Beweisen folgende einleuchtende Tatsache: Wenn man durch den Eckpunkt A eines Dreiecks einen Strahl zeichnet, der im Innern des Dreieckswinkels verläuft, so trifft dieser Strahl die gegenüberliegende Dreiecksseite (Abb. 7).

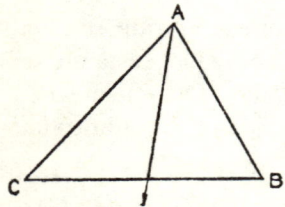

Abb. 7

Natürlich ist das »richtig«. Aber wenn man sich das Ziel gesetzt hat, alle Sätze der Geometrie aus dem System der Axiome und Postulate abzuleiten, darf man nicht anschauliche Elemente in einen Beweis hineinschmuggeln, die nicht aus den gegebenen Grundlagen beweisbar sind.

Beide Einwände sind berechtigt. Die Definitionen sind wirklich unzureichend, und das System der Axiome und Postulate ist nicht vollständig. Wer kritisiert, soll es besser machen. Das hat man in der Tat seit über zwei Jahrtausenden versucht. Es sei dem Leser empfohlen, sich einmal selbst um eine Definition der Grundbegriffe der Geometrie zu bemühen.

Dabei erst wird die Schwierigkeit des Unternehmens deutlich. Mancher hält dies für eine einwandfreie Definition der Geraden: »Die Gerade ist die kürzeste Verbindung zweier Punkte.« Aber in diese Definition ist der Begriff der Entfernung hineingesteckt worden, und der dürfte keineswegs leichter zu fassen sein als der der Geraden.

Unter den »Postulaten« in Euklids »Elementen« hat keines die Mathematiker so beschäftigt wie das fünfte, das sogenannte Parallelenpostulat:

(P5) Wenn eine Gerade zwei Geraden trifft und mit ihnen auf derselben Seite innere Winkel bildet, deren Summe kleiner ist als zwei Rechte, dann treffen sich die beiden Geraden, wenn man sie auf dieser Seite verlängert.

Dieser Satz ist ohne weiteres »glaubhaft«. Das vielen Mathematikern Verwunderliche war, daß Euklid ihn als nicht beweisbaren Satz unter die Postulate aufgenommen hat. Man hielt das für unnötig und meinte, ein Beweis müsse sich finden lassen. Das hängt damit zusammen, daß die Umkehrung des Postulates bewiesen werden kann. Man erhält die Umkehrung, indem man Voraussetzung und Behauptung des Postulates miteinander vertauscht:

(UP5) Wenn zwei sich schneidende Geraden von einer dritten getroffen werden, so bildet die dritte Gerade mit den beiden den Schnittpunkt enthaltenden Strahlen der schneidenden Geraden innere Winkel, die zusammen kleiner sind als zwei Rechte.

Wenn man voraussetzt, daß die Winkelsumme im Dreieck gleich zwei Rechten ist, kann man am Dreieck ABS in Abb. 8 natürlich sofort ablesen:

$$\alpha + \beta < 2\,R.$$

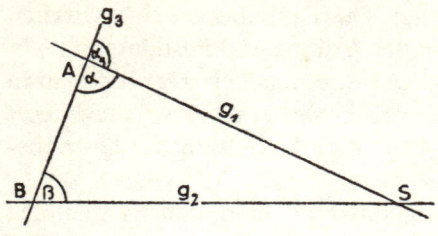

Abb. 8

Aber in diesem Zusammenhang kommt es darauf an, das Parallelenpostulat nicht zu benutzen, und der bekannte Satz über die Winkelsumme ist eine Folgerung dieses Postulats. Man kann aber auch ohne den Satz über die Winkelsumme zeigen, daß unter den Voraussetzungen von (UP5) nicht $\alpha + \beta = 2R$ gelten kann. Daraus folgt dann leicht, daß erst recht nicht etwa $\alpha + \beta > 2R$ ist. Da dieser Beweis das wichtigste Ergebnis der sogenannten absoluten Geometrie begründet, wollen wir ihn nicht übergehen.

Wir haben also zu zeigen: Wenn $\alpha + \beta = 2R$ (bzw. $\beta = \alpha_1$), dann können die Geraden g_1 und g_2 einander nicht schneiden (Abb. 9). Das ist die Umkehrung vom Satz über die Gegenwinkel an Parallelen.

Der Beweis wird indirekt geführt (Abb. 10). Wir nehmen an: g_1 und g_2 schneiden sich in S, und es gilt $\alpha + \beta = 2R$, $\beta = \alpha_1$. Wir müssen aus dieser Annahme einen Widerspruch ableiten. g_3 möge g_1 in A und g_2 in B schneiden, M sei der Mittelpunkt von AB und C (bzw. D) der Fußpunkt des Lotes von M auf g_1 bzw. g_2. Dann sind die Dreiecke MDB und MAC kongruent, denn sie stimmen überein in einer Seite (BM = AM) und zwei Winkeln ($\alpha_1 = \beta$, und die Winkel bei C und D sind beide rechte). Daraus folgt, daß die Winkel $\gamma = \sphericalangle$ BMD und $\gamma_1 = \sphericalangle$ CMA auch gleich sind. Das heißt aber: γ_1 ist Scheitelwinkel von γ, und auch die Punkte C, M und D müßten auf einer Geraden liegen. Dann wären aber die Geraden g_1 und g_2 zwei verschiedene von einem Punkt S auf eine Gerade (die, auf der die drei Punkte C, M und D liegen) gefällte Lote. Man kann jedoch (wieder ohne Parallelenpostulat) zeigen, daß man von einem Punkt auf eine Gerade nur ein Lot fällen kann. Also kann der Schnittpunkt S nicht existieren, und die Geraden g_1

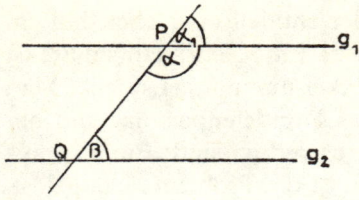

Abb. 9

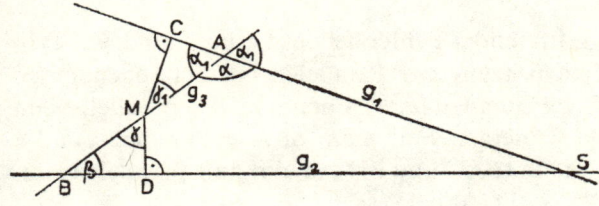

Abb. 10

und g_2 haben keinen Punkt gemeinsam. Wir können das Ergebnis dieser Überlegung auch so formulieren:»Durch einen Punkt P gibt es zu einer Geraden g_2 mindestens eine Parallele g_1.« Man braucht, um das einzusehen, nur P mit einem beliebigen Punkt Q auf g_2 zu verbinden (Abb. 9) und durch P die Gerade g_1 zu zeichnen, die mit der Geraden PQ den gleichen Winkel einschließt wie g_2. Nach dem eben Bewiesenen können sich g_1 und g_2 nicht schneiden. Daß g_1 die einzige Nichtschneidende durch P ist, kann allerdings nur mit dem Parallelenpostulat bewiesen werden.

Die Umkehrung des Parallelenpostulates ist also ein beweisbarer Satz. Deshalb haben die Mathematiker zwei Jahrtausende lang versucht, das Postulat selbst zu beweisen. Das ist durchaus verständlich: Die aus dem geometrischen Anfangsunterricht bekannten Sätze sind stets mit Umkehrung beweisbar. Nehmen wir als Beispiel den Satz:»Die Basiswinkel im gleichschenkligen Dreieck sind gleich.« Die Umkehrung lautet:»Sind in einem Dreieck zwei Winkel gleich, so sind auch die gegenüberliegenden Seiten gleich.« Beide Sätze sind mit Hilfe von Kongruenzbetrachtungen einfach beweisbar. Deshalb versuchte man sich immer wieder am Beweis des Parallelenpostulats. Viele glaubten, eine Lösung gefunden zu haben. Beim näheren Hinsehen stellte sich aber stets heraus, daß der Beweis einen Fehler enthielt oder aber daß ein »unerlaubtes Hilfsmittel« benutzt war. Ein solches Hilfsmittel ist zum Beispiel der Satz über die Winkelsumme im Dreieck. Man kann zeigen, daß beide Sätze – das Parallelenpostulat und der Satz über die Winkelsumme –»gleichwertig« sind: Einer ist aus dem anderen beweisbar. Aber damit ist das Problem nicht gelöst. Es geht ja gerade um den Versuch, das fünfte Postulat als überflüssig zu erweisen, nicht darum, es durch eine andere Aussage zu ersetzen.

Ein anderer oft auftretender Fehler bei der Diskussion dieses Problems ist die Gleichsetzung der Parallelen mit der sogenannten Abstandslinie: Zwei Geraden (einer Ebene) heißen parallel, wenn sie einander nicht schneiden. Fällt man von zwei Punkten A und B einer Geraden g die Lote AC und BD auf eine zu g parallele Gerade h, dann gilt AC = BD (Abb. 11).

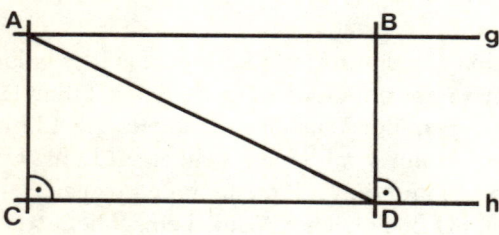

Abb. 11

Die Parallele g ist also zugleich der Ort für die (in einer der durch h bestimmten Halbebenen gelegenen) Punkte, die von h die Entfernung AC = a haben. Das beweist man ganz einfach durch eine Kongruenzbetrachtung, die den Satz über die Wechselwinkel an Parallelen oder den über die Winkelsumme im Dreieck benutzt, auf jeden Fall aber Folgerungen des Parallelenpostulats! Wenn man also die Parallele mit der Abstandslinie identifiziert, benutzt man bereits das Parallelenpostulat.

Im Jahre 1763 hat G. S. Klügel, ein Schüler Kaestners, in seiner Dissertation die ihm erreichbaren Beweisversuche für das fünfte Postulat zusammengestellt – es waren achtundzwanzig! – und nachgewiesen, daß sie alle unzureichend sind. Im besten Fall ersetzen sie das Postulat durch eine gleichwertige Aussage.

60

Dieses vergebliche Bemühen der Mathematiker zweier Jahrtausende, vor allem aber die gescheiterten eigenen Arbeiten an diesem Problem, veranlaßte dann den ungarischen Mathematiker Wolfgang Bolyai (1775–1856), den Jugendfreund von C. F. Gauß, zu einem Seufzer der Verzweiflung in einem Brief an seinen Sohn Johann:

> Es ist unbegreiflich, daß diese unabwendbare Dunkelheit, diese ewige Sonnenfinsternis, dieser Makel an der Geometrie zugelassen wurde, diese ewige Wolke an der jungfräulichen Wahrheit.

Es wird kaum einen modernen Mathematiker geben, der mit so viel Pathos von einem ungelösten Problem sprechen würde. Man deutet diese Verzweiflung Wolfgang Bolyais wohl richtig, wenn man unterstellt, daß ihm wie Platon die Sätze der Mathematik metaphysische Wahrheiten waren. Und deshalb erregte er sich so über das, was er als Makel an der Geometrie empfand. Er hat dann die Hoffnung aufgegeben, das Problem zu lösen, und warnte seinen Sohn:

> Du darfst die Parallelen auf jenem Wege nicht versuchen; ich kenne diesen Weg bis an sein Ende – auch ich habe diese bodenlose Nacht durchgemessen, jedes Licht, jede Freude meines Lebens sind in ihr ausgelöscht worden – ich beschwör dich bei Gott, laß die Lehre von den Parallelen in Frieden . . . Ich hatte mir vorgenommen, mich für die Wahrheit aufzuopfern; ich wäre bereit gewesen, zum Märtyrer zu werden, damit ich nur die Geometrie von diesem Makel gereinigt dem menschlichen Geschlecht übergeben könnte. Schauderhafte, riesige Arbeiten habe ich vollbracht, habe bei weitem Besseres geleistet, als bisher geleistet wurde, aber keine vollkommene Befriedigung habe ich je gefunden . . . Ich bin zurückgekehrt, als ich durchschaut hatte, daß man den Boden dieser Nacht von der Erde aus nicht erreichen kann, ohne Trost, mich selbst und das ganze Menschengeschlecht bedauernd.

Ratschläge von Vätern werden von Söhnen meistens nicht befolgt, und auch Johann Bolyai schlug die Warnung seines enttäuschten Vaters in den Wind: Er gab die Beschäftigung mit dem Parallelenproblem nicht auf, und es gelang ihm, eine völlig unerwartete Wendung in der Fragestellung herbeizuführen.

Die Beweisversuche zum Parallelenpostulat verliefen durchweg indirekt. Man stellte etwa fest: »Wenn es durch einen Punkt zu einer Geraden mehr als eine Parallele gibt, dann muß dies und das folgen ...«, und hoffte, dadurch auf einen Widerspruch zu kommen. Der radikale Gedanke Johann Bolyais war: Vielleicht gibt es gar keinen Widerspruch? Vielleicht gibt es »wirklich« durch einen Punkt zu einer Geraden unendlich viele Parallelen? Dann müßte – das kann man leicht zeigen – die Winkelsumme im Dreieck kleiner als zwei Rechte sein.

Kein Geringerer als Gauß hat den Versuch unternommen, diesen Sachverhalt empirisch nachzuprüfen. Er hat in den Harzbergen mit dem Theodoliten ein großes Dreieck ausgemessen. Die Abweichung der Winkelsumme von zwei Rechten lag aber im Rahmen der Fehlergrenze, so daß aus dem Experiment keine Schlüsse gezogen werden konnten.

Aber die Frage, welche Geometrie im physikalischen Raum gültig ist, sei zunächst zurückgestellt. Bolyai hat jedenfalls gezeigt, daß eine Geometrie denkmöglich ist, in der das Parallelenpostulat durch die Aussage ersetzt wird, daß es durch einen Punkt zu einer Geraden (in der Ebene) unendlich viele Parallelen gibt.

Johann Bolyai veröffentlichte seine Ergebnisse im Jahre 1831. Er ahnte nicht, daß fünf Jahre vor ihm bereits der in Kasan lehrende russische Mathematiker Lobatschewsky seiner Fakultät eine Abhandlung über das gleiche Thema vorgelegt hatte. Und wir fügen der Vollständigkeit wegen hinzu, daß auch Gauß sich mit der Idee einer »nichteuklidischen« Geometrie befaßt hatte. Das geht jedenfalls aus einem Brief hervor, den er 1829 an seinen Freund Bessel schrieb. Er scheute sich aber, seine Ergebnisse zu veröffentlichen, weil er das »Geschrei der Böotier« fürchtete, wie es in dem erwähnten Brief heißt. Diese Sorge war verständlich, denn die neue Geometrie stellte wirklich die Grundlagen des bisherigen mathematischen Denkens überhaupt in Frage. Wie bedeutungsvoll diese neuen Einsichten waren, wurde erst mehrere Jahrzehnte später einem größeren Kreis von Mathematikern klar.

Es ist ja auch durchaus einleuchtend: Dieses sonderbare, offenbar in sich widerspruchsfreie und doch in der gewohnten Anschauung nicht realisierbare Lehrgebäude von Bolyai und Lobatschewsky war den Zeitgenossen so fremdartig, daß sich nur wenige damit befaßten.

Das wurde erst anders, als es in der zweiten Hälfte des 19. Jahrhunderts gelang, durch gewisse Modelle doch noch eine anschauliche Vorstellung von der nichteuklidischen Geometrie zu gewinnen. Wir wollen uns das an dem von dem deutschen Mathematiker Felix Klein stammenden Modell klarmachen.

Erinnern wir uns an die Schwierigkeiten, die sich beim Definieren der geometrischen Grundbegriffe ergaben (S. 27 ff.). Die Definitionen Euklids erkannten wir als unzulänglich, aber es gelang uns nicht, bessere zu machen. Da wir nicht durch eine gültige Definition gebunden sind, nehmen wir uns die Freiheit, unter »Punkt«, »Gerade« und »Ebene« etwas anderes zu verstehen, als sonst üblich ist. Zur Unterscheidung sollen die neuen Objekte unserer Vorstellung »Pseudopunkte« und »Pseudogeraden« heißen, die in einer »Pseudoebene« liegen.

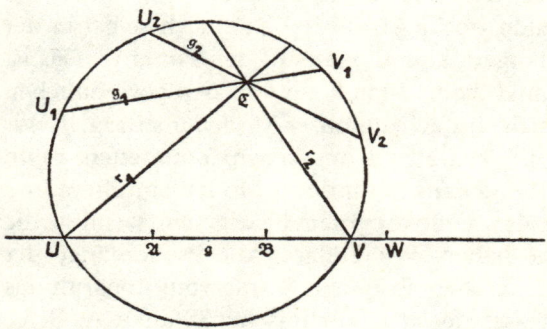

Abb. 12

Diese Pseudoebene sei das Innere eines (fest gewählten) Kreises (Abb. 12). Die Pseudopunkte sind die (gewöhnlichen) Punkte im Innern dieses Kreises (ohne Peripherie!), und als Pseudogeraden wollen wir die Sehnen dieses Kreises bezeichnen.

A und B sind also Pseudopunkte der Pseudogeraden g, aber die Peripheriepunkte U und V (und ebenso der außerhalb des Kreises liegende Punkt W) sind keine Pseudopunkte, sie liegen nicht in der von uns geschaffenen nichteuklidischen Modellwelt.

63

Man sieht sofort, daß für unser Modell das Parallelenpostulat nicht gilt: Die beiden in Abb. 12 durch den Pseudopunkt C gezeichneten Pseudogeraden g_1 und g_2 haben mit g keinen Pseudopunkt gemeinsam. Daß sich beide euklidischen Geraden, U_1V_1 und U_2V_2, mit der euklidischen Geraden UV schneiden, spielt hier keine Rolle: Dieser Schnittpunkt liegt außerhalb unserer Modellwelt, ist kein Pseudopunkt.

Auch die durch die Grenzpunkte U und V gehenden Pseudogeraden r_1 und r_2 sind zu g parallel: Sie haben ja mit g keinen Pseudopunkt gemeinsam. r_1 und r_2 heißen die beiden Randparallelen durch E zu g.

Das Parallelenpostulat gilt also in unserer Modellgeometrie nicht. Wohl aber – und das ist eine sehr bemerkenswerte Tatsache! – sind alle anderen Axiome und Postulate erfüllt. Es gilt also in diesem Modell die ganze absolute Geometrie. Daß z. B. zwei Pseudopunkte genau eine Pseudogerade bestimmen, ist sofort einsichtig. Dagegen muß noch erklärt werden, in welchem Sinne die Kongruenzaussagen in unserem Modell richtig sind.

Wenn man die Pseudostrecke AB (über B) um sich selbst in der üblichen Weise verlängert, kommt man auf den Punkt W. Das ist aber kein Pseudopunkt mehr! Man kann also den gewöhnlichen Kongruenzbegriff nicht einfach auf unser Modell übertragen. Wir können aber die Gültigkeit aller Kongruenzaxiome retten, wenn wir eine geeignete Pseudolänge in unserm Modell einführen und zwei Strecken dann als pseudokongruent bezeichnen, wenn sie die gleiche Pseudolänge haben. Wir erklären die Pseudolänge der Pseudostrecke AB durch den absoluten Betrag vom Logarithmus des Doppelverhältnisses der vier (euklidischen) Punkte A, B, U, V:

$$(1) \quad L(AB) = \left| \log \frac{UA \cdot VB}{VA \cdot UB} \right|$$

Der Sinn dieser eigenartigen Festsetzung wird klar, wenn man sich überlegt, welche Eigenschaften ein »vernünftiges Längenmaß« in unserem Modell haben muß. Wenn A mit B zusammenfällt, muß die Pseudolänge von AB gleich 0 werden. Nähert sich aber A dem

Grenzpunkt U oder B dem Grenzpunkt V, so muß L(AB) über alle Grenzen wachsen. Genau das leistet unsere Definition: Fallen die Pseudopunkte A und B zusammen, so bekommt der Bruch in (1) den Wert 1, und log 1 ist gleich 0. Nähert sich A dem Randpunkt U, so wird der Bruch immer kleiner, sein Logarithmus strebt nach $-\infty$, der absolute Betrag des Logarithmus also gegen $+\infty$.

Wir müssen es uns hier versagen, auch noch das entsprechende Maß für die Winkel einzuführen und nachzuweisen, daß bei geeigneter Definition der Pseudokongruenz für die Winkel in unserem Modell tatsächlich alle Axiome und Postulate der Geometrie gültig sind – mit Ausnahme des Parallelenpostulates (vgl. Meschkowski [5] und [7], Bd. II).

Das ist ein sehr wichtiges Ergebnis. Denn damit ist gezeigt, daß tatsächlich das euklidische Parallelenpostulat nicht beweisbar ist. Euklid hat recht behalten, und Generationen von Mathematikern waren mit ihren Beweisversuchen auf dem Holzwege: Wenn es nämlich einen Beweis für dieses Postulat aus den Axiomen und Postulaten der absoluten Geometrie gäbe, müßten die Schlüsse dieses Beweises ja Zug um Zug auch in unserm Modell gültig sein. Wir haben uns aber bereits überzeugt, daß es in diesem Modell durch einen Pseudopunkt zu einer Pseudogeraden mehr als eine Parallele gibt.

Dieses Ergebnis erinnert ein wenig an das Schicksal des Königs Saul aus der biblischen Geschichte: Der zog aus um eine Eselin, und er fand ein Königreich. Die Mathematiker wollten nur dem alten Euklid etwas am Zeuge flicken und nachweisen, daß sein Parallelenpostulat überflüssig, weil beweisbar sei. Das gelang ihnen zwar nicht, aber sie erreichten etwas viel Wichtigeres. Sie fanden eine ganz neue Geometrie mit unendlich vielen Parallelen. Hier hat die Einsicht in die Offenheit (vgl. hierzu Kap. II) eines Systems zu einem besonders bemerkenswerten Ergebnis geführt.

Die euklidische Geometrie ist doch von den Mathematikern einfach dazu entwickelt worden, den Raum zu beschreiben, in dem wir leben. Und nun soll es auf einmal noch eine andere Geometrie geben, die der guten alten euklidischen Geometrie »mathematisch« gleichwertig ist? Da liegt doch die Frage nahe, warum die

Physiker die euklidische Geometrie ausgezeichnet haben. Auf diese Frage werden wir im Kapitel VI eingehen.

5. Wandlungen des Wahrscheinlichkeitsbegriffs

Wir haben uns bisher bei unseren Betrachtungen über mathematische Strukturen auf Beispiele aus der »reinen« Mathematik beschränkt. Bei der Anwendung mathematischer Verfahren in den Naturwissenschaften ergeben sich aber besonders bemerkenswerte erkenntnistheoretische Probleme an der Nahtstelle zwischen der mathematischen Struktur und dem Anwendungsgebiet. Die für die Anwendungen heute wichtigste mathematische Disziplin ist wohl die Wahrscheinlichkeitsrechnung. Sie entstand im 17. und 18. Jahrhundert bei dem Bemühen, die Problematik der mancherlei Glücksspiele mit mathematischen Methoden zu durchleuchten. Bald erkannte man die Bedeutung der neuen mathematischen Theorie für verschiedene Fragestellungen der Statistik. Damit hängt es zusammen, daß heute Grundkenntnisse der Wahrscheinlichkeitstheorie (vgl. Meschkowski [2] sowie zur Theoriegeschichte ders. [5]) in allen Disziplinen benötigt werden, die mit statistischen Methoden arbeiten: Psychologie, Erziehungswissenschaft, Soziologie zum Beispiel.

Wir haben in diesem Abschnitt nur jene Aspekte der Wahrscheinlichkeitsrechnung zu berücksichtigen, die für die uns interessierenden erkenntnistheoretischen Fragestellungen wichtig sind, vor allem für die später zu behandelnden Grundlagenfragen der Physik und der Biologie. Dazu beginnen wir mit einem Bericht über die Anfänge der Wahrscheinlichkeitsrechnung im 17. Jahrhundert. Im Jahre 1654 beklagte sich der Chevalier Antoine de Méré bei Blaise Pascal darüber, daß die mathematische Wissenschaft nicht mit dem praktischen Leben übereinstimme. Das »praktische Leben« war für den Chevalier das Glücksspiel.

Damals war in den französischen Salons ein Würfelspiel üblich, das auch heute noch gelegentlich die Anhänger der Göttin Fortuna beschäftigt: Man spielt mit einem Würfel, und die Bank gewinnt, wenn der Spieler bei vier Würfen wenigstens *eine* Sechs wirft.

Wir wollen herausfinden, ob sich das Geschäft für die Bank lohnt. Gehen wir dabei von der Voraussetzung aus, daß ein Spieler, der sehr oft würfelt, in etwa ⅙ aller Fälle sechs Augen erreicht. Die Mathematiker sagen, die Wahrscheinlichkeit, eine 6 zu würfeln (oder eine 1, 2 usw.), sei gleich ⅙. Entsprechend ist natürlich die Wahrscheinlichkeit, daß der Wurf *keine* 6 liefert, gleich ⅚. Denn in ⅚ aller Fälle ist eine 1, 2, 3, 4 oder 5 zu erwarten. Wenn der Spieler, der ja keine 6 würfeln will, zweimal den Becher auf den Tisch kippt, so sind für ihn $5 \cdot 5 = 25$ von $6 \cdot 6 = 36$ Möglichkeiten günstig. Wenn wir allgemein die Wahrscheinlichkeit als das Verhältnis der Zahl der günstigen zur Zahl der möglichen Fälle verstehen, so müssen wir dem Spieler für den Versuch, bei zwei Würfen keine 6 zu erreichen, die Wahrscheinlichkeit $\frac{5 \cdot 5}{6 \cdot 6} = \left(\frac{5}{6}\right)^2$ zusprechen. Entsprechend hat man für vier Würfe die Wahrscheinlichkeit

$$\left(\frac{5}{6}\right)^4 = \frac{625}{1\,296} \approx 0{,}482 < \frac{1}{2}.$$

Die Wahrscheinlichkeit ist etwas kleiner als 0,5. Das bedeutet: In weniger als der Hälfte aller Fälle ist mit einem Gewinn für den Spieler zu rechnen. Das Geschäft lohnt sich für die Bank.

Das war den Leitern der Spielsalons und auch unserem Chevalier de Méré klar. Aber er hatte sich nun eine Variation dieses Spiels ausgedacht. Er wollte 24mal mit zwei Würfeln spielen lassen; gewonnen hat der Spieler, der dabei keine doppelte Sechs erreicht. Herr von Méré meinte, daß die Chancen die gleichen seien wie bei dem üblichen Spiel. Die Zahl der Würfe ist im ersten Fall 4, die Zahl der Möglichkeiten 6. Im zweiten Fall haben wir entsprechend 24 Würfe und $6 \cdot 6 = 36$ Möglichkeiten. Das Verhältnis ist wieder 4:6.

In der Praxis aber stellte sich heraus, daß bei diesem Spiel die Bank nicht auf ihre Kosten kam. Die Spieler gewannen öfter als die Bank. Herr von Méré fand das nicht in Ordnung und beklagte sich bei Pascal.

In einem Brief an Fermat sagt Pascal über den Chevalier: »Il est très bon esprit, mais il n'est pas géomètre« (Er ist ein sehr kluger Geist, aber er ist kein Geometer). Da die Mathematiker des

17. Jahrhunderts ihre erste mathematische Bildung den »Elementen« des Euklid verdankten, sahen sie wohl in der Geometrie die grundlegende mathematische Disziplin. Herr von Méré war kein Mathematiker, und deshalb wurde er das Opfer eines Trugschlusses. Wenn man bei diesem Problem das Verhältnis der für den Spieler günstigen zur Zahl der möglichen Fälle ermittelt, findet man, ähnlich wie im ersten Fall, für die gesuchte Wahrscheinlichkeit p:

$$p = \left(\frac{35}{36}\right)^{24} \approx 0,508 > \frac{1}{2}.$$

Diese Zahl ist etwas größer als $\frac{1}{2}$, und damit wird verständlich, daß dieses Spiel für die Bank auf die Dauer mit Verlust enden muß.

Herr von Méré ist durch seinen Trugschluß in die Annalen der Wissenschaft eingegangen, und dies nicht nur deshalb, weil sein Irrtum Anlaß geben kann zum Nachdenken über die richtige Lösung des Problems.

Georg Cantor, der Begründer der Mengenlehre, hat im Jahre 1873 vor der Naturforschenden Gesellschaft in Halle anläßlich eines Vortrags über die Geschichte der Wahrscheinlichkeitsrechnung über den Chevalier de Méré berichtet und seine Haltung als einen Widerstand gegen eine neue Disziplin der mathematischen Wissenschaften gewertet:

> Der Chevalier de Méré darf, wie ich glaube, allen Widersachern der exakten Forschung, und es gibt deren zu jeder Zeit und überall, als ein warnendes Beispiel hingestellt werden; denn es kann auch diesen leicht begegnen, daß genau an jener Stelle, wo sie der Wissenschaft die tödliche Wunde zu geben suchen, ein neuer Zweig derselben, schöner, wenn möglich, und zukunftsreicher als alle früheren, rasch vor ihren Augen aufblüht – wie die Wahrscheinlichkeitsrechnung vor den Augen des Chevalier de Méré.

Man ist geneigt, an dieser Stelle von einer prophetischen Vision zu sprechen: Wenige Jahre nach diesem Vortrag veröffentlichte der junge Georg Cantor seine ersten Arbeiten zu der anfangs hart umstrittenen Mengenlehre, die heute den meisten Mathematikern als Fundament der gesamten modernen Mathematik gilt. Sein stärkster Widersacher war der Berliner Zahlentheoretiker Leopold Kronecker, und Cantor hat ihn lange Zeit in Briefen (z. B. an Mittag-Leffler) als »Herrn von Méré« bezeichnet.

Vielleicht hat er damit dem Spieler Méré zu viel Ehre angetan. Dieser hatte zwar behauptet, daß »die Arithmetik sich dementiere« in dem vermeintlichen Widerspruch, aber er war doch kaum (wie Kronecker im Falle Cantor) ein ernsthafter Gegner einer neuen wissenschaftlichen Konzeption. Der Chevalier hatte einfach die Gesetzlichkeiten der Wahrscheinlichkeitsrechnung noch nicht verstanden.

Das Problem des Herrn von Méré wurde im Jahre 1654 im Briefwechsel zwischen Pascal und Pierre Fermat erörtert, und diese Korrespondenz kann als der Ursprung einer Theorie der Wahrscheinlichkeitsrechnung gelten. Dabei ist freilich anzumerken, daß in den uns erhaltenen Briefen der beiden Gelehrten aus dieser Zeit das Wort »Wahrscheinlichkeit« (frz. »probabilité«, lat. »probabilitas«) überhaupt noch nicht vorkommt. Christian Huygens benutzte in einer bald darauf erschienenen Schrift über die Problematik des Glücksspieles das holländische Wort »kans« (Chance) für das Verhältnis der günstigen zur Zahl der möglichen Fälle. Erst bei Jacob Bernoulli wird dieses Verhältnis als die »Wahrscheinlichkeit« des betrachteten Ereignisses bezeichnet, und später wurde die 1812 von Simon Laplace gegebene explizite Definition üblich:

> Wahrscheinlichkeit ist die Zahl der für ein Ereignis günstigen Fälle, dividiert durch die Zahl der möglichen Fälle.

Bezeichnend für die Entwicklung der mathematischen Begriffsbildung im 17. und 18. Jahrhundert aber ist der Umstand, daß bereits Jacob I. Bernoulli (1654–1705) in seiner »Ars coniectandi« (zuerst posthum 1713 erschienen) praktisch mit diesem später von Laplace explizit definierten Begriff der mathematischen Wahrscheinlichkeit rechnet, aber doch auch gelegentlich auf die ursprüngliche Wortbedeutung von »probabilitas« zurückgreift. So nennt er die Wahrscheinlichkeit den »gradus certitudinis« (den Grad der Sicherheit):

Wahrscheinlichkeit ist nämlich ein Grad der Unsicherheit, und sie unterscheidet sich von ihr [der Sicherheit] wie ein Teil vom Ganzen.

Der »Grad der Sicherheit« (oder der Unsicherheit) hat aber durchaus subjektiven Charakter und kann nicht zuverlässig durch eine Zahl dargestellt werden. In der Definition von Laplace (und auch in der rechnerischen Praxis von J. Bernoulli) wird der Begriff der Wahrscheinlichkeit objektiviert. Sie ist nicht ein Gradmesser für ein subjektives Gefühl, sondern eine wohlbestimmte rationale Zahl zwischen 0 und 1, die durch die Eigenschaften der bei den Ereignissen mitwirkenden Objekte bestimmt wird. Beim Würfeln z. B. (mit einem einwandfrei gearbeiteten Würfel) darf man voraussetzen, daß man in $\frac{1}{6}$ aller Fälle sechs Augen werfen wird.

Aber man muß einräumen, daß die Theologen und Philosophen schon von der »probabilitas« sprachen, lange bevor die Mathematiker diesen Begriff übernahmen und durch die Laplacesche Definition festlegten. Sie findet sich auch noch im 17. Jahrhundert bei John Locke (vgl. Shaefer [2], S. 320):

> Probability is a likeness to be true! The very notation of the word signifying as much, and from its derivation may be thus defined: Probabile est quod probari potest, i. e. a proposition for which there are arguments or proofs to make it passed or received to be true.

Gedacht ist hier offenbar nicht an Beweise in mathematischem Sinne, sondern etwa an Argumentationen in einem Disput. »Probabel« ist eine Meinung, für die man ernsthafte Gründe anführen kann (die aber nicht für jeden überzeugend sein müssen). Die Gelehrten wußten damals auch noch, daß im Mittelalter ein biblischer Satz als »richtig«, die Aussage eines Kirchenvaters aber mindestens als eine »probable« Meinung galt.

Bei der Übernahme des Begriffes »probabilitas« durch die Mathematiker vollzog sich aber nun eine Wandlung des Verständnisses. Schon Pascal erkannte (und er war davon fasziniert), daß es jetzt den Mathematikern gelungen war, sichere Aussagen über das Unsichere zu machen. *Sicher* waren die Ergebnisse in dem Sinne, wie es das Bernoullische »Gesetz der großen Zahl« beschrieb. Auf die Glücksspielprobleme des Chevalier de Méré angewandt heißt das: Man kann voraussagen, daß bei längerem Spiel nach den im Spielsaal üblichen Methoden die Bank, bei der von Méré vorgeschlagenen Variationen des Spiels aber meist der Spieler gewinnen würde.

Hier zeigt sich die Bedeutung der Mathematisierung der Überlegungen: Die subjektive Meinung Mérés war, daß auch bei seiner Abänderung der Spielregeln die Ergebnisse auf lange Sicht die gleichen bleiben würden. Aber die mathematische Analyse Pascals konnte diesen Irrtum aufklären. Hier lag ein Denkfehler vor. In anderen Fällen wird unser subjektives Empfinden einer Wahrscheinlichkeit von wechselnden Stimmungen abhängen. Man sagt wohl einmal: »Ich rechne mit 60 Prozent Wahrscheinlichkeit, daß x die Wahl gewinnt!« Aber bei Veränderung der Stimmungslage oder beim Eintreffen neuer Informationen können sich solche Meinungen rasch ändern.

Neuerdings hat Shaefer den Versuch gemacht, bei Bernoulli Ansätze zu einer Theorie einer subjektiven und nicht-additiven Theorie der Wahrscheinlichkeit zu entdecken, und er hat danach eine »mathematische Theorie der Evidenz« entwickeln wollen. Wir sehen wenig Chancen für eine sinnvolle Theorie der subjektiven Wahrscheinlichkeit. Bei einer mathematischen Theorie muß dem Ereignis in jedem Fall eine reelle Zahl als Wahrscheinlichkeit zugeordnet werden, und das scheint uns ohne sachgemäße »Objektivierung« der Betrachtung nicht gut möglich zu sein. Dazu sind menschliche Stimmungslagen viel zu vage. Bemerkenswert erscheint uns die Tatsache, daß den Mathematikern auch am Beispiel der Wahrscheinlichkeitsrechnung die Notwendigkeit zu einer Präzisierung der Begriffsbildungen durch klare Definitionen aufging (vgl. Kap. II, 3). Im Anfang (vgl. Bernoulli) gab es verständlicherweise Rückgriffe auf die alte, philosophische Betrachtungsweise. Das ist einleuchtend. Aber wir haben kaum einen Grund, die in der Mathematik gewonnene Präzision der Begriffsbildungen wieder aufs Spiel zu setzen.

Heute versteht der moderne Mathematiker die Wahrscheinlichkeitsrechnung als die Theorie der normierten Booleschen Algebren. Man kann auch eine spezielle axiomatische Fundierung der Wahrscheinlichkeitsrechnung (etwa nach Kolmogoroff) vornehmen.

Auf jeden Fall geht man von einem Feld von Ereignissen aus, die eine Boolsche Algebra bilden und denen eine »Norm« zugeordnet ist. Diese Norm ist eine reelle Zahl zwischen 0 und 1, für die gewisse Gesetzlichkeiten erfüllt sind. Die mathematische Theorie untersucht diese speziellen Eigenschaften der Norm. Wie die Norm festgelegt ist (im Rahmen der axiomatischen Vorschriften), ist nicht Sache des Mathematikers. Für die heute so wichtigen Anwendungen dieser »Theorie der normierten Booleschen Algebren« ist aber gerade diese Festsetzung wesentlich. Bei physikalischen Beispielen ist der Physiker für die Festlegung im speziellen verantwortlich. Wichtig ist, daß sich hier oft mehrere Möglichkeiten ergeben.

Wir wollen das an einem Beispiel erörtern. Statistische Untersuchungen über die Verteilung der Geschwindigkeiten auf die Atome eines Gases oder der Energie eines Systems auf die möglichen Stufen werden meist durch Modellversuche beschrieben. Man geht davon aus, daß eine gewisse Anzahl n von »Teilchen« auf N »Zellen« zu verteilen sind. Die klassische (von Boltzmann begründete) Statistik geht dabei immer von der Voraussetzung aus, daß je zwei Verteilungen der individuell gegebenen Teilchen auf die Zellen gleich wahrscheinlich sind. Die moderne Physik sieht aber gute Gründe für die Annahme, daß eine Unterscheidung individueller Objekte im Fall von Elektronen oder Lichtquanten gar nicht möglich ist. Die Bose-Statistik sieht deshalb von den »Individuen« völlig ab und sieht einen »Zustand« als ausreichend beschrieben an, wenn ausgesagt wird, wie viele der n Teilchen in jeder der N Zellen liegen. Zwei beliebige »Zustände« sollen als gleich wahrscheinlich gelten.

Die von Fermi begründete Statistik schließlich benutzt ein von Pauli für die Atomphysik aufgestelltes Prinzip. Es besagt (in der Anwendung auf unser Verteilungsproblem), daß niemals zwei Teilchen in einer Zelle untergebracht sein können. Abb. 13 zeigt die möglichen Verteilungen von zwei Teilchen auf drei Zellen in den Statistiken von Boltzmann, Bose und Fermi.

In der klassischen (Boltzmannschen) Statistik werden die einzelnen Individuen unterschieden (hier: ein voller »Punkt« und ein »Ring« als Symbol für die beiden Teilchen). Es gibt $3^2 = 9$ Möglichkeiten, die zwei Teilchen auf drei Zellen zu verteilen. In der

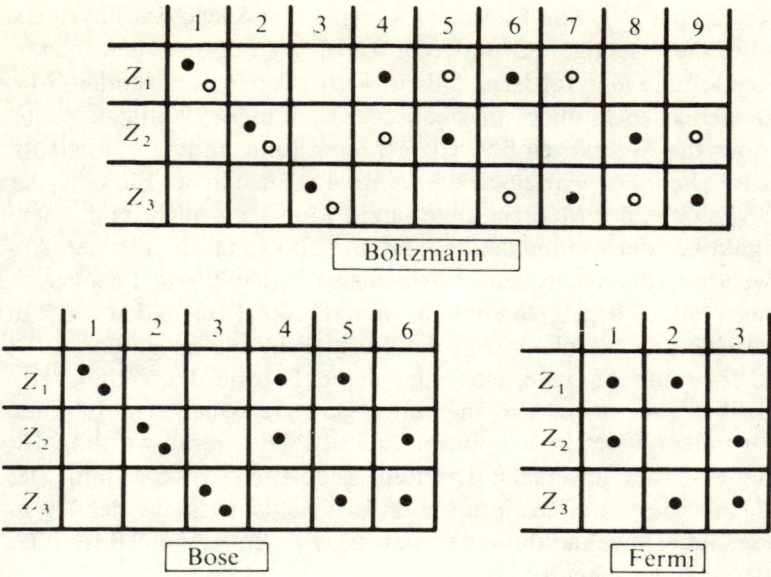

Abb. 13

Bose-Statistik entfällt die Unterscheidung von Individuen. Die Fälle 4 und 5, 6 und 7, 8 und 9 der klassischen Statistik fallen zusammen: Es gibt 6 mögliche (und als »gleich wahrscheinlich« angesetzte) Verteilungen.

Das Pauli-Verbot in der Fermi-Statistik schließlich führt auf nur 3 mögliche (und gleich wahrscheinliche) Verteilungen.

Man kann nun versuchen, die folgenden Probleme zu lösen:

(I) Wie groß ist die Wahrscheinlichkeit dafür, daß sich in n fest gewählten Zellen je ein Teilchen befindet?

(II) Wie groß ist die Wahrscheinlichkeit dafür, daß sich in irgend n Zellen genau ein Teilchen befindet?

Natürlich hängt die Antwort auf diese Fragen von der Grundvoraussetzung (über die Gleichwahrscheinlichkeit) ab. Sie fällt für die Boltzmann-Statistik anders aus als für die von Bose oder Fermi. Man findet die Lösung der beiden Aufgaben für alle drei Fälle in Meschkowski [2], S. 31 ff. Für unsere grundsätzlichen Überlegun-

73

gen ist die folgende Einsicht wichtig: Es ist Sache des Physikers, über die »richtige« Grundvoraussetzung zu entscheiden. Natürlich könnte man fordern, daß ein Vertreter der angewandten Mathematik auch über physikalische Kenntnisse verfügen sollte. Aber die Wahrscheinlichkeitsrechnung (und andere mathematische Theorien) werden ja neuerdings u. a. auch in der Biologie, der Soziologie, der Medizin angewandt. Man kann nicht von einem Praktiker der Mathematik erwarten, daß er auf allen diesen Anwendungsbereichen seiner Wissenschaft detaillierte Fachkenntnisse hat. Es liegt vielmehr nahe, ihm den Rückzug in den von ihm geschätzten Elfenbeinturm der Formalisierung zu gestatten. Es bleibt seine Aufgabe, eine allgemeine Theorie der Wahrscheinlichkeit zu entwickeln, die unter ganz verschiedenen falschen Grundvoraussetzungen anwendbar ist. Die Verantwortung für diese in der jeweiligen Disziplin gebotenen Ansätze muß der Fachvertreter treffen; in unserem Beispiel ist es Sache des Physikers, über die Annahme der Statistik von Boltzmann, Bose oder Fermi zu entscheiden.

Wir haben im ersten Abschnitt dieses Kapitels gezeigt, daß die tiefer eindringende Beschäftigung mit gewissen mathematischen Disziplinen zu bemerkenswerten erkenntnistheoretischen Einsichten führen kann. Hier, bei der Wahrscheinlichkeitsrechnung, liegen die Dinge etwas anders. Die Theorie der normierten Booleschen Algebren kann als eine spezielle algebraische Disziplin gesehen werden wie andere auch. Erst die Deutung der Norm als »Wahrscheinlichkeit« führt auf Probleme, die Physiker und Philosophen erregen können. Davon wird in Kapitel V zu berichten sein.

Loveš
745

Kociánov
t

Jedřvý
???

Bukovice

Loučná
n. Desnou

Lískovec
t 675

Na Mýtě

Kluč
882

Smrčná

t

Filipová

Rudn?
91?

OSP
Pterov

Deš??

t

Rasovna

Lysá h.
736

elké Losiny - zastávka
t

Měděn c

Maršikov

Zadní v.

Střelecký
důl

osiny

M

osiny
616

IV. Mathesis universalis

Mathesis Universalis ist die durch die Verarbeitung des philosophischen Lehrstoffes nach dem Muster des mathematischen Lehrgebäudes universell gewordene Mathematik.

H. Scholz

God exists since mathematics are consistent, and the devil exists since we cannot prove it.

A. Weil

1. Die Formalisierung der Mathematik

In der »Coss« von Christoff Rudolff, dem »durch Michel Stifel gebesserten und sehr vermehrten« Rechenbuch (1553), findet sich folgende Aufgabe:

Ich hab ein zahl ist minder denn 10. Wenn ich sye multiplizir mit 3 erwechst ein produkt/ist 7 mal soviel vber 10 als meyne zal ist vnter 10.

In der mathematischen Symbolik läßt sich diese Aufgabe so formulieren:

$$3x - 10 = 7(10 - x),$$

und jeder ordentliche Tertianer berechnet danach mühelos: $x = 8$. Die Formalsprache der Mathematik gestattet eine wesentlich einfachere und präzisere Formulierung des gestellten Problems, und in dieser Sprache läßt sich recht einfach eine Rechenvorschrift formulieren, die zur Auflösung aller Aufgaben dieses Typs verwandt werden kann. Bei dem hier gestellten sehr einfachen Problem könnte man schon auf eine solche Formalsprache verzichten. Aber man versuche einmal, die durch die Integralgleichung (für die unbekannte Funktion f)

$$f(x) = \frac{1}{3}x^3 + \int_0^x f^2(z) \, dz$$

gestellte Aufgabe in der Umgangssprache zu formulieren! Die moderne Mathematik kann auf ihre Formalsprache einfach nicht verzichten.

Die Mathematik hat in unserem Jahrhundert ihre Formalsprache in allen Disziplinen weiterentwickelt. Es gelang dadurch, recht komplizierte Sachverhalte auf eine einigermaßen einfache und jedenfalls klare Weise darzustellen. Im Kapitel II war die Rede von den Vorteilen, den die mathematische Methode der präzisen Definition vor der philologisierenden Methode bietet. Wir können jetzt hinzufügen, daß – in noch stärkerem Maße – die ausgebaute mathematische Formalsprache zur Vermeidung von Mißverständnissen beiträgt.

Dafür muß der Mathematiker in Kauf nehmen, daß der Außenseiter das »Hexengewirre« mathematischer Formeln (Goethe) unverständlich und ärgerlich findet.

Aber solche emotionalen Einwände gegen seine Wissenschaft beunruhigen den Mathematiker nicht sonderlich. Er kann sich damit trösten, daß seine Sprache jedem verständlich werden kann, der sich ernstlich darum bemüht. Gewichtiger ist schon ein Einwand, den der geistreiche Spötter Lichtenberg (S. 305) erhoben hat. Man liest da in seinen »Aphorismen«:

> Die Mathematik ist eine gar herrliche Wissenschaft, aber die Mathematiker taugen oft den Henker nicht ... so verlangt sehr oft der sogenannte Mathematiker, für einen der tiefen Denker gehalten zu werden, ob es gleich darunter die größten Plunderköpfe gibt, die man nur finden kann, untauglich zu irgendeinem Geschäft, das Nachdenken erfordert, wenn es nicht unmittelbar durch jene leichte Verbindung von Zeichen geschehen kann, die mehr das Werk der Routine als des Denkens sind.

Man muß zugestehen, daß Lichtenbergs Attacke auf die Mathematik nicht ganz unberechtigt ist. Es gibt »Praktiker« der Mathematik, die über die Routine der Kalküle nicht hinaussehen. Daß es zu allen Zeiten unter den Mathematikern hervorragende philosophische Köpfe gegeben hat, das wußte Lichtenberg natürlich auch. Was er aber noch nicht wissen konnte, ist dies: Gerade die konsequente Formalisierung der mathematischen Wissenschaften hat erst die erkenntnistheoretisch bedeutsamen Ergebnisse der modernen Grundlagenforschung ermöglicht.

Lichtenberg wußte wohl auch nichts von der genialen Leibnizschen Idee, die in der Mathematik so fruchtbare Formalisierung der Sprache auch auf andere Disziplinen, insbesondere auf die Philosophie, auszudehnen.

Gottfried Wilhelm Leibniz war der erste, der sich eingehender mit der Idee einer solchen Mathesis universalis befaßte; der Begriff aber findet sich schon bei Descartes.

2. Leibnizens »Mathesis universalis«

Leibniz war bei seinem Pariser Aufenthalt (vom Jahre 1772 an) vor allem durch Huygens in die Problemstellungen eingeführt worden, die damals die forschenden Mathematiker beschäftigten. Er hielt sich nicht lange mit dem Lernen auf: Sein heller Geist stieg rasch selbst in die Forschung ein, und es gelang ihm, wichtige Beiträge zur Reihenlehre und zur Algebra zu leisten. Und schließlich konnte er (unabhängig von Newton) die Grundzüge einer Infinitesimalrechnung entwickeln. Dabei bewies er besonderes Geschick durch eine praktische Bezeichnung der für den Kalkül so wichtigen Grundsymbole. Das führte dann auch dazu, daß sich seine Bezeichnungsweise gegenüber der Newtonschen später überall durchsetzte.

Die Vorteile eines einfachen und Mißverständnisse ausschließenden Kalküls waren offensichtlich. Da kam der oft in philosophische und theologische Dispute verwickelte Meister des formalen Kalküls schließlich auf den Gedanken, eine über die Mathematik hinaus brauchbare Formalsprache zu schaffen.

Es heißt darüber in einem zuerst von Couturat veröffentlichten Manuskript:

> Die Elemente der mathesis universalis müssen so beschaffen sein, daß sie auch zur Deutung von Geheimschriften, zum Schachspiel und zu anderem dieser Art dienen.
> Diese Elemente der mathesis universalis weichen von der bisher bekannten Algebra mehr ab als selbst die Algebra von Viète und Descartes von der Symbolik der Alten.

Es soll eine »Logik der Einbildungskraft« werden.

Dieses Buch über die Mathesis universalis hat Leibniz nie geschrieben. Aber er hat sich immer wieder mit diesem Problem beschäftigt, und bei der Durchsicht der von ihm hinterlassenen Papiere fand man vielerlei Pläne und Entwürfe zu diesem Thema. Bei der Würdigung dieser Papiere sollte man bedenken, daß es sich nicht um für den Druck freigegebene ausgereifte Publikationen handelt, sondern um Versuche, mit diesen ihn seit seinem achtzehnten Lebensjahr beschäftigenden Problemkreisen fertigzuwerden. Immerhin wird aus diesen Fragmenten die Zielsetzung seiner Überlegungen deutlich. In einem wohl aus dem Jahre 1686 stammenden »Projekt« spricht er (S. 24ff.) davon,

von welcher Bedeutung es sein würde, die Prinzipien der Metaphysik, der Physik und der Ethik mit derselben Gewißheit aufstellen zu können wie die Elemente der Mathematik.

Nun habe ich gefunden, daß man mit diesem Mittel nicht nur eine gesicherte Erkenntnis mehrerer wichtiger Wahrheiten erreichen, sondern auch zu einer bewunderungswürdigen Erfindungskunst und zu einer Analyse gelangen würde, die in anderen Stoffgebieten etwas Ähnliches erzeugen würde wie die Algebra bei den Zahlen.

Ich habe sogar eine erstaunliche Tatsache gefunden, nämlich daß man durch die Zahlen alle Arten von wahren Sätzen und Folgerungen darstellen kann.

Es sind mehr als 20 Jahre her, daß ich den Beweis dieser wichtigen Erkenntnis fand und auf den Gedanken einer Methode kam, die uns unfehlbar zur allgemeinen Analyse der menschlichen Erkenntnis führt . . . Ich habe bemerkt, daß der Grund, warum wir uns außerhalb der Mathematik so leicht täuschen und die Geometer in ihren Schlußfolgerungen so glücklich sind, nur der ist, daß man in der Geometrie und den anderen Teilen der abstrakten Mathematik Proben oder fortlaufende Beweise ausführen kann, und zwar nicht nur über den Schlußsatz, sondern noch in jedem Augenblick und bei jedem Schritt, den man von den Prämissen aus tut, indem man das Ganze auf Zahlen zurückführt. In der Physik jedoch widerstreitet nach vielen Schlußfolgerungen die Erfahrung oft dem Schlußsatz; indessen berichtigt sie diese Schlußfolgerungen nicht und bezeichnet nicht die Stelle, wo man sich getäuscht hat. In der Metaphysik und der Ethik ist dies viel schlimmer: Oft könnte man hier Erfahrungen über die Schlußsätze nur auf eine sehr unbestimmte Art machen, und bei den Gegenständen der Metaphysik ist die Erfahrung manchmal in diesem Leben ganz unmöglich.

Das einzige Mittel, unsere Schlußfolgerungen zu verbessern, ist, sie ebenso anschaulich zu machen, wie es die der Mathematiker sind, derart, daß man seinen Irrtum mit den Augen findet und, wenn es Streitigkeiten unter Leuten gibt, man nur zu sagen braucht: »Rechnen wir!« ohne eine weitere Förmlichkeit, um zu sehen, wer recht hat.

In einer (wohl aus dem Jahre 1677 stammenden) »Vorrede zur Allgemeinen Wissenschaft« (S. 87ff.) heißt es (S. 92) von der neuen Sprache: Es wird

> hier keine Mehrdeutigkeiten und Zweideutigkeiten geben, und alles, was man verständlich sagen wird, wird angemessen gesagt sein.
>
> Ich wage zu sagen, daß diese die letzte Bemühung des menschlichen Geistes ist, und wenn der Plan wird ausgeführt sein, wird den Menschen nur noch daran liegen, glücklich zu sein, da sie ein Hilfsmittel haben werden, das nicht weniger dazu dienen wird, die Vernunft zu steigern, wie das Fernrohr dazu dient, das Sehen zu vervollkommnen.
>
> Es ist eine meiner Bestrebungen, diesen Plan auszuführen, wenn Gott mir das Leben dazu gibt.

Man sucht nun in den hinterlassenen Manuskripten nach Andeutungen, wie denn Leibniz dieses für das Glück der Menschheit so wichtige Ziel erreichen will. Einiges von dem, was sich da anbietet, ist recht enttäuschend. Da gibt es die aus dem Jahre 1678 stammenden »Elemente der allgemeinen Charakteristik«, in denen Begriffe und Sätze einzelnen Zahlen und Zahlenkombinationen zugeordnet werden und die Richtigkeit in Zusammenhang mit den Teilbarkeitseigenschaften dieser Zahlen gebracht wird (S. 219ff.).
Wesentlich glücklicher ist sein »Versuch der beweisenden Syllogi-

stik« (S. 372ff.), wo er die Schlußweisen der klassischen Logik durch graphische Darstellungen verdeutlicht. So finden wir z. B. (S. 375) zum Schema Barbara

>   Jedes C ist B,
>   Jedes D ist C
>   Also: Jedes D ist B

die Abb. 14, die an die heute üblichen Vennschen Diagramme zur Logik erinnert.

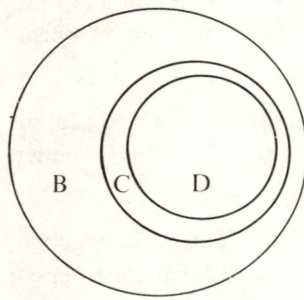

Abb. 14

Damit ist auch schon gesagt, in welche Richtung die Leibnizschen Bemühungen zielen: Es geht um den Ausbau einer mathematischen Logik, wie sie im 19. Jahrhundert durch Boole, Frege, Peano und Russell begründet wurde.

Diese neue Formalsprache hat sich im 20. Jahrhundert überall durchgesetzt: Die mathematischen Deduktionen konnten durch Benutzung der logischen Symbole noch weiter formalisiert werden. Diese Möglichkeit war dann die Basis für die Untersuchungen der Grundlagenforscher, denen erkenntnistheoretisch bedeutsame Aussagen über die Möglichkeiten und Grenzen des Beweisens gelangen. Die formale Logik hat wesentlich zum Ausbau der modernen Computertechnik beigetragen, so daß andere Disziplinen (z. B. die Jurisprudenz) ihre Aussagen durch Formalisierung präzisieren konnten.

Aber was ist von der Leibnizschen Erwartung zu halten, daß durch die Mathesis universalis auch Ethik und Methaphysik gesichert werden könnten? Und daß durch die »Steigerung der Ver-

80

nunft« den Menschen »nur noch daran liegen (wird), glücklich zu
sein«?

Vielleicht sollte man, um diese Erwartung unseres Forschers zu
verstehen, an die theologischen und philosophischen Querelen
seiner Zeit denken. Leibniz schwebte offenbar vor, daß man durch
Präzisierung der Deduktionsprozesse (»Rechnen wir!«) Meinungsverschiedenheiten ausräumen könnte. Auf diese Weise – so
hoffte er – würden dann mancherlei Hindernisse beseitigt, die
dem Glück der Menschheit tatsächlich im Wege standen.

Es gibt keine abgeschlossene Darstellung von Leibnizens Mathesis universalis. Wir haben einzelne Manuskripte mit Ideen und
Entwürfen, und es ist durchaus möglich, daß die Leibniz-Forscher
in dem heute noch nicht edierten Material Weiteres zu diesem
Thema finden. Aber es steht doch fest, daß die Leibnizsche Idee
zu seinen Lebzeiten keine weitere Verbreitung erfahren hat. Erst
im 19. Jahrhundert haben Forscher wie Boole und Frege – in ver-
änderter Form – die Leibnizschen Gedanken wiederaufgenommen. Sie haben den Ausbau einer mathematischen Logik angeregt, die im 20. Jahrhundert ein wesentliches Hilfsmittel für exakte
Arbeit in verschiedenen Disziplinen wurde.

3. Zur mathematischen Logik

Man kann allerdings die moderne mathematische Logik kaum als
eine Realisierung der Leibnizschen Idee einer Mathesis universalis ansprechen. Die moderne formale Logik vermeidet die Mißver-
ständlichkeiten der Umgangssprache und erleichtert die Darstellung von Deduktionen. Das alles liegt auf der Leibnizschen Linie.
Aber Leibniz wollte doch weit mehr erreichen. Er wünschte sich
eine Anwendbarkeit der Mathesis universalis auf die großen
Streitfragen der Metaphysik und hoffte – in seinem sich immer
wieder behauptenden Optimismus –, man werde durch Klärung
der Grundbegriffe und ein formal gesichertes Deduktionsverfah-
ren (durch einen Kalkül) alle Streitfragen ausräumen können.

Das leistet nun die moderne, im 19. Jahrhundert entstandene formale Logik nicht. Sie trug im Gegenteil dazu bei, daß sich die Einsicht in die Unmöglichkeit einer Metaphysik (im klassischen Sin-

ne) allgemein durchsetzt. Mit Hilfe der formalen Logik wurden ja die erkenntnistheoretisch so bedeutsamen Sätze der Grundlagenforschung hergeleitet, die die Unmöglichkeit gewisser Deduktionen feststellen und damit der wissenschaftlichen Erkenntnis Grenzen setzen, die man in Leibnizens Zeitalter noch nicht sah.

Es ist für unsere Zwecke hinreichend, wenn wir hier einige Grundbegriffe der elementaren Aussagenlogik einführen (vgl. Meschkowski [3]). In diesem elementaren Teil der Logik betrachtet man Verknüpfungen zwischen den mit großen lateinischen Buchstaben A, B, C, ... bezeichneten Aussagen, von denen feststehen soll, daß sie entweder wahr oder falsch sind. (Wie man im Einzelfall zu der Entscheidung über Wahrheit oder Falschheit kommt, ist nicht Sache der Logik.)

Den richtigen Aussagen wird der Wahrheitswert 0, den falschen der Wahrheitswert 1 zugeordnet. Betrachten wir die folgenden Beispiele:

A: Paris ist die Hauptstadt von Frankreich.
B: Eisen ist ein Metall.
C: $2 + 2 = 5$.
D: 5 ist eine Primzahl.

Von diesen Aussagen ist C falsch, die andern sind richtig.

Für die Wahrheitswerte f(A), f(B), f(C) und f(D) unserer Aussagen A, B, C, D gilt:

$$f(A) = f(B) = f(D) = 0, \ f(C) = 1.$$

Wir führen nun für zwei beliebige Aussagen X und Y *Verknüpfungen* durch die Zeichen ∨ (»oder«) und ∧ (»und«) ein. Das Zeichen für »oder« erinnert an ein v; es steht auch für das »oder« im Sinne des lateinischen »vel«, nicht für »aut – aut« (»entweder – oder«). Die Aussage X ∨ Y soll genau dann als wahr gelten, wenn *mindestens* eine der beiden Aussagen wahr ist. Beide Aussagen

$$(2 + 3 = 5) \lor (1 + 1 = 2) \text{ und } (2 + 3 = 5) \lor (1 + 1 = 3)$$

sind also wahr.

Die Verknüpfung durch ∧ wird (entsprechend dem üblichen Verständnis von »und«) so festgelegt: X ∧ Y ist genau dann wahr, wenn beide Aussagen, X und Y, wahr sind. Von den beiden Aussagen

$$(2+3=5) \wedge (1+1=2) \text{ und } (2+3=5) \wedge (1+1=3)$$

ist die erste wahr, die zweite falsch.

Die *Negation* einer Aussage X wird durch $\neg$ X bezeichnet (lies: non X). $\neg$ X ist genau dann wahr, wenn X falsch ist. Die Verknüpfung durch das Zeichen $\Rightarrow$ heißt die *Implikation*. Man liest X $\Rightarrow$ Y so:

> »X impliziert Y« oder auch »Wenn X, so Y«.

X $\Rightarrow$ Y ist dann und nur dann falsch, wenn X wahr und Y falsch ist. Also: Wenn X falsch ist, soll die Implikation als wahr gelten, ebenso ist X $\Rightarrow$ Y wahr, wenn beide Aussagen wahr sind. Man sieht sofort, daß das auch für die Verknüpfung $\neg$ X $\vee$ Y gilt. Man kann also auch X $\Rightarrow$ Y einfach als abkürzende Schreibweise für $\neg$ X $\vee$ Y einführen.

Der Grund zur Bezeichnung »Implikation« für die Verknüpfung durch das Zeichen $\Rightarrow$ und die Leseweise »Wenn X, dann Y« für X $\Rightarrow$ Y wird sofort deutlich, wenn X eine wahre Aussage ist. X $\Rightarrow$ Y ist ja (dann und nur dann) falsch, wenn X wahr und Y falsch ist. Die Aussage X $\Rightarrow$ Y schließt also dies ein: Wenn X wahr ist, dann ist auch Y wahr. Übrigens wird nicht etwa ein kausaler Zusammenhang zwischen den beiden Aussagen postuliert. Mit den auf S. 82 eingeführten Aussagen A, B, C, D ist z. B. die Aussage A $\Rightarrow$ D wahr, oder auch D $\Rightarrow$ A, obwohl Paris nichts mit der Zahlentheorie zu tun hat. Aber nach unserer Definition sind die Aussagen C $\Rightarrow$ A, C $\Rightarrow$ B, C $\Rightarrow$ D wahr, einfach weil C falsch ist. Eine falsche Aussage impliziert jede andere (wahre oder falsche) Aussage. Man mag es sonderbar finden, daß man danach formulieren kann:

> »Wenn $2+2=5$ ist, dann ist Paris die Hauptstadt von Frankreich«,
>
> oder auch
>
> »Wenn $2+2=5$ ist, dann ist $2+2=4$«.

Man muß beim Lesen einer logischen Formel bedenken, daß nicht die durch die Umgangssprache sich anbietenden Deutungen wesentlich sind, sondern allein die für die logischen Zeichen festgelegten Definitionen. Es ist nützlich, die Eigenschaften der Verknüpfungen durch eine Tabelle der Wahrheitswerte für alle möglichen Wahrheitswertverteilungen für X und Y festzulegen. Nach unseren Definitionen gilt:

X	Y	¬X	X ∨ Y	X ∧ Y	X ⇒ Y
0	0	1	0	0	0
0	1	1	0	1	1
1	0	0	0	1	0
1	1	0	1	1	0

(1)

Von besonderem Interesse für den Ausbau der formalen (mathematischen) Logik sind die *Tautologien*. Das sind solche logischen Formeln, die bei allen möglichen Verteilungen der Wahrheitswerte (für X und Y) wahr sind. Wir betrachten als Beispiel das Gesetz des Duns Scotus:

(2) $\neg X \Rightarrow (X \Rightarrow Y)$.

Man kann den tautologischen Charakter von (2) nachweisen, indem man für X und Y alle möglichen Wahrheitswerte einsetzt und die Tabelle (1) heranzieht.

Kürzer geht es so: Es sei X wahr, dann ist $\neg X$ falsch. Die Implikation (2) mit der falschen Prämisse $\neg X$ ist also wahr. Sei nun X falsch, dann ist $(X \Rightarrow Y)$ wahr, und die ganze Implikation (2) ist von der Form $V \Rightarrow U$, wobei U eine wahre Aussage ist. Dann ist nach Tabelle (1) aber $V \Rightarrow U$ wahr. Damit ist gezeigt, daß (2) eine Tautologie ist: Wie man auch die Wahrheitswerte für X und Y wählt, stets kommt für die ganze Formel (2) eine wahre Aussage heraus.

Jetzt können wir den in Kapitel II, 4 erwähnten Satz begründen: Wenn man in einem System nur *eine* Aussage A und ihre *Negation* $\neg$ A zuläßt, dann kann man jede Aussage beweisen. Schreiben wir dazu (2) in der Form

(2′) $A \Rightarrow (\neg A \Rightarrow B)$.

Wir wollen jetzt einmal annehmen, daß die Aussage A und auch die Negation $\neg$ A wahr seien. Dann ergibt sich: (2′) ist als Tautologie immer wahr. Da auch A wahr ist, muß die von A implizierte Aussage $\neg A \Rightarrow B$ ebenfalls wahr sein. Jetzt benutzen wir, daß auch

84

die Negation ¬ A wahr sein soll. Da ¬ A ⇒ B wahr ist, muß auch B wahr sein. B war aber irgendeine ganz beliebige Aussage.

Wir müssen uns versagen, die Elemente der Aussagenlogik weiter auszubauen. Es sei aber noch berichtet, daß man diesen elementaren Teil der mathematischen Logik nach Hilbert (vgl. Hilbert u. Ackermann) axiomatisch aufbauen kann. Da gibt es einige Tautologien, die als Axiome gesetzt werden. Weitere Aussagen kann man durch Anwendung gewisser vorgegebener Schlußregeln gewinnen. Alle so gewonnenen Aussagen sind wieder Tautologien, und man kann weiter zeigen, daß man auf diese Weise alle möglichen Tautologien gewinnen kann. Für dieses einfache System kann man sogar beweisen, daß es widerspruchsfrei ist.

Für die weitere Formalisierung mathematischer Aussagen genügt aber die Aussagenlogik noch nicht. Man braucht die Möglichkeit, Aussagen in Abhängigkeit von einer Variablen zu formalisieren. Dazu läßt man in der *Prädikatenlogik* sprachliche Gebilde zu, die die Gestalt von Aussagen haben, aber von einer (oder auch von mehreren) Variablen abhängen. Man nennt sie »Aussageformen«. Wegen der auftretenden Variablen ist es unsinnig, Aussageformen einen Wahrheitswert zuzuordnen, wohl aber erhält man aus einer gegebenen Aussageform eine (wahre oder falsche) Aussage, wenn man die vorkommenden Variablen durch bestimmte Elemente ersetzt. Betrachten wir ein Beispiel:

P(n) sei die Aussageform »n ist eine Primzahl«.

P(n) ist weder wahr noch falsch. Für n = 5 erhält man aber die wahre Aussage P(5) und für n = 6 die falsche Aussage P(6). Weiter braucht man das All- und das Existenzsymbol*:

$$\bigwedge_{x \in M} A(x); \quad \bigvee_{x \in M} B(x).$$

Das liest man so: »Für alle Elemente x aus der Menge M gilt A(x)« und »Es gibt (mindestens) ein Element x aus der Menge M, für das B(x) gilt«.

*Die Terminologie ist in der Literatur über Logik leider nicht einheitlich. Es gibt auch andere Zeichen für die Verknüpfungen der Aussagenlogik, für die Quantoren usw. Wir folgen hier der im Deutschen am meisten verbreiteten Symbolik der Münsteraner Schule (Hermes).

Beides sind Aussagen. Die erste ist genau dann wahr, wenn A(x) bei *jeder* Ersetzung von x durch ein Element von M zu einer wahren Aussage wird, die zweite genau dann, wenn bei (mindestens) *einer* Ersetzung von x durch ein Element von M B(x) zu einer wahren Aussage wird.

Mit Hilfe des All- und des Seinszeichens (der *Quantoren*) kann man nun z. B. Sätze der Zahlentheorie formalisieren. Es sei $\mathbb{N}$ die Menge der natürlichen Zahlen, $\mathbb{P}$ die der Primzahlen. Dann kann man die Goldbachsche Vermutung (Kap. II, 2) so schreiben:

$$\bigwedge_{n \in \mathbb{N}} \bigvee_{p \in \mathbb{P}} \bigvee_{q \in \mathbb{P}} 2n + 2 = p + q.$$

Das heißt nämlich: Für alle natürlichen Zahlen n gibt es eine Darstellung

$$2n + 2 = p + q$$

mit Primzahlen p und q. $2n + 2$ durchläuft aber die Menge der Zahlen $4, 6, 8, 10, \ldots$, also die Menge der geraden Zahlen, die größer als 2 sind, wenn n die Menge der natürlichen Zahlen durchläuft.

Wir wollen noch eine weitere Formel aus dem Bereich der Zahlentheorie notieren, die ein wichtiges Beweisprinzip in der Formalsprache darstellt (k' ist der Nachfolger von k: $k' = k + 1$):

$$[A(1) \wedge \bigwedge_{k \in \mathbb{N}} (A(k) \Rightarrow A(k'))] \Rightarrow \bigwedge_{n \in \mathbb{N}} A(n).$$

Der Leser versuche, diese Formel zu lesen und zu verstehen, bevor er die nachstehende Übersetzung in die Umgangssprache liest:

Wenn die Aussage A(1) richtig ist und wenn für alle natürlichen Zahlen k aus A(k) stets A(k') folgt, so gilt A(n) für alle natürlichen Zahlen n.

Das leuchtet ein: Wenn die Aussage A(1) richtig ist und wenn für jedes $k \in \mathbb{N}$ die Implikation $A(k) \Rightarrow A(k')$ gilt, dann folgt aus der Richtigkeit für 1 die für 2, daraus die für 3 usf.: Die Richtigkeit »läuft immer weiter«, und es gibt keine natürliche Zahl, die nicht von ihr erreicht wird.

Dieses *Prinzip der vollständigen Induktion* ist ein wichtiges Beweismittel für Aussagen über die Menge IN der natürlichen Zahlen. Wir werden darauf später (Kap. V, 1) noch ausführlicher eingehen. Wir erwähnen es hier nur als eines der Axiome der Zahlentheorie, die man mit Hilfe der mathematischen Logik formalisieren kann. Auf diese Weise lassen sich alle Axiome und Schlußregeln der Zahlentheorie mit Hilfe mathematischer und logischer Symbole formalisieren.

Diese Möglichkeit war eine wichtige Voraussetzung für den Versuch der Grundlagenforscher, die Widerspruchsfreiheit der Zahlentheorie zu beweisen. Es lag ja nahe, das durch die Entdeckung der Antinomien angeregte Hilbertsche Programm zunächst für die Zahlentheorie durchzuführen.

Es stellte sich heraus, daß das Problem der Widerspruchsfreiheit aufs engste zusammenhängt mit der Frage der *Entscheidbarkeit* mathematischer Probleme. Wir wollen uns zunächst mit dieser erkenntnistheoretisch bedeutsamen Frage beschäftigen.

4. Der Gödelsche Satz

Gibt es in der Mathematik Fragestellungen, die nicht entscheidbar sind? Dieses Problem wurde vor etwa 100 Jahren im Berliner Mathematischen Seminar diskutiert. Es ging um die Kritik Kronekkers an der Weierstraßschen Begründung der Analysis. Kronecker hatte Bedenken gegen allzu allgemeine (nicht »konstruktive«) Existenzaussagen, und er hielt es für möglich, daß die Analytiker auf diese Weise einmal in nichtentscheidbare Probleme stolpern könnten. Der Weierstraß-Schüler H. A. Schwarz forderte den Kritiker auf, einmal ein solches effektiv nicht zu entscheidendes Problem zu nennen. Das gelang damals nicht, aber später zeigte sich die Möglichkeit, mit Hilfe berechenbarer zahlentheoretischer Funktionen solche Probleme zu formulieren. Eine *zahlentheoretische Funktion* ist eine Abbildung der Menge IN der natürlichen Zahlen in sich selbst, also einer Funktion des Typs

   $n \mapsto f(n)$,

wobei n und f(n) natürliche Zahlen sind. Eine solche Funktion heißt *berechenbar,* wenn für jedes n der Bildwert f(n) in endlich

vielen Schritten berechnet werden kann. Man kann diese Vorschrift präzisieren durch die Forderung, daß die Funktionen »primitiv rekursiv« oder »allgemein rekursiv« sein sollen (vgl. Meschkowski [3], R. Péter oder S. C. Kleene).
Ein Beispiel für eine solche berechenbare Funktion ist gegeben durch

$$f_1(n) = n! = 1 \cdot 2 \cdot 3 \cdot \ldots \cdot n.$$

Ein anderes Beispiel ist f_2 mit

$$f_2(n) = \text{Anzahl der Primfaktoren von } n.$$

Es ist also z. B. $f_2(10) = 2$, $f_2(16) = 4$, $f_2(31) = 1$. Berechenbar ist aber auch die Funktion f_3 mit

$$f_3(n) = [\sqrt{n}].$$

Dabei bedeutet [X] die größte ganze Zahl, die kleiner oder gleich X ist. So ist

$$[\sqrt{10}] = 3, [\sqrt{16}] = [\sqrt{24}] = 4 \text{ usf.}$$

Als weitere Vorbereitung wollen wir jetzt folgendes Problem angreifen: Es soll mit Hilfe der Ziffern $0, \ldots, 9$ eine Art Telegraphiesystem hergestellt werden, mit dem man »Nachrichten« speziell mathematischen Inhalts übertragen kann.
Zu übertragen sind also: 1. Zahlen, 2. Buchstaben und Wörter der Umgangssprache, 3. mathematische Symbole wie $+$, $=$, $-$ usf. Das geschieht etwa so: Die Ziffer 0 wollen wir als Trennzeichen zwischen den einzelnen Symbolen verwenden. Das bedeutet, daß Zahlen wie 10, 20 usw. nicht als Zeichen verwendet werden dürfen, um Mißverständnisse zu vermeiden. Aber das ist auch nicht nötig. Wir können die Ziffern 1 bis 9 »sich selber« zuordnen, die Null dann der Zahl 11, und die folgenden Zahlen stehen dann (ohne die 20, 30, 40 usw.!) für die Buchstaben des gewöhnlichen Alphabets und die benötigten mathematischen Zeichen.
Wir stellen etwa folgendes »Wörterbuch« auf:

1	1	b	13	z	38	)	45
2	2		...	=	39	[	46
...		h	19	+	41	]	47
9	9	i	21	–	42	$\sqrt{}$	48
			...				
0	11	r	29	·	43		...
a	12	s	31	(	44		
			...				

Dieses Wörterbuch kann bei Bedarf nach Belieben verlängert werden für weitere mathematische Zeichen. Mit Zahlen bis 99 (ohne 50, 60, . . .) dürfte man aber auskommen.

Jetzt können jeder Satz im Klartext und jede Formel durch eine Ziffernfolge symbolisiert werden. 0 steht dabei als Trennungszeichen zwischen einzelnen Symbolen, und man kann noch verabreden, daß man Wörter (der Umgangssprache) oder Zeilen einer mathematischen Deduktion durch 00 trennt.

$f(12) = 17$

kann z. B. übersetzt werden in die Ziffernfolge

1704401020450390107.

Der Name »Hilbert« lautet in diesem Telegrammtext:

19021023013016029032.

Diesen Prozeß der Charakterisierung von Wörtern und mathematischen Symbolen nennt man allgemein »Gödelesierung« nach dem österreichischen Mathematiker K. Gödel, der zuerst ein derartiges (sich nicht mit der hier gegebenen Zuordnung deckendes) Verfahren gegeben hat.

Wenden wir uns, so gerüstet, wieder den berechenbaren Funktionen zu!

Zu jeder solchen Funktion gehört eine Rechenvorschrift, die uns angibt, wie (für jedes n) der Funktionswert $f(n)$ zu berechnen sei. Für $f(n) = n!$ lautet diese Vorschrift etwa so:

$f(0) = 1$
$f(n) = n \cdot f(n-1)$.

Durch die Gödelisierung wird dieser Vorschrift die »Gödel-Nummer der Funktion f« zugeordnet:

(5) 17044011045039010017044025045039025043017044025-
04201045.

Durch unser Wörterbuch sind wir in der Lage, jeder berechenbaren Funktion – durch Gödelisierung der Berechnungsvorschrift – eine natürliche Zahl als Gödel-Nummer zuzuordnen.
Es ist einleuchtend, daß umgekehrt nicht jede natürliche Zahl Gödel-Nummer eine berechenbaren Funktion ist. Dazu ist ja zunächst notwendig, daß die 0 genügend oft und so verteilt vorkommt, daß die Zahl als Telegrammtext gedeutet werden kann. Aber selbst wenn dies zutrifft, kann die Interpretation einfach eine sinnlose Folge von Zeichen, Klammern, Buchstaben usw. ergeben.
Wir wollen nun unter Benutzung der Gödelisierung eine nicht berechenbare Funktion definieren. Es sei:

$$(6) \quad g(n) = \begin{cases} 1, \text{ wenn n nicht die Gödel-Nummer einer berechenbaren Funktion ist,} \\ f(n)+1, \text{ wenn n die Gödel-Nummer der berechenbaren Funktion f(n) ist.} \end{cases}$$

Diese Funktion g kann nicht berechenbar sein. Denn sonst gäbe es ja eine Gödel-Nummer N für g, die man durch Übersetzung der etwa existierenden Rechenvorschrift für g(n) gewinnen könnte. Dann wäre aber nach der Definition (6) von g(n): $g(N) = g(N) + 1$, und das ist ein Widerspruch. Die Annahme, g sei berechenbar, ist also falsch.
Das bedeutet, daß man nicht etwa die Definition (6) selbst als eine solche Rechenvorschrift deuten darf. Diese Definition macht ja eine sogenannte Fallentscheidung. Und nur, wenn die hier geforderte Entscheidung (ob n die Gödel-Nummer einer berechenbaren Funktion ist oder nicht) berechenbar wäre, könnte man aus der Definition (6) auch eine Rechenvorschrift gewinnen.
Wir wollen die Möglichkeit, eine Entscheidung zu berechnen, an einem anderen einfacheren Beispiel erläutern.
Definieren wir

$$(7) \quad h(n) = \begin{cases} 1, \text{ wenn n eine Primzahl ist,} \\ n \text{ sonst.} \end{cases}$$

Auch hier ist wie bei (6) in die Definition eine Fallentscheidung aufgenommen. Diese Entscheidung kann aber in eine Rechenvorschrift umgeformt werden. Man kann nämlich (s. z. B. Péter) durch geeignete Rekursionen eine Funktion k konstruieren, deren Wert k(n) genau dann gleich 0 ist, wenn n eine Primzahl ist. Dann wird h(n) so berechnet:

$$h(n) = \begin{cases} 1, \text{ wenn } k(n) = 0 \text{ ist,} \\ n \text{ sonst.} \end{cases}$$

Wenn man so will, kann man die Funktion k als einen Roboter ansehen, der die in (7) geforderte Entscheidung gewissermaßen automatisch vollzieht.

Einen solchen Roboter gibt es für die durch (6) definierte Funktion g nicht. Das lehrt der oben durchgeführte Beweis. Wir können das Ergebnis auch so formulieren:

Es ist nicht entscheidbar, ob n die Gödel-Nummer einer berechenbaren Funktion ist.

Das heißt: Es gibt keine berechenbare Funktion, die genau dann gleich 0 wird, wenn n eine solche Gödel-Nummer ist. Das schließt natürlich nicht aus, daß man durch Rückübersetzen einer natürlichen Zahl in die mathematische Umgangssprache nach dem Wörterbuch auf S. 88 f. zufällig wirklich auf die Gödel-Nummer einer berechenbaren Funktion stößt oder auch auf eine sinnlose Zeichenkombination, die ganz bestimmt nicht die Gödel-Nummer einer berechenbaren Funktion sein kann. Mit der Formulierung »Es ist nicht entscheidbar ...« ist nur behauptet, daß es keine berechenbare Funktion gibt, die diese Entscheidung für alle n vollzieht.

Mit Entscheidungsproblemen des hier besprochenen Typs hängt die Untersuchung über die Widerspruchsfreiheit in der formalen Zahlentheorie aufs engste zusammen. Es leuchtet ein, daß man auch alle Aussagen der formalen Zahlentheorie gödelesieren kann. Man hat in diesem Falle Zahlendarstellungen zu finden (außer für die Zahlen selbst) für die Buchstaben, die als Variable auftreten, für die Symbole des elementaren Rechnens, für Klammern usw. und schließlich auch für die Zeichen der mathematischen Logik. Das ist in der Arbeit von Gödel (S. 173 ff.) besorgt worden, freilich nach einem von dem hier beschriebenen etwas verschiedenen System. Man kann auf diese Weise den Aussagen der Zahlentheorie (auch ganzen Beweisgängen) eine Gödel-Nummer zuordnen. Wir müssen uns versagen, hier die Gödelsche Deduktion ausführlich darzustellen. Man findet eine bei allen Schwierigkeiten der Sache doch gut lesbare Darstellung bei Kleene, einen Überblick bei Meschkowski [3].

Wir wollen uns hier darauf beschränken, die Gödelschen Ergebnisse festzuhalten, die sich so zusammenfassen lassen:

1. Es gibt in der formalen Zahlentheorie nichtentscheidbare Probleme.
2. Die Widerspruchsfreiheit des formalen Systems kann nicht mit den Mitteln des Systems bewiesen werden.
3. Die Axiome der Zahlentheorie leisten keine implizite Definition der Zahlenreihe.

Heißt das nun, daß das Hilbertsche Programm zur Rettung der Mathematik endgültig gescheitert ist? Wir erinnern uns: Hilbert wollte zur Absicherung der Mathematik alle Disziplinen der Mathematik formalisieren und die Unmöglichkeit von Antinomien durch den Nachweis der Widerspruchsfreiheit ausschließen.

Für die Anhänger der Hilbertschen Pläne war die Gödelsche Arbeit ein schwerer Schlag, der das Gelingen des Hilbert-Plans ernstlich in Frage stellte. Aber da kam den Grundlagenforschern ein Ergebnis des in Prag wirkenden Mathematikers Gentzen zu Hilfe.

Im Jahre 1936 bewies Gentzen die Widerspruchsfreiheit der Zahlentheorie mit Hilfe der sogenannten transfiniten Induktion. Dabei handelt es sich um eine Verallgemeinerung des bekannten Induktionsschlusses für die Zahlenreihe auf abzählbare Mengen von komplizierterem Ordnungstypus. Später hat auch Ackermann auf anderem Wege, aber ebenfalls unter Benutzung einer solchen transfiniten Induktion die Widerspruchsfreiheit der Zahlentheorie begründet.

Gentzen vertrat die Ansicht, daß sein Beweis durchaus als eine Lösung der von Hilbert für die Zahlentheorie gestellten Aufgabe gelten könnte, wenn auch nicht in der ursprünglichen Form.

Ist damit der Hilbertsche Plan zur Sicherung der Mathematik tatsächlich gerettet? Dazu muß man das zum Beweis durch Gentzen benutzte Prinzip der transfiniten Induktion würdigen.

Es ist dies ein Satz aus der Mengenlehre, der unser elementares Induktionsprinzip (S. 86 f.) für beliebige wohlgeordnete Mengen verallgemeinert. Wer diesen Satz kennt, wird ihn einleuchtend finden. Aber einleuchtend sind erst recht die Axiome der elementaren Zahlentheorie. Wenn man zu ihrer Rechtfertigung ein höheres Prinzip heranzieht, verschiebt man das Problem: Man muß doch jetzt fragen, wieweit die allgemeine Mengenlehre gesichert ist. Aber hier dürfte ein allgemeiner Beweis für die Widerspruchsfreiheit weit schwieriger zu erbringen sein als für die elementare Zahlentheorie.

Man kann sich nicht an seinem eigenen Zopf aus einem Sumpf ziehen. Und um die Mathematik aus dem Sumpf der Ungesichertheit zu ziehen, braucht man einen Standort, der außerhalb des betrachteten Systems liegt. Das ist ein erkenntnistheoretisch bedeutsames Ergebnis.

5. Zwischenbilanz

Für eine vorläufige Zusammenfassung unserer Ergebnisse ist es zweckmäßig, auf den im Vorwort erwähnten von Snow herausgestellten Gegensatz zwischen Natur- und Geisteswissenschaftlern zu erinnern. Wir fügen dem noch einen von Snow zitierten Satz des britischen Mathematikers Hardy hinzu:

Ist Ihnen schon aufgefallen, wie heutzutage das Wort »intellektuell« verwendet wird? Anscheinend gibt es da eine neue Definition, unter die Rutherford bestimmt nicht fällt, und Eddington, Dirac, Adrian und ich selber auch nicht. Also wissen Sie, mir kommt das ziemlich komisch vor.

Es wäre gewiß nicht schwierig, auch für unsere Zeit die Aufspaltung des kulturellen Lebens in die von Snow registrierten »diametralen Gruppen« nachzuweisen. Aber es hat sich doch einiges geändert: Die großen Erfolge der exakten Wissenschaften in den letzten Jahrzehnten haben dazu geführt, daß sich heute viele Vertreter der früher als »Geisteswissenschaften« bezeichneten Disziplinen um Einführung mathematischer Methoden bemühen. Es scheint, daß das Vorkommen mathematischer Symbole in soziologischen (psychologischen, philosophischen, juristischen ...) Abhandlungen jetzt als eine Art von Gütesiegel angesehen wird.

Es gibt gewiß Fälle, in denen die Aussagen des Forschers durch Anwendung mathematischer Methoden bereichert werden. Zuweilen hat man aber den Eindruck, daß der ganze Aufwand an Mathematik nur etwas bestätigt, was man ohnehin schon weiß. Wichtiger erscheint uns, daß sich die Vertreter anderer Disziplinen so weit mit dem mathematischen Denken vertraut machen, daß ihnen die oben erwähnten erkenntniskritischen Einsichten aus exakter mathematischer Arbeit geläufig werden. Eine solche Gemeinsamkeit mit den Mathematikern würde wohl auch dazu führen, daß die Grenzen der zwei Kulturen, von denen Snow sprach, niedergerissen werden. Wir wollen in dieser Zwischenbilanz noch einiges sagen über die Möglichkeit, die erwähnten für die Mathematik gewonnenen erkenntniskritischen Einsichten auch außerhalb der eigenen Disziplin nutzbar zu machen.

Unser erstes von Goethe stammendes Postulat wendet sich schon an alle Gelehrten schlechthin. Wir wollen es sprachlich modernisiert so fassen:

(I) *Jeder Wissenschaftler soll sich bei seinen Deduktionen so verhalten, als ob er »dem strengsten Mathematiker« Rechenschaft schuldig sei.*

Wir haben das Wesen der mathematischen Strenge im Kapitel II, 2 an zahlentheoretischen Beispielen erörtert. Diese Überlegung brachten wir in anderem Zusammenhang in unserer Schrift »Mathematik als Bildungsgrundlage«. Dieses Buch wurde damals in einer medizinischen Zeitschrift durch einen Arzt sehr freundlich besprochen, der besonders durch die bei diesem Beispiel deutlich werdende Exaktheit des Mathematikers beeindruckt war. Er fand, daß man in der Medizin manchmal allzu rasch bereit sei, aus einigen wenigen Beispielen auf die Gültigkeit eines allgemeinen Gesetzes zu schließen.

Wir sprachen oben bereits über die Präzision der mathematischen Sprache. Die Klarheit der mathematischen Aussageweise wurde einem geisteswissenschaftlich geschulten Gelehrten zu einem eindrucksvollen Erlebnis. Im Jahre 1922 stieß Heinrich Scholz ([2], Vorwort), damals Ordinarius für Philosophie in Kiel, in einer Bibliothek auf die »Principia mathematica« von Russell und Whitehead. Ihm lag die Beschäftigung mit Grundlagenfragen der Mathematik und mit formaler Logik damals völlig fern, aber er war fasziniert von diesem Werk. Hier fand er jene fundierte Sicherheit der Aussagen, nach der er bisher vergebens gesucht hatte. Heinrich Scholz, der Sohn eines Berliner Probstes, war ursprünglich Theologe gewesen, Schüler und Assistent von Adolf von Harnack. Der begabte junge Gelehrte bekam schon 1917 eine Professur für Religionsphilosophie in Breslau; 1919 wechselte er auf ein philosophisches Ordinariat nach Kiel über. Er hatte sich bereits durch eine vielbeachtete religionsphilosophische Arbeit einen Namen gemacht. Im Jahre 1960 wurde diese Abhandlung eines evangelischen Theologen zur Religionsphilosophie der Gegenstand einer Dissertation an der katholisch-theologischen Fakultät in München (s. Luthe).

Wir erwähnen das, um deutlich zu machen, daß Scholz auf seinem ursprünglichen Fachgebiet durchaus erfolgreich war. Dennoch veränderte die Begegnung mit der Mathematik und der mathematischen Logik seinen Forschungsstil völlig. Hier hatte er endlich das Gefühl, sicheren Boden unter den Füßen zu haben. Es ging in dem Werk von Russell und Whitehead freilich nicht um die großen Fragen über Gott und die Welt, die den Theologen und Religionsphilosophen beschäftigt hatten. Dafür gab es präzise Definitionen und Aussagen, Beweisgänge, die keine Zweifel mehr offen ließen. Scholz absolvierte als Ordinarius für Philosophie noch ein volles Studium in Mathematik und Physik, um fachlich für die Beschäftigung mit den Grundlagenfragen und der formalen Logik gerüstet zu sein.

Er wurde bald selber auf dem Gebiet der formalen Logik erfolgreich tätig, insbesondere nach seiner Übernahme einer Philosophieprofessur in Münster. Er erreichte 1943, daß sein Lehrstuhl in eine Professur für »Grundlagenfragen und mathematische Logik« umgewandelt wurde. Es war der erste Lehrstuhl dieser Art in Deutschland. Inzwischen ist die Beschäftigung mit der mathematischen Logik überall weiter ausgebaut worden. Heute sind in Deutschland viele Schüler des Münsteraner Seminars als Lehrer für Grundlagenfragen, insbesondere für mathematische Logik tätig.

Heinrich Scholz hat übrigens seine Herkunft von der Theologie nie verleugnet. Er ist später in einzelnen Veröffentlichungen und in der Auseinandersetzung mit seinem Studienfreund Karl Barth darauf eingegangen und hat dabei gezeigt, wie das exakte Denken sein Verhältnis zur Theologie verändert hatte. Wir werden darauf noch zurückkommen.

Scholz war schon in Münster, als die grundlegende Arbeit von Gödel über die Zahlentheorie erschien. Er würdigte die Leistung des jungen österreichischen Forschers als eine »Kritik der reinen Vernunft vom Jahre 1931«. Auch viele andere Forscher erkannten sofort die über die Mathematik selbst hinausweisende Bedeutung der Gödelschen Arbeit. Besonders eingehend beschäftigte sich Wolfgang Stegmüller ([1], S. 241) mit den Folgerungen aus der neuen Grundlagenforschung für die Philosophie, insbesondere für die Erkenntnistheorie. Er hat seine Würdigung der Gödelschen Arbeit so zusammengefaßt:

(II) *Eine »Selbstgarantie« menschlichen Denkens ist, auf welchem Gebiet auch immer, ausgeschlossen.*

Das wird so begründet:

Man kann nicht vollkommen voraussetzungsfrei ein Resultat gewinnen, man muß bereits an etwas glauben, um etwas anderes rechtfertigen zu können.

Unsere Ausführungen im Kapitel III, 3 über die Offenheit mathematischer Systeme sind geeignet, diese Überlegungen zu ergänzen und weiterzuführen.

Auch bei relativ einfachen Fragestellungen innerhalb einer Theorie kommt es immer wieder vor, daß wir bei dem Bemühen um einen Beweis auf umfassendere Strukturen verwiesen werden. Wenn nun schon innerhalb der Mathematik die in sich geschlossen erscheinenden Systeme Fragen nahelegen, die nur mit zusätzlichen Hilfsmitteln zu beantworten sind, dann ist anzunehmen, daß auch in den exakten Naturwissenschaften jedes System eine Grenze seiner Anwendbarkeit hat. Und wir werden nicht hoffen dürfen, aus den jetzt oder in Zukunft vorliegenden Erkenntnissen Antwort zu finden auf die großen Menschheitsfragen.

Es wäre nun aber völlig falsch, wenn man im Mathematiker den Geist vermuten würde, »der stets verneint«.

Es ist wahr: Wer durch die Schule der Mathematik gegangen ist, wird skeptisch gegenüber unzulässigen Verallgemeinerungen und damit auch gegenüber vorschnellen Antworten auf Faustens Frage nach dem, »was die Welt im Innersten zusammenhält«.

Aber diese Resignation ist nicht unser letztes Wort. Es gibt auch ermutigende Aspekte aus den Erfahrungen der Grundlagenforschung. Das mag schon an unserem Beispiel der Gleichungslehre deutlich werden. Die Auflösung von Gleichungen höheren Grades durch Radikale ist nicht allgemein möglich. Der Nachweis dieser Tatsache hat indes zur Entwicklung wichtiger neuer mathematischer Disziplinen geführt und damit das Tor geöffnet für neue Erkenntnisse.

Dazu kommt der oben bereits erwähnte Umstand, daß sich die Situation für den Praktiker durch die neuen Einsichten keineswegs verschlechtert hat. Er kann ja die Dezimalstellen einer Lösung durch ein Näherungsverfahren mit beliebiger Genauigkeit bestimmen. Und wenn er sogar einen modernen Computer zur Verfügung hat, geht das mit einer Geschwindigkeit, die die Mathematiker des ausgehenden Mittelalters vielleicht an Hexerei hätte denken lassen.

Es gab in der Geschichte der Mathematik Epochen, da sich die Gelehrten darauf beschränkten, das Vorhandene auszubauen und in die Breite zu entwickeln. Dann aber gab es Zeiten, in denen man sich der Grenzen der bis dahin üblichen Methoden bewußt wurde. Und mutige (meist junge) Forscher wagten sich auf ganz neue Wege. Ein Beispiel: Etwa zwei Jahrtausende lang hatten sich die Geometer um den Ausbau der euklidischen Methoden bemüht. Dann aber brachen Einsichten durch, die zum Aufbau einer eigenständigen projektiven Geometrie führten. Und die neuen analytischen Methoden ließen die Idee einer höherdimensionalen

Geometrie zu. Schließlich aber führten die vergeblichen Bemühungen um das Parallelenpostulat zur revolutionären Idee einer nichteuklidischen Geometrie.

Fassen wir zusammen: Es gelingt in der Mathematik nicht immer, mit den vorgegebenen Methoden einer mathematischen Theorie alle einschlägigen Fragen zu beantworten. Aber solche Mißerfolge regten zur fruchtbaren Verallgemeinerung der Begriffsbildungen an. Auf diese Weise konnten zwar nicht alle Grundlagenprobleme gelöst werden, aber es ergaben sich in der Regel zumindest neue Wege zur Verbesserung der Verfahren für den Praktiker. So führten z. B. die Bemühungen um die Lösung der Grundlagenprobleme zum Ausbau der Computertechnik. Nicht die großen erkenntnistheoretischen oder metaphysischen Fragen wurden gelöst, aber die praktischen Verfahren der angewandten Mathematik wurden entscheidend verbessert. Wir meinen, daß auch diese Aspekte über die Mathematik hinaus von Bedeutung sind. Vielleicht hängt die Zukunft der Menschheit davon ab, daß wir uns öfter etwas ganz Neues einfallen lassen! Es ist nicht zu erwarten, daß wir unsere schrecklichen Probleme von heute mit den Methoden von gestern lösen können. Wir sollten mit der Möglichkeit rechnen, daß auch z. B. auf dem Gebiet der Wirtschaftspolitik die vorhandenen Axiomensysteme von gestern nicht geeignet sind, die schwierigen Probleme von morgen zu lösen. Es gilt, die Trägheit des Denkens zu überwinden.

Fassen wir unsere Folgerungen aus der Einsicht in die Offenheit der Systeme so zusammen:

(III) *Der Forscher muß bereit sein, ungelöste Fragen notfalls mit ganz neuen Mitteln anzugehen. Aber er muß wissen, daß er auch damit scheitern kann, da jedem Erkenntnisverfahren eine Grenze seiner Anwendbarkeit gesetzt ist.*

Es gibt freilich Optimisten, die von solchen Grenzen nichts wissen wollen. Als Sprecher für diese Gruppe wollen wir David Hilbert nennen, den wohl bedeutendsten Mathematiker unseres Jahrhunderts. Er schloß seinen oft zitierten Königsberger Vortrag von 1930 mit den schon im Motto von Kapitel I zitierten Worten:

Wir müssen wissen, wir werden wissen.

Natürlich war auch Hilbert bewußt, daß es unlösbare mathematische Probleme gibt: die Quadratur des Zirkels, die Dreiteilung eines beliebigen Winkels mit Zirkel und Lineal usw. Aber in den genannten Fällen kann man ja *beweisen,* daß die Aufgabe unlösbar ist, und Hilbert sah ein Problem auch dann als erledigt an, wenn man seine Unlösbarkeit bewiesen hatte. Aber wie stand es mit seinem Plan, die Widerspruchsfreiheit der mathematischen Systeme zu beweisen? Hilbert hatte sein Königsberger Referat im Jahre 1930 gehalten, und ein Jahr später publizierte Gödel seine berühmte Arbeit, die den Nachweis erbrachte, daß das Hilbertsche Programm nicht uneingeschränkt erfüllbar ist. Es wird berichtet, daß Hilbert über dieses Ergebnis »sehr verärgert« gewesen sei: Die Unmöglichkeit, die Widerspruchsfreiheit der Zahlentheorie (ohne Rückgriff auf die Hilfsmittel einer übergreifenden Theorie) zu beweisen, wog doch schwerer als der Nachweis, daß man nicht jeden Winkel mit Zirkel und Lineal in drei Teile teilen kann.

Hilbert wollte außerdem seine These (IV) ausdrücklich für die gesamte Naturwissenschaft anerkannt wissen. Er wandte sich in Königsberg ganz allgemein gegen das, wie er meinte, törichte »Ignorabimus« für alle exakten Wissenschaften des du Bois-Reymond (vgl. Meschkowski [6], S. 153 ff.). Und doch hatte schon wenige Jahre zuvor Heisenberg mit seiner Unschärferelation das bisher als fundamental geltende Kausalprinzip in Frage gestellt, und die erregende Diskussion zwischen Einstein und Born (Kap. V, 6) machte später deutlich, wie schmerzlich diese großen Physiker ihr Nichtwissen empfanden.

Wir wollen diese Aussagen über die erkenntniskritische Funktion der Mathematik durch einige Bemerkungen zu einer Hilbert-Anekdote abschließen, die auf den ersten Blick nur ein heiter-freundlicher Scherz zu sein scheint.

Hilbert hatte von einem Studenten der Mathematik gehört, daß er zu den Germanisten übergewechselt sei. Er sagte: »Der Arme! Er ist unter die Dichter gegangen. Für die Mathematik hatte er nicht genug Phantasie!«

Das ist kein billiger Witz. Wer in der Mathematik (und in den exakten Naturwissenschaften) etwas Neues finden will, muß in der Tat schöpferische Phantasie haben. Diese Phantasie ist freilich von ganz anderer Art als jene, die man an den Dichtern schätzt. Es geht hier nicht um freies Fabulieren. Es geht um ein schöpferisches Neudenken, das die harten Gesetzlichkeiten der mathematischen oder physikalischen Systeme beherrscht und in diesem Rahmen bisher unbekannte Schönheiten erspäht.

In diesem Zusammenhang wollen wir noch einmal auf die Entdeckung der nichteuklidischen Geometrie (Kap. III, 4) eingehen. Da hatten sich seit vielen Jahrhunderten die Mathematiker vergebens um einen Beweis für das Parallelenpostulat bemüht. Aber erst dem ungarischen Mathematiker Johann von Bolyai gelang der Durchbruch zu dem mutigen Schluß, daß auch eine Geometrie denkbar sei, in der das Parallelenpostulat nicht gilt. Er hatte sich durch die Einwände seines Vaters nicht beirren lassen (vgl. Kap. III, 4). Er hatte den Mut, umzudenken:

Wenn es durchaus nicht gelang, den vertrackten Satz zu beweisen, wenn alle indirekten Beweisversuche zu nichts führten, wenn also die Annahme, das Postulat sei falsch, nicht zu dem erwünschten und gesuchten Widerspruch führte: Vielleicht war der Satz (die Negation des Postulats) gar nicht falsch? Vielleicht war eine Geometrie, in der die Negation des Euklidischen Parallelenpostulats gilt, denkmöglich?

Und so entdeckte Johann von Bolyai eine neue Welt, eine Geometrie, in der die Winkelsumme kleiner als zwei Rechte war, in der der Flächeninhalt eines Dreiecks mit Hilfe der Winkelsumme gemessen wurde und in der es keine Ähnlichkeitslehre gab, weil in dieser Geometrie Dreiecke mit kongruenten Winkeln auch kongruente Seiten haben. Dazu war eine disziplinierte Phantasie erforderlich, die den Weg ins Unbekannte wagt, sich aber zugleich an alle gegebenen Gesetzlichkeiten hielt. Unter diesen Voraussetzungen war es möglich, daß mehrere Forscher unabhängig voneinander denselben Weg gingen.

Es verdient angemerkt zu werden, daß es in unserem Jahrhundert ein Gegenstück zur Entdeckung der nichteuklidischen Geometrie gab. Die Beschäftigung mit der Cantorschen Kontinuumshypothese führte zu der Einsicht, daß der Cantorsche Kontinuumssatz von den übrigen Axiomen der nach Zermelo-Fraenkel axiomatisierten Mengenlehre unabhängig ist. Auf diese Weise ergab sich die Möglichkeit einer nichtcantorschen Mengenlehre. Wir müssen uns versagen, dies alles ausführlicher darzustellen (vgl. Meschkowski [8]).

In beiden Fällen wurde der Mathematik eine neue Welt erschlossen durch die mutige und doch streng disziplinierte Phantasie der Forscher. Es ist zu fragen, ob dieser Arbeitsstil nicht auch außerhalb der Mathematik von Nutzen sein könnte. In der Technik, in der Wirtschaft und auch in der Politik werden oft Lösungen für völlig neuartige Probleme gesucht, die nicht durch die Mittel von gestern, aber auch nicht durch die Ideologien moderner Utopisten gelöst werden können. Wir brauchen Leute mit schöpferischer Phantasie, die bereit und fähig sind, die harten Realitäten unserer Gegenwart einzuplanen.

6. Metaphysische Interpretation der Logik?

Die formale Logik ist uns heute ein Hilfsmittel zur Programmierung von Computern und für die vereinfachte Darstellung mathematischer Deduktionen. Sie führt uns darüber hinaus auf wichtige erkenntnistheoretische Einsichten der Grundlagenforschung. Aber sie taugt nicht dazu, die alten metaphysischen Probleme der Leibnizschen Epoche zu lösen. Sie hat eher dazu beigetragen, daß sich die Philosophen unserer Tage immer weiter von jenen Fragestellungen abgewandt haben, die Leibniz so wichtig waren und die er schließlich durch »Rechnen« zu lösen hoffte. Und doch gibt es noch Bezüge von der klassischen Metaphysik zu unserer modernen Formalsprache.

Heinrich Scholz jedenfalls, der Altmeister der mathematischen Logik in Deutschland, sah in der neuen Logik selbst ein Stück echter Metaphysik. Das mag dem mit den modernen Formalismen Vertrauten abwegig erscheinen, aber es ist wohl der Mühe wert, diese Überlegungen zu würdigen.

Scholz gibt ([2], S. 128ff.) in seinem Aufsatz über Leibniz eine treffende Charakterisierung des von ihm so verehrten vielseitigen Denkers:

> Leibniz ist der konservativste Revolutionär in der deutschen Geistesgeschichte gewesen.

In der Tat: Leibniz hat eine »Theodizee« geschrieben und behauptet, daß diese Welt die beste aller denkmöglichen sei. Aber er begründete diese Ansicht nicht durch die gängigen theologischen Betrachtungen, sondern durch einen Integralsatz der Physik (der heute »Prinzip der kleinsten Wirkung« heißt). Er hielt an dem Satz fest, daß Gott die Welt aus dem Nichts geschaffen habe, und eine bemerkenswerte mathematische Entdeckung gab ihm die Möglichkeit zu einer neuen, eigenwilligen Begründung dieser These. Er hatte herausgefunden, daß man die natürlichen Zahlen nicht nur im dekadischen, sondern auch im Dualsystem darstellen konnte, mit nur zwei Ziffern, 0 und 1. Er sah sofort die praktische Bedeutung dieser Einsicht für die Technik des Rechnens. Nach diesem Prinzip konnte man eine Rechenmaschine bauen. Er hat in der Tat ein mechanisches Modell dieser Art entworfen. Wichtig wurde die Leibnizsche Darstellung der Zahlen aber erst in unserem Zeitalter, als man elektronische Methoden anzuwenden lernte.

Leibniz dachte indes über die Rechentechnik hinaus. Er war fasziniert von dem Gedanken, daß alle Zahlen aus der Eins und dem Nichts darzustellen waren, und er sah darin ein Symbol für die Schöpfung der ganzen Welt aus dem Wort Gottes. Er fand weiter heraus, daß die Schriftzeichen des uralten chinesischen Orakelbuches »I Ging« als eine symbolische Darstellung von Dualzahlen interpretiert werden konnten (vgl. Meschkowski [7], Bd. II, S. 111 ff.). Und er meinte, daß diese Entdeckung auch den Chinesen selbst interessant sein müßte. Er sah die Möglichkeit, den Chinesen auf diese Weise auch den christlichen Gedanken der Schöpfung der Welt aus dem Nichts nahezubringen. Leibniz schrieb in diesem Sinne an einen christlichen Missionar nach China. Es ist nicht bekannt, ob ein Chinese so zum Christentum bekehrt wurde.

Für Leibnizens Charakterisierung als konservativen Revolutionär spricht auch sein Verhältnis zur Metaphysik: Er nahm sie als echte Wissenschaft, aber er wollte sie doch durch seine neu zu schaffende Formalsprache absichern.

Leibniz mußte damit rechnen, daß er mit seinem Versuch zur Integration alter und neuer Denkweisen in Schwierigkeiten geraten würde. Die Neuen (Voltaire z. B., aber auch die modernen Positivisten) haben ihm das Festhalten an den Überlieferungen verargt, und die Konservativen waren mit seiner Interpretation der Glaubenslehren nicht überall einverstanden. Diese Spannungen haben wohl auch dazu beigetragen, daß er in den letzten Tagen seines Lebens so einsam war.

Es ist nun zu fragen, in welchem Verhältnis wir die moderne mathematische Logik zur Leibnizschen Mathesis universalis zu sehen haben. In den modernen Lehrbüchern der Logistik findet sich zwar oft ein Hinweis auf die Leibnizschen Anregungen. Aber es ist nicht zu übersehen, daß die mathematische Logik heute fest in eine formalistische Gesamtkonzeption der exakten Wissenschaften eingebaut ist.

Der streng formalistische Standpunkt schien im Anfang des 20. Jahrhunderts den meisten Grundlagenforschern der sicherste Weg zu sein, um einen Ausschluß der mancherlei möglichen Antinomien zu erreichen. Als erster vertrat Hilbert in seinen »Grundlagen der Geometrie« diesen Standpunkt. Er verzichtete auf eine Definition der Grundbegriffe »Punkt«, »Gerade«, »Ebene« (Hilbert [2]) und verdeutlichte diesen Verzicht auf drastische Weise:

> Wenn ich unter meinen Punkten irgend welche Systeme von Dingen, z. B. das System: Liebe, Gesetz, Schornsteinfeger . . . denke und dann nur meine sämtlichen Axiome als Beziehungen zwischen diesen Dingen annehme, so gelten meine Sätze, z. B. der Pythagoras, auch von diesen Dingen.

Bei anderer Gelegenheit (es war ein Gespräch in einem Berliner Wartesaal) hat Hilbert einmal zu einigen Kollegen gesagt, man müsse unter Punkten, Geraden und Ebenen sich jederzeit »Tische, Stühle und Bierseidel« denken können. Er nannte einfach die ihm gerade ins Auge fallenden Objekte seiner Umgebung, um deutlich zu machen, daß es in der Geometrie nicht um Aussagen über Objekte einer real existierenden Ideenwelt gehen kann, sondern immer nur um die Bezüge zwischen den Grundobjekten, die durch Axiome und formale Verknüpfungsregeln festgelegt waren. Auf diese Weise konnte man freilich keine metaphysischen Einsichten gewinnen. Aber Hilbert hoffte, wenigstens *Sicherheit* zu erreichen, die Sicherheit nämlich, daß man nicht in irgendwelche Antinomien stolpern kann.

Zum Aufbau einer solchen formalistisch verstandenen Mathematik konnte man eine mathematische Logik gut brauchen, die einfach als eine Präzisierung der Sprache verstanden wurde. Die mathematische Logik war somit ein wichtiges Hilfsmittel einer neuen, sich als die »Wissenschaft von den formalen Systemen« verstehenden Mathematik. Alle Zusammenhänge dieser Mathematik mit irgendwelchen metaphysischen Vorstellungen schienen im Denken von vorgestern versunken.

Und nun kam der deutsche Altmeister der formalen Logik, der erste Ordinarius für diese neue Disziplin in Deutschland, und wollte mit Bezug auf Leibniz der neuen formalen Logik selbst metaphysischen Charakter zusprechen. Es war zu erwarten, daß das nicht ohne Widerspruch abgehen würde.

Aber geben wir zunächst Heinrich Scholz ([2], S. 136) das Wort, um zu erfahren, was ihn zum Rückgriff auf die uralten Begriffe veranlaßt hat. Er geht in seinem Leibniz-Vortrag vom Verständnis des Wortes »Metaphysik« aus:

> Dann wird die Metaphysik etwas sein müssen, was auf eine einleuchtende Art über die Physik hinausgeht. Es scheint mir, daß diese Forderung mit einem ungewöhnlichen Genauigkeitsgrade befriedigt wird durch eine Identifizierung der Metaphysik mit der Leibnizschen Erleuchtung der Gesamtheit der möglichen Welten. Und erst recht, wenn gezeigt werden kann, daß die Bemühungen um diese Erleuchtung auf die Stufe einer Wissenschaft von mehr als mathematischer Strenge erhoben werden können.

Es ist offensichtlich, daß Scholz an dieser Stelle unter »Metaphysik« etwas anderes versteht, als sonst üblich ist. Es geht hier ja nicht um Gottesbeweise oder Behauptungen über die Unsterblichkeit der Seele. Es geht vielmehr um eine Herausstellung der einzigartigen und universalen Bedeutung der »Leibnizsprache«. Scholz sieht in dieser von Leibniz projektierten Logik nicht einfach eine Verbesserung der manchmal mißverständlichen Umgangssprache. Er sieht offenbar in diesen für manchen Anfänger so trivial erscheinenden Formalismen die Offenbarung der Denkgesetze des Weltgeistes, und die Bezeichnung »Metaphysik« scheint ihm deshalb nicht zu hoch gegriffen.

Aber die Umdeutung uralter Begriffe ist immer problematisch, und die Möglichkeit zu einer intellektuellen Falschmünzerei ist nicht auszuschließen. Heinrich Scholz ist jedoch ein Forscher von unbestechlicher Redlichkeit. In einer Auseinandersetzung (Scholz [2]) mit seinen Kritikern unterscheidet er deutlich zwischen den verschiedenen Möglichkeiten, den Begriff »Metaphysik« zu gebrauchen:

> Die Metaphysik, die in unseren Logikkalkülen enthalten ist, ist eine strenge Wissenschaft ...
> Die Metaphysik, die die letzten Dinge umkreist, ist eine Folge von persönlichen Meditationen ...
> Man glaube nicht, daß ich zu denen gehöre, die das wissenschaftlich Erfaßbare für das Maß aller Dinge halten. Ich habe mich nie zu dieser Meinung bekannt. Ich werde mich nie zu ihr bekennen. Aber als Forscher halte ich jede Möglichkeit, zu wissenschaftlichen Resultaten zu gelangen, für etwas, was jeder Mühe wert ist.

Zur Rechtfertigung dieses Sprachgebrauchs kann man darauf verweisen, daß auch in der modernen Physik Umdeutungen uralter Begriffsbildungen üblich sind und von der Sache her geboten erscheinen.

So hat die Physik von der frühen Philosophie den Begriff der *Substanz* übernommen. Wenn aber die moderne Physik diesen uralten Begriff übernimmt, dann ist seine Umdeutung nicht zu vermeiden. Davon wird im nächsten Kapitel zu reden sein.

Unter solchen Umständen möchten wir Heinrich Scholz das Recht zugestehen, die universal geltenden Logiksätze (in jeder möglichen Welt) mit dem Etikett »Metaphysik« auszuzeichnen. Wir werden das noch im Zusammenhang mit der Umdeutung der physikalischen Grundbegriffe zu würdigen haben.

V. Substanz und Kausalität

Zu diesen elementaren Gesetzen führt kein logischer Weg, sondern nur die Einfühlung in die auf Erfahrung sich stützende Intuition. Bei dieser Unsicherheit der Methodik könnte man denken, daß beliebig viele, an sich gleichberechtigte Systeme der theoretischen Physik möglich wären; diese Meinung ist auch prinzipiell gewiß zutreffend. Aber die Entwicklung hat gezeigt, daß von allen denkbaren Konstruktionen eine einzige jeweilen sich als unbedingt überlegen über alle anderen erwies. Keiner, der sich in den Gegenstand wirklich vertieft hat, wird leugnen, daß die Welt der Wahrnehmungen das theoretische System praktisch eindeutig bestimmt, trotzdem kein logischer Weg von den Wahrnehmungen zu den Grundsätzen der Theorie führt.

A. Einstein

1. Induktion in der Mathematik und in der Physik

Aus einer Vorlesung des Zahlentheoretikers Ernst Eduard Kummer (1810–1893) wird die folgende Bemerkung berichtet:

> Meine Herren, 120 ist teilbar durch 1, 2, 3, 4 und 5; jetzt werde ich schon aufmerksam, ob 120 nicht vielleicht durch alle Zahlen teilbar ist. Ich probiere weiter und finde, sie ist auch durch 6 teilbar; um nun ganz sicher zu gehen, versuche ich's noch mit der 8, mit der 10, mit der 12, mit der 15, und schließlich auch mit 20 und 24 ... Wenn ich jetzt Physiker bin, dann sage ich: Es ist sicher, daß 120 durch alle Zahlen teilbar ist.

Dieser Scherz unterstreicht in drastischer Weise, daß ein Induktionsverfahren in der Physik niemals vollständig sein kann: Es geht ja um den Schluß von einer möglichst großen, aber doch immerhin endlichen Zahl von Einzelbeobachtungen auf ein allgemeingültiges Gesetz. Die Versuchung liegt nahe, eine Verallgemeinerung auf der Grundlage nur relativ weniger Daten zu wagen.
A. M. K. Müller (S. 132 ff.) hat in einem Aufsatz über »Die Erfahrung von Sein und Zeit« die Meinung ausgesprochen, daß sich mathematische und physikalische Strukturen im wesentlichen nur dadurch unterscheiden, daß in die Strukturen der Physik die Zeit eingeht. Wir meinen, daß der wesentliche Unterschied zwischen der mathematischen und der physikalischen Betrachtungsweise

erkenntnistheoretischer Natur ist. Um das zu begründen, wollen wir den Unterschied zwischen dem Begriff »Induktion«, wie er in der Mathematik und wie er in der Physik gebraucht wird, herausstellen.

In der Mathematik hat man in dem Prinzip der *vollständigen Induktion* (Kap. IV, 3) ein wichtiges Hilfsmittel, um Aussagen der Form $\bigwedge\limits_{n \in \mathbb{N}} A(n)$ zu beweisen.

Betrachten wir ein Beispiel: Bezeichnen wir mit P(n) die Anzahl der möglichen Anordnungen (Permutationen) von n Elementen. Offenbar findet man sofort heraus, daß P(1) = 1, P(2) = 2, P(3) = 6 ist. Denn man hat für die Zahlen 1, 2, 3 die folgenden 6 Möglichkeiten der Anordnung:

1 2 3, 1 3 2, 2 1 3, 2 3 1, 3 1 2, 3 2 1.

Man findet entsprechend heraus, daß P(4) = 24 ist, P(4) = 1 · 2 · 3 · 4, und es liegt nahe zu vermuten, daß

(1) $P(n) = n! = 1 \cdot 2 \cdot 3 \cdot \ldots \cdot n$

gilt.

Das wird nun durch den Schluß von n auf n + 1 begründet, das Kernstück der vollständigen Induktion.

Angenommen, die Formel (1) sei für n = k richtig: P(k) = k! Es sei nun

(2) $a_1\, a_2\, a_3 \ldots a_k$

irgendeine der möglichen Anordnungen von k Elementen. Wenn man nun ein weiteres Element b hinzufügt, dann kann man es *vor* das erste Element a_1 stellen oder *hinter* das erste oder hinter das zweite usf., schließlich hinter das letzte Element a_k. Das sind k + 1 Möglichkeiten.

Ist (2) irgendeine der P(k) Anordnungsmöglichkeiten für k Elemente, so haben wir für k + 1 Elemente P(k) · (k + 1) Permutationen. Es ist also in der Tat P(k + 1) = P(k)(k + 1) = (k + 1!).

Mancher Leser könnte meinen, daß dieses Verfahren doch ein wenig umständlich sei. Man errät die richtige Lösung auch ohne den Schluß von k auf k + 1. Dazu ist zu sagen, daß man auch manchmal falsch raten kann.

Wir wollen das an einem Beispiel deutlich machen. Es sei A_n die Anzahl der Möglichkeiten, eine natürliche Zahl n (n > 3) als eine Summe (gleicher oder ungleicher) ungerader Zahlen darzustellen. Von der Reihenfolge der Summanden wird abgesehen, aber für ungerade Zahlen soll auch die Darstellung mit einem Summanden $(2m + 1 = 2m + 1)$ mitzählen.

Man hat z. B. für 4, 5, 6 die folgenden Möglichkeiten der Zerlegung:

$$4 = 1 + 3 = 1 + 1 + 1 + 1; \; 5 = 5 = 1 + 1 + 1 + 1 + 1 = 1 + 1 + 3;$$
$$6 = 5 + 1 = 3 + 3 = 3 + 1 + 1 + 1 = 1 + 1 + 1 + 1 + 1 + 1.$$

Es gilt also: $A_4 = 2$, $A_5 = 3$, $A_6 = 4$. Daraus kann man auf ein beliebiges n »verallgemeinern«:

(3) $\quad A_n = n - 2$.

Und tatsächlich ist, wie man leicht nachprüft: $A_7 = 5$, $A_8 = 6$. Aber schon für n = 9 ist die durch freie Verallgemeinerung gefundene Formel (3) falsch. Es ist $A_9 = 8$. Denn 9 läßt die folgenden Zerlegungen zu:

$$9 = 9 = 7 + 1 + 1 = 5 + 3 + 1 = 5 + 1 + 1 + 1 + 1 = 3 + 3 + 3 =$$
$$= 3 + 3 + 1 + 1 + 1 = 3 + 1 + 1 + 1 + 1 + 1 + 1 = 1 + 1 + 1 + 1$$
$$+ 1 + 1 + 1 + 1 + 1.$$

Dieses Beispiel zeigt, wie zweifelhaft eine ungesicherte Verallgemeinerung sein kann. Die mathematische Deduktion wird tatsächlich erst dadurch vollständig, daß man auch den Schluß von k auf k + 1 vollzieht. Diese strenge mathematische Induktion (im Sinne der Erklärung von S. 86 f.) wurde erst durch Pascal in die Mathematik eingeführt.

Auch die Physik kennt eine *Induktion,* den Schluß vom Besonderen auf das Allgemeine. Aber leider gibt es hier keine vollständige Induktion. Man wird erst möglichst viele Einzelergebnisse zusammentragen, bis man die Zusammenfassung der Meßergebnisse zu einem Gesetz wagt.

Aber wieviel Fleiß auch ein Physiker auf die Durchführung seiner Versuchsreihen anwendet, er wird immer endlich viele Meßergebnisse zur Verfügung haben, und es gibt für ihn keinen durch ein Axiomensystem legitimierten Schluß von n auf n + 1 (wie für den Mathematiker).

Schon Hume hat die Frage (vgl. Popper [1], S. 16) gestellt:

> Warum erwarten und glauben ... alle vernünftigen Menschen, daß auch nicht vorliegende Erfahrungen den vorliegenden entsprechen werden. Das heißt: Warum haben wir Erwartungen, in die wir großes Vertrauen setzen?

Hume sagte: Aus Gewohnheit; weil wir durch Wiederholung und den Mechanismus der Ideenassoziation daran gewöhnt sind. B. Russell (vgl. Popper [1], S. 17) hat zu diesem Skeptizismus Humes gesagt:

> Humes Philosophie ... ist der Bankrott der Vernunft des 18. Jahrhunderts ... Daher ist es wichtig herauszufinden, ob es im Rahmen einer ganz oder teilweise *empirischen Philosophie* eine Antwort auf Hume gibt. Wenn nicht, *dann gibt es keinen erkenntnistheoretischen Unterschied zwischen Vernunft und Wahnsinn.* Ein Verrückter, der sich für ein Rührei hält, ist nur deshalb abzulehnen, weil er sich in der Minderheit befindet.

Einen Ausweg aus dieser Schwierigkeit hat in unsrer Zeit der britische Naturphilosoph Karl R. Popper gesucht. Popper beginnt seine bemerkenswerte Schrift »Objektive Erkenntnis« ([1], S. 13) sehr selbstbewußt:

> Ich glaube, ein wichtiges philosophisches Problem gelöst zu haben: das Induktionsproblem. (Ich muß die Lösung etwa 1927 gefunden haben.) Die Lösung erwies sich als außerordentlich fruchtbar ...

Er gibt zunächst (S. 19) eine neue Formulierung des Humeschen Induktionsproblems:

> L_1. Läßt sich die Behauptung, eine erklärende allgemeine Theorie sei wahr, mit »empirischen Gründen« rechtfertigen, das heißt, dadurch, daß man bestimmte Prüfaussagen oder Beobachtungsaussagen (die sozusagen »auf Erfahrung beruhen«) als wahr annimmt?

Seine Antwort ist die gleiche wie die Humes: Nein. »Noch so viele wahre Prüfaussagen können nicht die Behauptung rechtfertigen, eine allgemeine Theorie sei ›wahr‹.« Aber Popper versucht es mit einer Variation der Fragestellung L_1:

> L_2. Läßt sich die Behauptung, eine erklärende allgemeine Theorie sei wahr oder falsch, mit »empirischen« Gründen rechtfertigen?

Hier sieht Popper die Möglichkeit einer positiven Antwort:

> *Ja, die Annahme, bestimmte Prüfungen seien wahr, rechtfertigt manchmal die Behauptung, eine erklärende allgemeine Theorie sei falsch.*

Natürlich: Eine Theorie ist widerlegt, wenn wir nur *ein* gesichertes Gegenbeispiel angeben können.
Erinnern wir an die Goldbachsche Vermutung aus Kapitel II. Wenn wir nur eine gerade Zahl 2n angeben könnten, die eine Zerlegung in zwei Primzahlen in der Form $2n = p + q$ *nicht* zuläßt, dann wäre das Problem gelöst, die Goldbachsche Vermutung widerlegt.
Das ist es, was Popper als positive Möglichkeit bei der Beantwortung der Frage L_2 sieht. Er führt noch eine dritte Formulierung des Induktionsproblems an (S. 20):

> L_3: Können solche empirischen Gründe jemals rechtfertigen, einige von mehreren konkurrierenden Theorien andern unter dem Gesichtspunkt der Wahrheit oder *Falschheit* vorzuziehen?

Er antwortet: »Ja, wenn wir Glück haben.« Popper kommt also im Gegensatz zu Hume zu einer (in gewissem Sinne) positiven Lösung des Induktionsproblems. Das liegt u. a. daran, daß er nicht nach zu erwartenden Einzelbeobachtungen, sondern nach der Gültigkeit erklärender Theorien fragt. Es bleibt aber schwer zu verstehen, daß der in seinen erkenntnistheoretischen Untersuchungen meist so scharfsinnige Karl Popper seine (gewiß richtigen) Antworten auf die Frage L_2 und L_3 für eine *Lösung* des Induktionsproblems hält. Natürlich ist eine Theorie falsch, wenn man ein gesichertes Gegenbeispiel angeben kann. Das war gewiß schon lange vor Popper bekannt.
Ein solches Gegenbeispiel könnte z. B. das Goldbachsche Pro-

blem lösen. Aber was hilft schon das Ausscheiden gewisser Möglichkeiten bei der Suche nach einer erklärenden physikalischen Theorie? Es gibt, wie auch Popper weiß (S. 27), meist beliebig viele Möglichkeiten zur Deutung der Phänomene, und das Ausscheiden *einer* falschen Theorie bedeutet deshalb nicht viel.

Es kommt hinzu, daß bei wichtigen Fragestellungen oft erst ganz außergewöhnliche Ansätze weiterführen (Beispiel: die Quantentheorie). Hier ist die disziplinierte wissenschaftliche Phantasie gefragt, und ein Schematismus zur Ausscheidung einzelner abwegiger Versuche hilft kaum weiter. Es bleibt die Frage offen, woher der Naturwissenschaftler das Recht nimmt, aus einer endlichen Zahl von Versuchen auf die Gültigkeit einer erklärenden Theorie zu schließen, die doch mögliche Erfahrungen der Zukunft vorhersagen will.

In den Möglichkeiten des Ausscheidens unbrauchbarer Theorien kann die Lösung des erkenntnistheoretischen Problems gewiß nicht liegen.

Hier kann ein Hinweis auf die bereits in der Auswertung des Gödelschen Satzes (Kap. IV, 4) zitierte Einsicht Stegmüllers weiterhelfen:

> Man kann nicht vollkommen voraussetzungslos ein positives Ergebnis gewinnen. Man muß bereits etwas glauben, um etwas anderes fertigen zu können.

Der Physiker setzt – ob er es nun expressis verbis zugesteht oder nicht – eine Ordnung der Natur voraus, die durch mathematische Gesetze beschrieben werden kann. Es gibt – darin muß man Hume recht geben – keinen logisch zwingenden Grund dafür, daß die Sonne morgen wieder aufgeht. In der Mathematik gilt zwar das (aus einem Axiomensystem gesicherte) Gesetz der vollständigen Induktion. In der Physik aber ist die Induktion immer unvollständig, und jeder Induktionsschluß setzt den Glauben an eine Ordnung des Kosmos voraus.

Aus dieser Sicht brauchen wir nicht viel Zeit auf die Einwände solcher Philosophen zu verwenden, die – im Sinne von Hume – den Physiker fragen, woher er denn wisse, daß die Sonne auch morgen wieder aufgehen werde. Vor einiger Zeit gab es im deutschen Fernsehen ein Spiel, das diese Situation darstellte: Es blieb am Morgen dunkel, und die Menschen wurden unruhig, riefen schließlich die meteorologischen Institute an und fragten besorgt, was denn geschehen sei. Das ist ein ganz hübscher Stoff für eine Fernsehunterhaltung, aber wahrscheinlich wird kaum ein Zuschauer ernstlich befürchtet haben, daß diese Katastrophe morgen oder übermorgen eintreten könnte. Wir alle leben aus der Überzeugung, daß es eine einigermaßen stabile Ordnung der Natur gibt, deren Gesetzlichkeiten bis zu einem gewissen Grade erforscht sind.

Wir sagten: »einigermaßen stabil« und wollten damit andeuten, daß alle sogenannten Naturgesetze eine Grenze ihrer Anwendbarkeit haben.

Hier liegen die für uns wichtigen erkenntnistheoretischen Probleme unserer Zeit: Wir müssen einsehen lernen, daß jedes wissenschaftliche Verfahren eine Grenze seiner Anwendbarkeit hat und daß wir nicht hoffen dürfen, mit den Einsichten der Forschung von heute alle großen Menschheitsfragen lösen zu können. Um hier weiterzukommen, wollen wir zuerst fragen:

2. Was ist ein Naturgesetz?

Das Wort »Naturgesetz« kann Anlaß zu Mißverständnissen geben. Es gibt keinen Codex von Gesetzesvorschriften für die Natur, die die Physiker zu entziffern und zu kommentieren hätten. Es gibt nur die Natur mit den neugierigen Menschen, die alles erforschen, beschreiben, ausmessen und durch zusammenfassende Theorien interpretieren wollen.

Nehmen wir ein besonders einfaches Beispiel! Eine Schulklasse stellt Versuche über den freien Fall an und bestimmt zu den Fallzeiten t die zugehörigen Wegelängen. t wird in Sekunden, s in Zentimetern gemessen. Nehmen wir an, daß man auf diese Weise die folgende Tabelle erhält:

t	0,5	1,0	1,4	2,0	2,5	3	3,3	4
s	123	490	980	2000	3060	4400	5300	7840

Die Zahlenpaare für s und t können nun in einem Koordinatensystem dargestellt werden (Abb. 15).

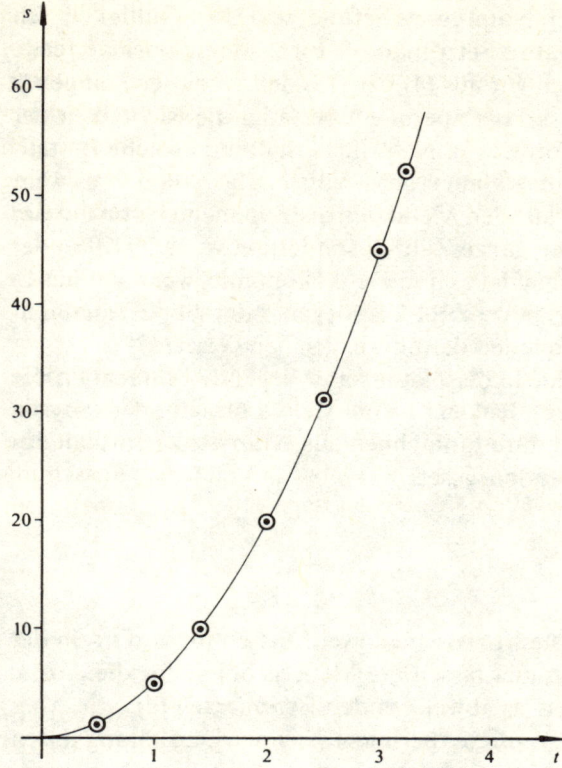

Abb. 15

Man kann versuchen, durch die Meßpunkte eine Kurve zu legen und den Zusammenhang zwischen s und t durch ein mathematisches Gesetz zu beschreiben. Auf diese Weise ergibt sich

(4) $s = 490,5\, t^2$.

Es ist in der Physik üblich, das Fallgesetz (4) in der Form

(5) $s = \dfrac{1}{2} \cdot g \cdot t^2$

zu schreiben, nämlich mit der »Gravitationskonstanten« g, deren Wert mit der geographischen Breite und der Meereshöhe des Ortes variiert; für Mitteleuropa gilt der Wert $g = 981\,\mathrm{cm\,s^{-2}}$.

Wir haben damit ein Naturgesetz gefunden, dessen Gültigkeit sich immer wieder bewährt. Setzt man für t irgendeine positive reelle Zahl ein, so erhalten wir aus (4) bzw. (5) den zu dieser Zeit gehörenden »Weg«, und das Experiment bestätigt die Richtigkeit der Aussage unserer Formel (5). Natürlich erhält man solche Bestätigungen stets nur »im Rahmen der Meßgenauigkeit«, und es wäre durchaus möglich, aus den Meßdaten als Exponenten von t in der Formel (5) nicht die ganze Zahl 2, sondern etwa 1,9999996 oder 2,00000009 zu wählen. Ist es nun Denkökonomie, wenn wir uns in der Formel auf die ganze Zahl 2 festlegen, oder gibt es eine »naturgegebene« Einfachheit der physikalischen Gesetze?

Es liegt nahe, an eine in der Natur selbst liegende Einfachheit der Gesetzlichkeiten zu denken. Denn viele Formeln der Physik, zeichnen sich durch ihre Einfachheit aus. Man denke etwa an das Newtonsche Gravitationsgesetz

$$(6) \quad K = f \cdot \frac{m_1 \cdot m_2}{r^2}$$

für die Anziehungskraft zwischen zwei Massen m_1 und m_2 in der Entfernung r. Auch hier lassen die Meßergebnisse für die Anziehung einen von 2 etwas abweichenden Exponenten für r zu. Aber die Tatsache, daß uns die Experimente bei der Darstellung durch Formeln immer wieder mindestens in die unmittelbare Nähe ganzer Zahlen führen, legt es nahe, darauf zu vertrauen, daß die physikalischen Gesetze »von Natur« so einfach sind.

Aber wir wollen die Frage nach dem Seinsgrund der Naturgesetze vorläufig zurückstellen. Wir können zunächst die *Gesetze* der Physik einfach als Versuche der Forscher verstehen, die Ergebnisse ihrer Messungen durch (möglichst) einfache mathematische Strukturen zu beschreiben.

Dazu ist anzumerken (und das ist eine erkenntnistheoretisch sehr bedeutsame Feststellung), daß *jedes Naturgesetz eine Grenze seiner Anwendbarkeit* hat.

Im Zeitalter der Raumfahrt wissen wir alle, daß das Fallgesetz (5) (mit $g = 981 \, \mathrm{cm \, s^{-2}}$) auf Gebieten der Erdoberfläche gilt, nicht aber in beliebiger Entfernung von der Erde. Um die Verhältnisse in den Kabinen der Raumfahrer vorauszuberechnen, muß man das allgemeine Newtonsche Gravitationsgesetz (6) heranziehen. Aber auch dieses Gesetz bedarf der Korrektur durch Formeln der Relativitätstheorie, wenn es sich um sehr große Entfernungen handelt.

Wir wollen noch ein Beispiel aus einem anderen Gebiet anführen. Wenn man einen Metalldraht durch Gewichte belastet, dann verlängert sich der Draht, und die Verlängerung d ist proportional zur Masse G des angehängten Gewichtes:

(7) $\quad d = a \cdot G.$

Dabei ist a eine Konstante, die vom Material und vom Querschnitt des Drahtes abhängt. Aber auch dieses Gesetz gilt nicht uneingeschränkt. Wird G immer weiter vergrößert, dann gibt es bald keine durch (7) gegebenen Verlängerungen mehr, sondern der Draht beginnt zu fließen, wie man sagt, und das molekulare Gefüge des Drahtes wird zerstört.

Erkenntnisse dieser Art hatten auch schon die Forscher des 19. Jahrhunderts, aber man war damals doch davon überzeugt, es gebe universale Gesetze, die als Voraussetzungen für alle physikalische Forschungsarbeit überhaupt anzusehen wären. Dazu gehören das allgemeine Kausalgesetz und der Satz von der Erhaltung der Materie. Außerdem rechnete wohl niemand damit, daß es für die Maxwellschen Gesetze der Elektrodynamik oder für das Newtonsche Gravitationsgesetz eine Einschränkung der Gültigkeit geben könnte.

Manche Physiker hielten in der 2. Hälfte des vorigen Jahrhunderts die physikalische Forschung für im wesentlichen abgeschlossen. Jedenfalls dachte Max Plancks Lehrer Jolly so. Als der junge Planck den Plan äußerte, mit seiner Dissertation etwas »ganz Neues« herauszubringen, winkte Jolly ab. Etwas »ganz Neues«, so belehrte er den einsatzbereiten Anfänger, gebe es in der Physik nicht. Die Forschung sei im wesentlichen abgeschlossen, und man könne höchstens hier und da einige Einzelheiten nachtragen.

Es war dann nicht die Dissertation Plancks, sondern eine von ihm um die Jahrhundertwende veröffentlichte Arbeit, die eine ganz neue Epoche des physikalischen Denkens einleitete. Sie beschäftigte sich mit der Theorie der Hohlraumstrahlung, und Planck legte eine neue Formel vor, die den Ergebnissen der Experimente weit besser entsprach als die bisher bekannten Näherungen. Dabei hatte er die Annahme zugrunde gelegt, daß bei der Strahlung die Wirkung ähnlich strukturiert sei wie die Materie durch ihre Atome. Mit der Voraussetzung, daß es für die Wirkung kleinste Quanten gäbe, kam er zu seinem von den Praktikern der Physik bald bestätigten Ergebnis.

Es dauerte einige Zeit, bis die Bedeutung dieser Quantisierung in ihrer vollen Bedeutung für die Physik erkannt wurde. Es waren vor allem Arbeiten von Einstein, die die Wichtigkeit der Planckschen Konzeption für die gesamte Physik herausstellten.

Die Quantentheorie und die Einsteinsche Relativitätstheorie haben die Grundlagen der Naturwissenschaften so weitgehend verändert, daß man mit einigem Recht vom »Umsturz im Weltbild der Physik« gesprochen hat. Wir können natürlich in dieser Arbeit keine Darstellung dieser Theorien unterbringen, wollen aber doch versuchen, die Bedeutung der neuen Grundsätze des physikalischen Denkens für die Erkenntnistheorie herauszustellen.

In diesem Kapitel soll es um die philosophischen Auswirkungen der Quantisierung gehen, vor allem um die Würdigung der Ergebnisse von Heisenberg und Schrödinger in den zwanziger Jahren unseres Jahrhunderts. Das nächste Kapitel ist dann den Ergebnissen der Relativitätstheorie gewidmet.

3. Die Erschütterung der Grundlagen

Im Wintersemester geschieht es an deutschen Universitäten zuweilen, daß einige ausländische Hörer der Vorlesung wenig Aufmerksamkeit schenken und statt dessen interessiert aus dem Fenster schauen. Es schneit draußen, und die Hörer aus Ghana oder Indien sehen zum erstenmal in ihrem Leben Schnee. Wahrscheinlich hat ihnen jemand dieses Phänomen vorher beschrieben. Aber mit welchem Bilde kann man einem Afrikaner eine angemessene Vorstellung vom Schnee verschaffen? Natürlich kann man sagen, daß er weiß ist, weiß wie die Lilien, aber Vergleiche dieser Art reichen doch nicht hin, um jene Vorstellung zu vermitteln, die ein Blick aus dem Fenster des Hörsaals erweckt. Alle Bilder und Vergleiche, die seine Heimat ihm bietet, sind ungeeignete Beschreibungen einer Wirklichkeit, die man im Tropenbereich schlechterdings nicht wahrnehmen kann.

Der aus der Welt der Makrophysik in die Welt des Atoms eindringende Forscher macht eine ähnliche Erfahrung wie der Student aus Ghana: Er begegnet einer Wirklichkeit, die mit den Bildern und Begriffen der ihm bisher vertrauten Welt nicht angemessen beschrieben werden kann. Wir können hinzufügen, daß der Weg vom Galileischen Fallgesetz bis zur Heisenbergschen Unschärferelation weiter ist als der von der Westküste Afrikas nach Bonn oder Berlin. Das will sagen: Wir müssen uns darauf gefaßt machen, daß auch solche Bilder und Begriffe aus der klassischen Physik im Bereich des Atoms unbrauchbar werden, die wir bisher für unaufgebbare Hilfsmittel der Naturforschung hielten.

Wir können diese grundlegende Erkenntnis hier nicht in aller Ausführlichkeit begründen. Immerhin können schon ganz elementare Überlegungen uns zu einem ersten Verständnis für die moderne Denkweise verhelfen.

Jede physikalische Messung ist mit einem Energieaustausch verbunden, der das Meßergebnis irgendwie verfälscht. Wenn die Temperatur in einem Gefäß gemessen werden soll, dann muß man ein Thermometer hineinhalten. Dieser Vorgang verändert aber die zu messende Temperatur, denn das Thermometer zeigt ja gerade durch die Änderung des Quecksilberfadens an, daß Energie aus dem Flüssigkeitsbad an die Masse des Thermometers abgegeben wird (oder umgekehrt). Damit ist die zu messende Temperatur durch den Messungsvorgang selbst verfälscht worden. Wenn wir es mit einer nicht zu kleinen Flüssigkeitsmenge und einem hinreichend kleinen Thermometer zu tun haben, wird dieser Fehler nicht erheblich sein. Wir können ihn in den meisten praktischen Fällen vernachlässigen. Grundsätzlich müssen wir aber bei *allen* physikalischen Messungen mit einem solchen Fehler rechnen.

Selbst wenn wir nur einen Maßstab ablesen wollen, brauchen wir dazu Licht. Das Licht übt einen Druck aus, der allerdings so gering ist, daß er im allgemeinen vernachlässigt werden kann. Ganz anders liegen die Verhältnisse aber, wenn wir in die Welt des Atoms herabsteigen. Wenn das Atom nach der Quantentheorie nur ganz bestimmter einzelner Energiewerte fähig ist und jede Messung zu einem Energieaustausch führt, dann muß also jeder

Versuch, der den Zustand eines Atoms feststellen soll, notwendigerweise einen Energieaustausch zur Folge haben, der die Verhältnisse im Atom grundlegend verändert. Denn wenn die Energie nur ganz bestimmter Stufen fähig ist, dann bedeutet eine Veränderung für die Welt dieses Atoms eine kleine Revolution. Aus diesem Grunde ist es nicht möglich, durch physikalische Messungen genaue Aussagen über den Bau eines einzelnen Atoms zu machen. Das bedeutet zunächst, daß die im Jahre 1912 von Nils Bohr und später von anderen Physikern aufgestellten Modelle von Atomen sinnlos geworden sind. Es hat keinen Sinn, zu sagen, daß die Elektronen auf elliptischen Bahnen um die Kerne kreisen, weil es ja grundsätzlich unmöglich ist, durch irgendein Experiment die Gestalt dieser Ellipsenbahn auszumessen. Da es dem Physiker aber darauf ankommt, nur Aussagen über meßbare Ergebnisse zu machen und nicht in irgendeiner Form zu dogmatisieren, muß er auf Aussagen solcher Art grundsätzlich verzichten. Heisenberg macht mit seiner sogenannten Unschärferelation eine zahlenmäßige Aussage über die Größe des Fehlers, der bei der Messung von Ort oder Impuls im Raum des Atoms notwendigerweise begangen werden muß. Man kann im atomaren Raum sichere Aussagen nicht mehr gleichzeitig über Ort und Geschwindigkeit von Elektronen machen, sondern muß sich mit Wahrscheinlichkeitsaussagen begnügen. Die Gesetze der mathematischen Statistik lehren, wie man aus einer großen Zahl von Wahrscheinlichkeitsaussagen zu Gesetzen für eine Gesamtheit von Dingen kommen kann.

Eine oberflächliche Deutung dieses Sachverhalts könnte zu dem Schluß führen, daß die Aussagen der Naturwissenschaftler dem zeitlichen Wechsel unterworfen sind: Was gestern noch gültig war, ist heute schon falsch. Diese Darstellung wird dem Wandel des naturwissenschaftlichen Denkens nicht gerecht. Die Sätze der klassischen Mechanik z. B. sind heute noch so gültig wie vor Jahrhunderten, und das Gesetz von der Erhaltung der Materie ist in gewissen Bereichen der Physik nach wie vor richtig. Es war nur ein Fehler, das Prinzip von der Unzerstörbarkeit der Substanz oder das klassische Kausalgesetz zu einem Prinzip von universaler Gültigkeit zu erheben. Die moderne Forschung hat uns Bereiche erschlossen, in denen diese Prinzipien (mindestens in ihrer klassischen Form) nicht mehr gelten.

Die moderne Physik lehrt uns also, bei der Formulierung universal gültiger Prinzipien vorsichtig zu sein. Man übertreibt nicht, wenn man von einem »Umsturz im Weltbild der Physik« in den ersten Jahrzehnten des 20. Jahrhunderts spricht. In der Tat sind durch die Quantentheorie und die spezielle und allgemeine Relativitätstheorie wesentliche Grundsätze der Physik und der Naturphilosophie in Frage gestellt worden.

4. Physikalische Realität

Unter den Naturwissenschaftlern des achtzehnten und neunzehnten Jahrhunderts gab es nicht wenige Anhänger des klassischen Materialismus. Sie gingen von der Realität und der Unzerstörbarkeit der Materie aus und ließen nur solche Aussagen als wissenschaftlich gesichert gelten, die Relationen zwischen physikalischen Meßgrößen feststellten. Im neunzehnten Jahrhundert gab es aber unter den Physikern viele Anhänger der Kantischen Erkenntniskritik. Sie waren bereit, mit dem Königsberger Philosophen jene »kopernikanische Wendung« zu vollziehen, die den Erkenntnisprozeß nicht von der Sache, sondern vom Menschen her verstehen wollte. Kant hat in der 2. Auflage seiner »Kritik der reinen Vernunft« im Vorwort seine Grundkonzeption so dargestellt:

> Bisher nahm man an, alle unsere Erkenntnis müsse sich nach den Gegenständen richten; aber alle Versuche, über sie a priori etwas durch Begriffe auszumachen, wodurch unsere Erkenntnis erweitert würde, gingen unter dieser Voraussetzung zunichte. Man versuche es daher einmal, ob wir nicht ... damit besser fortkommen, daß wir annehmen, die Gegenstände müssen sich nach unserer Erkenntnis richten, welches so schon besser mit der verlangten Möglichkeit einer Erkenntnis derselben a priori zusammenstimmt, die über Gegenstände, ehe sie uns gegeben werden, etwas festsetzen soll. Es ist hiermit eben so, als mit dem ersten Gedanken des Kopernikus bewandt, der, nachdem es mit der Erklärung der Himmelsbewegungen nicht gut fort wollte, wenn er annahm, das ganze Sternenheer drehe sich um den Zuschauer, ver-

suchte, ob es nicht besser gelingen möchte, wenn er den Zuschauer sich drehen und dagegen die Sterne in Ruhe ließe.

Für die Naturwissenschaften folgerte er daraus, daß es gewisse »Grundsätze« gebe, die jeder Verstand der Natur vorschreibt. Ein solcher Grundsatz war für ihn das Gesetz von der Erhaltung der Substanz:

Bei allem Wechsel der Erscheinungsform beharrt die Substanz.

Dieser Satz war also für Kant nicht das Ergebnis empirischer Forschung, sondern eine dem Menschen a priori eingegebene Einsicht, die ein Naturerkennen überhaupt erst möglich macht.
Aber ob nun einer als Materialist an das starre »Wirklichkeitsklötzchen« glaubte oder ein anderer sich an die Kantische Konzeption hielt: Keiner hielt den Satz von der Substanz für falsch.
Die moderne Physik sieht das anders, und sie hat gewichtige Gründe dafür. Da ist zum Beispiel der Prozeß der Kernspaltung, der heute in den Atomkraftwerken genutzt wird. Bei der Zerfällung gewisser Elemente von hoher Ordnungszahl in zwei Teile kann ein *Massendefekt* auftreten. Die Summe der Massen der beiden Teile ist nicht genau gleich der Masse des ursprünglich vorhandenen Atoms. Diesem Massendefekt entspricht nun eine Strahlung nach der Einsteinschen Formel

$$(8) \quad E = m \cdot c^2;$$

dabei ist E die ausgestrahlte Energie, m die Masse des Defekts und c die Lichtgeschwindigkeit. Ein ähnlicher Defekt kann auch umgekehrt bei der Fusion von Wasserstoffkernen auftreten. Nach Ansicht der Astrophysiker beruht die Strahlung der Sonne auf diesem Effekt. Er liegt auch der Wirkung der Wasserstoffbombe zugrunde. Zur Zeit arbeiten wissenschaftliche Institute an der Zähmung dieser Bombe, das heißt an dem Versuch, den Fusionsprozeß zur Energiegewinnung technisch zu nutzen. Bei beiden Prozessen ist das Gesetz von der Erhaltung der Materie nicht erfüllt.
Wir erinnern weiter an die Komplementarität zwischen Welle und Korpuskel in der Optik (Kap. II, 5). Kann das Photon (das Lichtkorpuskel) als eine Substanz angesprochen werden, wenn das

Licht bei anderer Gelegenheit Wellencharakter hat? Es gibt dazu ein Gegenstück. Das Elektron galt als ein kleines materielles Teilchen, dessen Masse man berechnen kann. Aber auch hier gibt es einen komplementären Effekt: Man kann mit einem Elektronenstrahl Beugungseffekte an einem Kristallgitter erzeugen – es treten *Materiewellen* auf.

Diese Beispiele mögen genügen zur Begründung der Tatsache, daß die Anwendung des Substanzbegriffes im Bereich der Atomphysik zweifelhaft geworden ist. Nach der vorher üblichen Auffassung war aber die Substanz (»id quod substat«) das, was den Seinsgrund der physikalischen Wirklichkeit ausmachte. Die alte Frage, ob denn die Atome (die man ja nicht sehen kann) überhaupt »real« seien, war damit neu gestellt für Physiker und Philosophen.

Zur Vermeidung von Mißverständnissen wäre es gut, sich über den Begriff *Wirklichkeit* zu verständigen. Eine exakte Definition dieses Begriffes (exakt im Sinne der Mathematiker) ist aber kaum zu erreichen, weil eine Rückführung auf noch einfachere Grundbegriffe nicht möglich ist. Es bleibt uns kaum etwas anderes übrig, als auf den Wortsinn zurückzugreifen. Man sagt etwa: Wirklich ist das, was auf uns wirkt. Man kann sich aber auch an das Lateinische halten und feststellen, daß »real« von »res« (Sache) kommt: Real ist das, was den Charakter einer Sache hat.

Damit stehen wir wieder einmal vor der Schwierigkeit des Definierens unter Rückgriff auf die Sprache. Davon war schon im Kapitel II, 3 die Rede.

Offenbar sind die deutsche und die lateinische Wirklichkeit nicht identisch. Man muß also mindestens sagen, welche man meint.

Uns scheint, daß eine Arbeit von Max Born ([1], S. 135 ff.) über »Physikalische Wirklichkeit« die Problematik besonders deutlich macht. Born setzt sich mit der Auffassung des Naturphilosophen H. Dingle auseinander, der in einem Vortrag erklärt hatte:

> Die Dinge, mit denen sich die Physik befaßt, sind nicht Messungen objektiver Eigenschaften von Teilen der äußeren materiellen Welt; sie sind lediglich die Ergebnisse, welche wir erhalten, wenn wir gewisse Operationen durchführen.

Da man nun Atome nicht einzeln direkt wahrnehmen und ausmessen kann, sprach er ihnen die Realität ab. Hier widersprach Born heftig. Er ging davon aus, daß man doch nicht gut die Dinglichkeit der Objekte im Physiklabor bestreiten könne. Hatte doch schon Niels Bohr darauf hingewiesen, daß niemand einen physikalischen Versuch im Labor beschreiben könne, ohne die Sprache des *naiven Realismus* zu sprechen, also die bei dem Versuch benutzten Geräte in der Umgangssprache als Objekte einer realen Welt zu beschreiben. Soll nun die Realität der Dinge beim Übergang zu immer kleineren Gegenständen irgendwo verlorengehen? Born sagt dazu ([1], S. 147):

> Wo ist aber die Grenze zwischen diesen beiden Bereichen? Man kann ein Stück Kristall, welches dem Bereich der grobkörnigen Wirklichkeit angehört, zu Pulver zermahlen, bis seine Partikeln zu klein werden, um noch mit dem freien Auge wahrgenommen zu werden. Man muß dazu ein Mikroskop benutzen: sind jetzt die Partikeln weniger wirklich? Noch kleinere Partikeln, Kolloide, erscheinen bei entsprechender Beleuchtung im Ultra-Mikroskop als glänzende Punkte ohne Struktur. Zwischen diesen Partikeln und einfachen Molekülen oder Atomen ist ein kontinuierlicher Übergang ... Wo endet nun die makroskopische Wirklichkeit, in welcher der Experimentalforscher lebt, und wo beginnt die Welt der Atome, aus welcher die Idee der Wirklichkeit als Illusion verbannt ist? Eine solche Grenze gibt es natürlich nicht; wenn wir gezwungen sind, den gewöhnlichen Dingen des täglichen Lebens – einschließlich der im Experiment verwendeten Instrumente und Materialien – Wirklichkeit zuzuerkennen, so können wir diese Wirklichkeit auch jenen Objekten nicht absprechen, die wir nur mit Hilfe der Instrumente beobachten können.

Den Skeptikern bleibt nun freilich noch der Einwand, daß man Atome nicht sehen, überhaupt nicht einzeln wahrnehmbar machen könne. Die Experimentalphysiker können hier aber mit Aufnahmen der Wilsonschen Nebelkammer aufwarten. Dieses schon 1911 erfundene Gerät ist ein Glaskasten, in dem Wasserdampf von geeigneter Konzentration hergestellt werden kann. Bringt man in die Kammer ein radioaktives Präparat ein, so entstehen auf der Bahn der ausgestrahlten Elektronen Zentren für die Kondensierung von Wasserdampf, und die Spur des Elektrons ist durch kleine Wassertröpfchen gezeichnet, eine Bahn, die man photographieren kann (Abb. 16).

Abb. 16

Manche Kritiker wollen sich auch damit noch nicht zufriedengeben. Sie wenden ein, daß das photographische Bild ja kein Elektron, sondern nur Wassertropfen zeige. Aber Born läßt sich durch solche Zähigkeit des Widersprechens nicht irremachen. Er argumentiert so: Man stelle sich vor, daß man einen Mann beobachtet, der mit einem Gewehr auf einen Menschen schießt. Man hört den Knall und sieht in einiger Entfernung den Menschen zusammenbrechen, auf den gezielt wurde. Niemand wird zweifeln, daß der Mann durch den abgegebenen Schuß verletzt wurde, daß die Gewehrkugel ihren Weg aus dem Gewehr des Schützen zu seinem Opfer genommen hat, obwohl niemand die fliegende Kugel sehen konnte. In der Wilsonschen Nebelkammer kann man zwar die

Bahn des Geschosses sichtbar machen, und doch wollen die sturen Skeptiker die Realität dieses Geschosses bezweifeln.

Born vertritt also (wie auch Einstein und die meisten Kollegen, insbesondere die experimentell arbeitenden) die Auffassung, daß die Physiker eine reale Welt erforschen, die unabhängig vom Beobachter existiert. Natürlich hat – das ist nicht zu bestreiten – die Realität in Bereichen des Atomaren andere Züge als die vertraute Wirklichkeit des Makrokosmos. Hier ist freilich hinzuzufügen, daß es auch unter den modernen Physikern Forscher von Rang gibt, die auf Begriffe wie »Realität«, »Substanz« usw. lieber ganz verzichten wollen. Wir zitieren als Beispiel den Innsbrucker Vertreter der theoretischen Physik A. March (S. 57):

> Die Sprache stellt die Dinge als Besitzer ihrer Eigenschaften hin, indem sie etwa von der Tomate behauptet, daß sie eine rote Farbe hat. Tatsächlich gehört aber die rote Farbe ebensowenig zum Besitztum der Tomate, wie etwa eine gesunde Gesichtsfarbe einen Besitz der Gesundheit bildet. Die rote Farbe in Verbindung mit gewissen andern Eigenschaften macht eben das aus, was man Tomate nennt, und erschöpft mit ihnen deren Wesen. Allgemein läßt sich sagen, daß jedes Ding aus dem – und nur aus dem – besteht, was wir an ihm erleben. Es ist die mehr oder minder konstante Verbindung gewisser sinnlicher Erlebnisse, die uns glauben läßt, daß hinter ihnen etwas sein müsse, das sie zusammenhält. Aber dieser Glaube ist nicht stichhaltiger als der eines Wilden, der annimmt, daß hinter Blitz und Donner jemand sein müsse, der diese Erscheinungen veranstaltet . . .
> Das Elektron ist kein Ding, sondern eine Form, die sich in gewissen charakteristischen Beziehungen meßbarer Größen ausdrückt. Mit andern Worten: Das Elektron ist eine Struktur.

March geht also noch weiter als der von Born kritisierte Dingle. Er bestreitet nicht nur, daß das Elektron ein Ding sei, sondern er will auch makrokosmischen Gegenständen wie der Tomate ihren dinglichen Charakter absprechen. Für ihn ist die Tomate ein Name für einen gewissen Komplex von sinnlichen Wahrnehmungen. Er spricht also allen Objekten die Realität ab, nicht aber die

Wirklichkeit. Daß eine Tomate wirken kann, wird ihm klargewesen sein, wenn auch zur Zeit der Abfassung seines Buches im friedlichen Innsbruck gewiß keine Tomaten durch den Hörsaal geworfen wurden wie in den sechziger Jahren in einigen deutschen Universitäten. Also auch ohne solche Erfahrungen wird March kaum die Wirklichkeit der Tomate bestreiten, wohl aber ihren Sachcharakter.

Dann aber ist die Aussage, daß ein Elektron kein Ding sei, eigentlich leer, da es ja nach March überhaupt keine Dinge gibt, auch nicht in der makrokosmischen Welt, sondern nur gewisse relativ stabile Erfahrungskomplexe. Sie sind wirklich, weil sie auf uns wirken, aber nicht real, wenn man damit eine vom Beobachter unabhängige Existenz als Sache charakterisiert.

Wir möchten March auf diesem Wege nicht folgen. In dem zitierten Buch geht er später auf astronomische Fakten ein. Er spricht z. B. von neu aufleuchtenden Himmelskörpern und von anderen Sternen, die aus unserem Raum verschwinden, ganz so, als ob es reale Objekte und nicht nur Wahrnehmungskomplexe unserer Astronomen seien. Dabei müßte man (um dem positivistischen Standpunkt gerecht zu werden) hinzufügen, daß uns die Wahrnehmungen aus vergangenen Zeiten nur über Sinneseindrücke zugänglich sind, die bedrucktes Papier vermittelt. Man hat also den Eindruck, daß March selbst seinen extrem positivistischen Standpunkt nicht durchhalten kann.

Wir schreiben an diesem Buch, weil wir deutlich machen wollen, daß die sokratische Weisheit vom Nichtwissen auch heute noch ihren Sinn hat und die Einsicht in die Grenzen der Erkenntnis uns helfen kann, mit den Problemen unserer Zeit besser fertigzuwerden. Wir wollen aber keineswegs alles in Frage stellen, was früher schon als gesichertes Ergebnis der naturwissenschaftlichen Forschung galt. Der naive Realismus der Physiker hat sich bis ins neunzehnte Jahrhundert hinein immer wieder bewährt, und wir sehen keinen Gewinn in dem Versuch, einer Tomate ihre Dinglichkeit abzusprechen. Wir könnten zufrieden sein, wenn die Untersuchungen über die Neutronen und Neutrinos, über Positronen und Quarks zu so gesicherten Ergebnissen führen würden wie die Untersuchungen zur Mechanik in früheren Jahrhunderten. Aber leider ergeben sich in der Atomphysik neue Probleme, die es uns unmöglich machen, die Begriffsbildungen und Grundsätze aus der Makrophysik einfach zu übernehmen.

Wir müssen umdenken, immer wieder umdenken. Die Realität schien uns im Bereich der Makrophysik am besten durch die »Wirklichkeitsklötzchen« gesichert, durch die Dinge, die wir anfassen und betrachten können. In der Atomphysik wird vieles anders, und wir müssen uns fragen, ob wir unsere klassischen Vorstellungen variieren müssen, wenn wir Atomphysik treiben.

Auch der Physiker unserer Tage fragt schließlich danach, »was die Welt im Innersten zusammenhält«. Er drückt es nur etwas weniger pathetisch aus als der alte Doktor Faust. Er sucht zum Beispiel eine Theorie der Entwicklung des Weltalls vom Urknall her aufzustellen. Aber alle derartigen Fragestellungen wären absolut unzulässig, wenn man tatsächlich das Wesen der Physik im Sinne von Dingle und March (s. o.) festlegen wollte.

Was bleibt nun von dem alten Substanzbegriff übrig, wenn man die Ergebnisse der Forschungen unseres Jahrhunderts berücksichtigt? Heisenberg ([2], S. 34) hat versucht, darauf eine Antwort zu geben. Er stellt fest,

> daß die Elementarteilchen alle sozusagen aus dem gleichen Stoff gemacht sind, nämlich, wenn Sie so wollen, aus Energie. Hier kann man Anklänge an die Philosophie des Heraklit finden, nach dem das Feuer der Grundstoff ist, aus dem die Dinge bestehen. Das Feuer ist gleichzeitig die treibende Kraft, die die Welt in Bewegung erhält, und man kann vielleicht, um zu unserer heutigen Auffassung zu kommen, Feuer und Energie identifizieren. Die Elementarteilchen der modernen Physik können genau wie die platonischen Körper ineinander umgewandelt werden. Sie bestehen nicht selbst aus Materie, sondern sie sind die einzig möglichen Formen der Materie.

Und weiter (S. 39):

> Die endgültige Theorie der Materie wird, ähnlich wie bei Plato, durch eine Reihe von Symmetrieforderungen charakterisiert sein.

Das Wesentliche, was die moderne Physik über die Substanz aus-

126

sagen kann, sind also Symmetrieeigenschaften. Es sind nicht gerade die Symmetrien der platonischen Körper, aber doch jeweils Grundeigenschaften von gewissen mathematischen Strukturen. Damit rückt die moderne Physik tatsächlich in die Nähe der klassischen Ideenlehre. Heisenberg (S. 46) zitiert in seinem Buch seinen Kollegen Pauli, der das deutlich ausspricht:

> Es handelt sich bei der Naturwissenschaft der Neuzeit also um eine christliche Weiterbildung der »lichten Mystik« Platos, in der der eigentliche Grund von Geist und Materie in den Urbildern gesucht wird.

Ähnliche Äußerungen findet man bei Schrödinger und bei Heitler. Bei Heitler ([2], S. 119) z. B. lesen wir:

> Auch das Naturgesetz (etwa der Physik) ist ein solches Urbild, eine »Idee«. Aber es wirkt in der Materie, es ist ihr eigentliches inneres Wesen, ohne das es überhaupt keine Materie gibt.

Danach wäre die Auffassung denkbar, daß die »starren Wirklichkeitsklötzchen« der klassischen Physik einen Seinsgrund haben, über den nur in der Sprache der Mathematik etwas ausgesagt werden kann. Und wenn die Existenz in der Physik nur durch mathematische Strukturen gesichert ist, kann man auch wagen, den Objekten der Mathematik Realität zuzusprechen.
Wir wollen noch anmerken, daß es auch innerhalb der Mathematik Tendenzen gibt, die Fundamente im Sinne eines neuen Platonismus zu deuten. Kein Geringerer als der durch seine Untersuchungen zur Problematik der Widerspruchsfreiheit ausgewiesene Kurt Gödel hat für die Fundierung der Mathematik eine moderne Variante der Platonischen Lehren entwickelt, einen »platonism with little p« (vgl. Meschkowski [6], S. 77ff.).
Die Erneuerung der platonischen Denkweise ist eine bemerkenswerte Konsequenz der modernen Grundlagenforschung. Darf man nun die Schlüsse von Heisenberg, Pauli und anderen auf die Ideenlehre zurückgreifenden Forschern als eine abschließende Aussage zum Substanzproblem ansehen? Wir wagen nicht, das zu entscheiden.

5. Determiniertheit oder Zufall?

Die klassische Auffassung von der Determiniertheit des Naturgeschehens durch die physikalischen Gesetze hat Laplace einmal so formuliert:

> Es läßt sich eine Stufe der Naturerkenntnis denken, auf welcher der ganze Weltvorgang durch Eine mathematische Formel vorgestellt würde, durch Ein unermeßliches System simultaner Differentialgleichungen, aus dem sich Ort, Bewegungsrichtung und Geschwindigkeit jedes Atoms im Weltall zu jeder Zeit ergäbe.

Natürlich wußte auch Laplace, daß es eine solche Weltformel niemals geben würde, aber dieser Gedanke brachte doch die Überzeugung von der vollständigen Determiniertheit alles Geschehens gut zum Ausdruck. Man konnte ja die Bewegung eines Systems von Massenpunkten berechnen, wenn die Anfangsbedingungen und die wirkenden Kräfte gegeben waren. Wenn es natürlich auch nicht denkbar war, die Laplacesche Weltformel jemals effektiv aufzustellen, so galt es doch als ausgemacht, daß die Vorgänge im Kosmos streng determiniert sind: In jedem mechanischen System läßt sich der Zustand zu irgendeiner Zeit t berechnen, wenn die Anfangsbedingungen zu einer Zeit t_0 und die am System angreifenden Kräfte nach Größe, Richtung und Angriffspunkt bekannt sind. Das ist die physikalische Fassung des klassischen Kausalitätsprinzips, das Kant in seiner »Kritik der reinen Vernunft« so formuliert hat:

> Alle Veränderungen geschehen nach dem Gesetz der Verknüpfung von Ursache und Wirkung.

In der modernen Physik ist nun alles anders. Die Hoffnung auf die Festlegung alles physikalischen Geschehens durch eine Laplacesche Weltformel muß ebenso aufgegeben werden wie das von Kant formulierte Kausalgesetz. Das hängt mit der Vorstellung zusammen, daß auch die Energie strukturiert ist. Nach der Quantentheorie hat z. B. ein Wasserstoffatom eine wohlbestimmte Folge möglicher Energiestufen. Wird das Atom durch Wärmebewegung oder aus einer andern physikalischen Ursache angeregt, so kann es dabei nur Energiemengen aufnehmen, die durch diese vorgeschriebenen Energiestufen

$$E_1, E_2, E_3, \ldots$$

gegeben sind. Umgekehrt erfolgt die Ausstrahlung von Energie nach dem Gesetz

$$\Delta = E_m - E_n = h \cdot \nu.$$

Dabei ist $h = 6,55 \cdot 10^{-27}$ erg/sec das sogenannte Plancksche Wirkungsquantum, ν die Schwingungszahl des emittierten Lichtes. Danach kommen als Schwingungszahlen nur solche Zahlen in Frage, die sich in der Form

$$(9) \quad \nu = \frac{E_m - E_n}{h}$$

aus zwei beliebigen Energiestufen E_m und E_n darstellen lassen. Damit wird klar, warum z. B. im Spektrum des Wasserstoffs nicht ein kontinuierliches Farbband auftritt, sondern lauter einzelne diskrete Linien.

Dieses aus der Spektralanalyse gewonnene Ergebnis ist ein Beleg für die elementare These der Quantentheorie, daß die Atome nur diskreter Energiestufen fähig sind. Diese Einsicht hat aber nun weitreichende Folgen für die Anwendbarkeit des Kausalgesetzes. Wir erwähnten bereits in Abschnitt 3 dieses Kapitels, daß alle Messungen mit einem Energieaustausch verbunden sind und deshalb eine exakte Messung von Lage oder Impuls für ein einzelnes Atom nicht möglich ist.

Wenn das nicht geht, hat es in der Physik auch keinen Sinn, von »Kausalzusammenhängen« zu reden, da man ja weder den Anfangs- noch den Endzustand bei einem physikalischen Prozeß exakt durch Messungen festlegen kann.

Der durch diese propädeutische Betrachtung herausgestellte Sachverhalt hat seinen klassischen Ausdruck in der Heisenbergschen Unschärferelation gefunden. Danach sind Ort und Impuls eines Elektrons im Atom niemals gleichzeitig genau bestimmt. Für die Abweichungen Δq und Δp dieser Größen gilt nach Heisenberg

(10) $\Delta p \cdot \Delta q \geqq \dfrac{h}{4\pi}$.

Versucht man also, den Ort eines Elektrons möglichst genau zu bestimmen (wählt man also Δq möglichst klein), so erhält man nach (10) für die Abweichung des Impulses $\Delta p \geqq \dfrac{h}{4\pi \cdot \Delta q}$ einen recht großen Wert. Auch das kann man sich wieder durch eine einfache Energiebetrachtung plausibel machen: Um einen kleinen Gegenstand zu »sehen«, braucht man Licht von sehr kleiner Wellenlänge, also von sehr hoher Schwingungszahl. Solches Licht übt aber einen so beachtlichen Strahlungsdruck aus, daß es den Impuls des zu messenden Objektes erheblich verändern muß. Man kann das Ergebnis unserer Überlegungen auch so zusammenfassen:

Die Anwendung des klassischen Kausalprinzips ist im Bereich der Atomphysik sinnlos, weil man Anfangs- und Endzustand eines Systems nicht präzis bestimmen kann. In der Atomphysik treten nun an die Stelle der aus der Makrophysik vertrauten streng determinierten Aussage Betrachtungen über die Wahrscheinlichkeit für das Eintreten eines Ereignisses. Man kann etwa nach der Wahrscheinlichkeit für das Auftreten eines Elektrons in einem gewissen Raumelement, nach der Wahrscheinlichkeit für das Zerfallen eines radioaktiven Elementes in einem bestimmten Zeitabschnitt fragen usf.

Nun hat es aber auch in der klassischen Physik bereits statistische Betrachtungen gegeben. Wir wollen kurz darauf eingehen, um die frühen statistischen Betrachtungen von der neuartigen Anwendung des Wahrscheinlichkeitsbegriffs abzusetzen.

Sehen wir uns einmal die Ermittlung der Gewinnzahlen im Zahlenlotto in einer Fernsehsendung an! Da befinden sich in einem Glaskasten die Kugeln mit den Nummern 1 bis 49. Sie werden durch einige Schaufeln in Bewegung gesetzt, bis schließlich die Kugeln mit den Gewinnummern herausfallen. Was da vor den Augen der Fernsehzuschauer geschieht, ist ein physikalischer Prozeß, dessen Beschreibung in das Gebiet der technischen Mechanik gehört. Es ist nichts Geheimnisvolles dabei. Aber die Vorgänge in der sich drehenden Trommel sind doch so kompliziert, daß eine mathematische Erfassung der Bewegungsvorgänge ausgeschlossen ist. Uns bleibt nur die Möglichkeit zu Wahrscheinlichkeitsaussagen. Wir könnten etwa sagen, daß die Wahrscheinlichkeit, daß auf der ersten herausfallenden Kugel eine gerade Zahl steht, gleich $^{24}/_{49}$ ist, weil 24 von den 49 Zahlen auf den Kugeln gerade sind. Solche wahrscheinlichkeitstheoretischen Betrachtungen wurden im vorigen Jahrhundert durch Clausius und Boltzmann erfolgreich auf die Theorie der Gase angewandt. Aus der Vorstellung, daß sich die Moleküle eines Gases nach den mechanischen Gesetzen über Stoß und Reflexion bewegen, konnten bekannte Gasgesetze wie das von Gay-Lussac hergeleitet werden. Auf diese Weise war eine kinetische Theorie der Wärme (für Gase) begründet. Dabei lag die Vorstellung zugrunde, daß jeder einzelne Bewegungsprozeß bekannten klassischen Gesetzen folgt; die Anwendung statistischer Verfahren war nur der unübersichtlich großen Zahl der einzelnen Prozesse wegen geboten, genauso wie bei dem oben beschriebenen Auslosungsprozeß. Ganz anders liegen die Dinge aber bei den Prozessen, in die die Quantentheorie hineinspielt. Hier sind wegen der Heisenbergschen Unschärferelation keine Einzelaussagen über einzelne Atome denkbar, und wir sind auf statistische Betrachtungen einfach angewiesen. Man kann z. B. Aussagen gewinnen über die Wahrscheinlichkeit, daß ein radioaktives Atom eines Präparats in einer gewissen Zeit zerfällt, aber man kann gar nichts sagen über das Schicksal eines einzelnen Atoms. Der Physiker ist da in einer ähnlichen Situation wie ein Versicherungsmathematiker, der aus seinen Tabellen die aus Erfahrungen gewonnene Wahrscheinlichkeit dafür ablesen kann, daß etwa ein Sechzigjähriger im nächsten Jahr stirbt, aber er kann einem einzelnen Menschen dieses Jahrgangs nichts über sein persönliches Schicksal voraussagen.

Der Sechzigjährige kann nun zu einem Arzt gehen und dort einiges über seine persönlichen Überlebenschancen erfahren. Für ein einzelnes Atom gibt es aber keine Möglichkeit, die allgemeine Aussage über seine Überlebenschancen zu präzisieren. Die moderne Physik ist deshalb akausal geworden. Man muß sich damit abfinden, daß Kausalbetrachtungen schon deshalb sinnlos geworden sind, weil eine Festlegung eines individuellen Anfangszustandes unmöglich ist. Die Quantentheorie arbeitet deshalb mit statistischen Methoden, und die in der Schrödingerschen Differential-gleichung auftretende ψ-Funktion wird gedeutet als die Wahrscheinlichkeit dafür, daß sich an der betrachteten Stelle in einem Raumelement ein Teilchen befindet.

Kant war im Irrtum, als er das Kausalgesetz als eine im Erkenntnisprozeß durch den Menschen selbst eingebrachte Voraussetzung ausgab. Es geht auch anders, wie die moderne Quantentheorie zeigt.

Freilich, ob dieser Verzicht auf die Kausalität im Bereich der Atomphysik heilsam, ob er überhaupt notwendig war, darüber waren sich nicht alle Physiker einig. Es war vor allem Einstein, der sich hartnäckig weigerte, den Verzicht auf die Kausalität für endgültig zu halten. Es gibt über dieses Problem eine interessante briefliche Auseinandersetzung zwischen Einstein und seinem Freund Max Born, einem der Begründer der statistischen Interpretation der Quantentheorie. Einstein bezeichnete seinen Freund Born einmal als seinen wissenschaftlichen Antipoden, und gerade deshalb ist die Korrespondenz zwischen Einstein und dem Ehepaar Born so wichtig (Born [2], [3]).

6. Zum Briefwechsel Einstein–Born

Das Problem der Kausalität taucht in diesem Briefwechsel immer wieder auf. So heißt es in einem Schreiben Einsteins vom 27. 1. 1920:

> Das mit der Kausalität plagt auch mich viel. Ist die quantenhafte Licht-Absorption und Emission wohl jemals im Sinne der vollständigen Kausalitätsforderung erfaßbar, oder bleibt ein statistischer Rest? Ich muß gestehen, daß mir da der Mut einer Überzeugung fehlt. Ich verzichte aber sehr, sehr ungern auf die vollständige Kausalität.

Am 24. 4. 1924 heißt es weiter:

> Bohrs Meinung über die Strahlung interessiert mich sehr. Aber zu einem Verzicht auf die strenge Kausalität möchte ich mich nicht treiben lassen, bevor man sich nicht noch ganz an-

ders dagegen gewehrt hat als bisher. Der Gedanke, daß ein einem Strahl ausgesetztes Elektron aus freiem Entschluß den Augenblick und die Richtung wählt, in der es fortspringen will, ist mir unerträglich. Wenn schon, dann möchte ich lieber Schuster oder gar Angestellter in einer Spielbank sein als Physiker.

In der Folgezeit verfestigte sich bei Einstein der Widerstand gegen eine akausale Physik immer mehr, während die Arbeit Borns (und die der meisten jüngeren Forscher) in die entgegengesetzte Richtung wies. Im Jahre 1926 erschienen die grundlegenden Veröffentlichungen von Heisenberg und Schrödinger, die von Born sogleich eine statistische Deutung erfuhren. Am 4. 12. 1926 schrieb Einstein den von Born als »niederschmetternd« bezeichneten Satz:

Die Quantenmechanik ist sehr achtunggebietend. Aber eine innere Stimme sagt mir, daß das doch nicht der wahre Jakob ist. Die Theorie liefert viel, aber dem Geheimnis des Alten bringt sie uns kaum näher. Jedenfalls bin ich überzeugt, daß der nicht würfelt.

Am 7. 9. 1944 nahm er das Thema wieder auf und schrieb an Born:

In unsern wissenschaftlichen Erwartungen haben wir uns zu Antipoden entwickelt. Du glaubst an den würfelnden Gott und ich an die volle Gesetzlichkeit in einer Welt von etwas objektiv Seiendem, das ich auf wild spekulativem Wege zu erhaschen suche.

Born war zwar betroffen über die harte Aussage seines Freundes, aber die Meinungsverschiedenheiten in den Grundlagenfragen hat ihre persönliche Freundschaft nicht belastet. Die Mehrzahl der jungen Forscher hat sich Born angeschlossen: Die Physik ist »akausal« geworden, und Einstein fühlte sich zuweilen in seinem Institut in Princeton als Außenseiter.
Hier liegt nun die Frage nahe: Woher kommt es, daß der große Revolutionär sich beim Thema »Kausalität« so konservativ gab? Er hat (davon soll im nächsten Kapitel die Rede sein) die Zeit aus den Angeln gehoben, er hat der Menschheit zugemutet, sich in einem gekrümmten Raum mit einer nichteuklidischen Metrik zu-

rechtzufinden, und er hat auch (zusammen mit anderen) dazu beigetragen, den klassischen Begriff der Substanz zu demontieren. Wie ist da sein zäher, mit den Jahren sich noch verstärkender Widerstand gegen die sich immer mehr durchsetzende akausale Physik zu erklären? Einstein hat in vielen Aufsätzen und Vorträgen immer wieder sein Erstaunen ausgedrückt über die

Manifestation tiefster Vernunft und leuchtender Schönheit, die unserer Vernunft nur in ihren primitivsten Formen zugänglich ist.

Er hatte klare Determiniertheit, Schönheit und Symmetrie im Aufbau der Gesetze nicht nur in der klassischen Physik, sondern auch und gerade bei seinen Untersuchungen über die Gravitation herausgefunden. Und das alles sollte vorbei sein, einem Glücksspiel weichen, wenn man Vorgänge in den Dimensionen des Atoms studierte? Er wollte und konnte nicht glauben, daß dies der Weisheit letzter Schluß sei.

Born konnte dagegen (mit der Mehrzahl der jüngeren Physiker) darauf hinweisen, daß man (ob es uns nun gefällt oder nicht) die durch die Heisenbergsche Unschärferelation gegebene Situation berücksichtigen müsse. Da eine (durch Experimente gesicherte) Aussage über einzelne interatomare Prozesse nun einmal nicht möglich ist, tut man gut, sich damit abzufinden, um nicht in »Hegeleien« (d. h. in ungesicherte philosophische Spekulationen) zu verfallen.

Born [2] ging – in seinem Vortrag über den Briefwechsel mit Einstein – so weit, daß er eine statistische Behandlung der gesamten Physik vorschlug. Schließlich seien ja auch die Meßergebnisse in der klassischen Mechanik immer nur Annäherungen, und man sollte deshalb die Gesetze so formulieren, daß der Wahrscheinlichkeitscharakter der Aussagen deutlich wird.

Soviel wir wissen, hat sich dieser Vorschlag Borns nicht durchgesetzt. Tatsächlich würde eine solche Umschreibung der gesamten Mechanik eine unnötige Komplizierung bedeuten. Man kann ja die Gesetze der klassischen Mechanik mit einer für den Praktiker hinreichenden Genauigkeit experimentell bestätigen.

Der Streit zwischen Born und Einstein konnte nicht mehr ausgetragen werden. Das erhoffte persönliche Gespräch zwischen den beiden Forschern kam nicht mehr zustande.

Da man in der Wissenschaft die Entscheidungen nicht durch Mehrheitsbeschluß fällen kann, möchten wir die Auffassung Einsteins nicht einfach durch die Haltung der Mehrheit der modernen Forscher als abgetan ansehen.

Es scheint nützlich, die Lage in der Physik in dieser Auseinandersetzung mit der der Mathematik in der Frage nach der Widerspruchsfreiheit der Zahlentheorie zu vergleichen (Kap. IV, 4). Gödel zeigte:

Die Widerspruchsfreiheit der formalen Zahlentheorie kann nicht (mit den Mitteln des Systems selbst) bewiesen werden.

In der modernen Physik weiß man:

Kausale Zusammenhänge können im Bereich des Atoms nicht (durch Experimente) nachgewiesen werden.

Die für die Mathematiker durch die Ergebnisse der Grundlagenforschung entstandene Situation hat der »Bourbakist« A. Weil einmal so charakterisiert (vgl. Motto ü. Kap. IV nach Rosenbloom, S. 72):

Gott existiert, weil die Mathematik widerspruchsfrei ist, und der Teufel existiert, weil wir es nicht beweisen können.

Die Mathematiker haben aus dem Gödelschen Ergebnis nicht den Schluß gezogen, die Zahlentheorie sei inkonsistent. Sie waren nur traurig darüber, daß sie es nicht beweisen konnten. Der Beweis von Gentzen ändert an dieser Situation nicht viel, weil er die ebenfalls noch nicht abgesicherte Mengenlehre heranzieht.

Es liegt nahe, den Weilschen Satz für den Hausgebrauch in der Physik so zu variieren:

Gott existiert, weil die Physik determiniert ist, und der Teufel existiert, weil wir das nicht experimentell beweisen können.

Das würde bedeuten, daß sich an der Alltagsarbeit der Physik nichts zu ändern hätte: Aus den bekannten Gründen wären Kausalzusammenhänge im Bereich des Atoms nicht nachweisbar, und die Physik müßte weiterhin statistisch verfahren. Aber in der erkenntnistheoretischen Grundhaltung wäre einiges verändert. Man brauchte nicht mehr über Einstein empört zu sein, weil er die Quantenmechanik nicht für den »wahren Jacob« hielt. Man würde nicht immer wieder behaupten, daß eben alles »Zufall« und die Menschheit dessen Spiel hoffnungslos ausgeliefert sei (vgl. Monod, S. 141). Auch wenn es uns gar nicht angenehm ist: Wir müssen mit der Möglichkeit rechnen, daß es Bezüge in der Natur gibt, die wir nicht erforschen können.

Es hat wirklich keinen Sinn mehr, die durch die Heisenbergsche Unschärferelation gesetzte Schranke zu umschleichen oder zu überspringen. Auf dem Brüsseler Solveig-Kongreß von 1927 hatte Einstein immer wieder versucht, Gegenbeispiele zu der Heisenbergschen Schranke zu finden, und Heisenberg hatte (unterstützt durch Bohr und Pauli) an jedem Morgen die Aufgabe, die Einstein nachts eingefallenen Argumente zu widerlegen.

Wir wollen hier an den alten Sokrates mit seinem »Wissen vom Nichtwissen« erinnern. Man sollte sich daran gewöhnen (vgl. Popper [3]), die durch mancherlei moderne Einsichten gestützte Weisheit des Sokrates ernst zu nehmen.

In unserem Falle heißt das: Auch wenn die Heisenbergschen Ergebnisse respektiert werden, kann man mit der Möglichkeit einer verborgenen, jedenfalls dem Experiment nicht zugänglichen Kausalität rechnen.

Ob sich Born und Einstein auf dieser Basis hätten einigen können? Born hätte Einstein zugestehen müssen, daß vielleicht Gott wirklich nicht würfelt, das will sagen, daß es tatsächlich eine universal gültige Naturgesetzlichkeit geben könne. Und Einstein müßte einräumen, daß es (auf Grund der Quantengesetze) unmöglich ist, die Kausalität im atomaren Bereich auf irgendeine Art nachzuweisen.

7. Turbulenzen

Im Jahre 1942 berichtete der renommierte Münchener Atomphysiker Arnold Sommerfeld von seinen Gesprächen mit Heisenberg über dessen Thema für die Dissertation. Sommerfeld hatte dem jungen Kollegen eine Arbeit über das Thema der Turbulenz vorgeschlagen. »Wenn irgend jemand«, meinte Sommerfeld, »so würde

Heisenberg in der Lage sein, die anstehenden Probleme zu lösen.«
Aber Heisenberg wandte sein Interesse den physikalischen
Grundlagenfragen zu, und so blieben die Probleme der Turbulen-
zen in Flüssigkeiten und Gasen weiter ungelöst (vgl. Graham).
Im Jahre 1932 sagte der englische Physiker Sir Horace Lamb, der
sich ein Leben lang mit der Theorie der Strömung beschäftigt hatte:

> Ich bin ein alter Mann, und wenn ich sterbe und in den Him-
> mel komme, so gibt es zwei Dinge, bei denen ich auf eine Er-
> leuchtung hoffe. Das eine ist die Quantenelektrodynamik,
> das andere die turbulenten Bewegungen der Flüssigkeiten.
> Bezüglich des ersten Problems bin ich ganz optimistisch.

Wir wissen nicht, ob und wie sich die Hoffnungen des alten Gelehrten erfüllt haben. Tatsache ist jedenfalls, daß die Frage nach
einem Verständnis für die turbulenten Bewegungen auch heute, in
den achtziger Jahren, noch immer offen ist.
Dabei scheint die Problemlage so einfach zu sein. Man weiß seit
der Mitte des 19. Jahrhunderts über die Grundlagen der Strö-
mungslehre Bescheid. In manchen Lehrbüchern der Funktionen-
theorie findet man Veranschaulichungen von harmonischen
Funktionen: durch das Bild strömender Flüssigkeiten mit ihren
»Quellen« und »Senken« in den *singulären Stellen* der Funktionen.
Aber nicht immer verhalten sich strömende Flüssigkeiten und
Gase so, wie es die harmonischen Funktionen für ideale Flüssigkeiten vorschreiben. Es treten *Turbulenzen* auf: Plötzlich zeigt die
Strömung ein regelloses Durcheinander. Solche Phänomene spielen in der Meteorologie eine wichtige Rolle. Die Turbulenzen in
der Atmosphäre erschweren die Wettervorhersagen. Ferner sind
die unberechenbaren Turbulenzen wichtig für den Vorgang des
Fliegens. Die Flugzeugtechniker haben zwar gelernt, solche Unre-
gelmäßigkeiten der Luftströmung in ihre Planungen einzubauen,
aber die Physiker haben immer noch keine befriedigende Erklärung für dieses technisch so wichtige Phänomen. Man kann die
Turbulenzen im Rauch einer Zigarette beobachten, wo der zunächst regelmäßige Strom des Rauches in einen Wirbel um-
schlägt, und man kann das Auftreten von Turbulenzen am Fließen
eines Gebirgsbaches beobachten.

Um das Umschlagen der regulären Strömung in die Unregelmäßigkeit vieler kleiner Wirbel zu studieren, geht man im physikalischen Laboratorium systematisch vor. Man betrachtet etwa die Strömung einer Flüssigkeit zwischen zwei Metallplatten, deren Temperatur sich verändern läßt.

Eine Flüssigkeit befindet sich zwischen zwei solchen Platten. Jetzt wird die Temperatur der unteren Platte langsam erhöht. Anfangs bleibt die Flüssigkeit in Ruhe. Die höhere Temperatur wird durch Wärmeleitung an die oberen Schichten weitergegeben. Bald bildet sich eine Konvektion in der Flüssigkeit aus, ein Strömen von Flüssigkeitsteilen nach oben und ein Absinken an anderer Stelle. Dieses Phänomen ist schon seit Beginn unseres Jahrhunderts bekannt. Bei sorgfältiger Durchführung des Versuchs erhält man auf diese Weise in der Flüssigkeit regelmäßige Strömungswalzen, die man durch geeignete Färbemittel sichtbar machen kann. Dieses Verhalten der Flüssigkeit entspricht auch den Vorhersagen der klassischen Theorie. Bei vorsichtiger weiterer Erwärmung der unteren Platte wird aber plötzlich ein Punkt erreicht, an dem die Strömung völlig unregelmäßig wird, sich in eine Anzahl größerer und kleiner Wirbel auflöst. Bei Wiederholung des Versuchs tritt immer wieder bei der gleichen Temperatur ein Chaos von Turbulenzen auf, aber das Bild dieser Wirbel fällt jedesmal anders aus, auch bei sorgfältigster Bemühung um Genauigkeit der Versuchsbedingungen.

Die hier untersuchten Phänomene gehören zur Thermodynamik, die den Gesetzen der klassischen Physik gehorcht. Sie gilt als determiniert; bei gleichen Bedingungen müßten sich also gleiche Prozesse abspielen. Sollte es auch im Bereich der klassischen Physik im Makrokosmos so etwas wie ein Aussetzen der Kausalität geben? Würfelt Gott auch hier, oder – anders ausgedrückt – haben die Teilchen einer solchen Strömung plötzlich an einer Stelle die Freiheit, ganz nach Belieben zu wirbeln?

Es ist gesagt worden, daß vor dem Auftreten der Turbulenzen Teilchen auseinandergerissen werden, die vorher »beliebig nahe« beieinander waren. Das ist ein Prozeß, der bei den anfangs einsetzenden Bewegungen in der Flüssigkeit noch nicht auftritt.

Das mag in der Tat der Anlaß für das Auftreten der Turbulenzen sein. Aber mit dieser Bemerkung ist noch nicht klar, ob man die

Phänomene aus den alten klassischen Gesetzen doch noch wird erklären können, ob also eine makrophysikalische Akausalität im Spiel ist oder ob inneratomare Prozesse eine Rolle spielen, so daß dann die Undurchschaubarkeit der Prozesse auf irgendeine Weise auf die Heisenbergsche Unschärferelation zurückzuführen wäre. Die Ansichten der Forscher sind darüber noch geteilt (vgl. Graham, S. 68ff.). Dieses Problem der Turbulenzen ist seit langem bekannt, aber man hatte es früher nicht so wichtig genommen, weil man hoffte, durch entsprechenden Aufwand von geeigneten Rechengeräten diese für die Praktiker so wichtigen Erscheinungen in den Griff zu bekommen. Das ist bisher nicht gelungen.

Hier haben wir ein wichtiges in die Praxis des technischen Physikers fallendes Phänomen, das noch ungeklärt ist. Geht es einfach um eine Unberechenbarkeit in der klassischen Physik wegen zu großer Kompliziertheit der Voraussetzungen, oder gibt es eine echte Unschärfe in der klassischen Physik? *Oder* spielen hier inneratomare Prozesse eine Rolle, die uns noch nicht erkennbar sind?

Um diese Fragen zu beantworten, ist es nützlich, die Basis der Beobachtungen zu verbreitern. Nicht nur bei turbulenten Strömungen, auch auf vielen anderen Gebieten können »chaotische« Zustände eintreten. Das haben neuere Untersuchungen deutlich gemacht (vgl. Deker u. Thomas). Bevor wir auf ein Beispiel eingehen, wollen wir das im Gebiet der klassischen Physik gültige Kausalgesetz einmal so formulieren:

(A)   *Gleiche Ursachen haben gleiche Wirkungen.*

Auf diesem Gesetz beruht ja die Reproduzierbarkeit physikalischer Messungen. Wenn ein Physiker X die Ergebnisse seiner Untersuchungen mitteilt, dann kann der Physiker Y sie nachprüfen: Er muß nur die gleichen Versuchsbedingungen herstellen, die sein Kollege X benutzt hat. Dann müßte nach dem Kausalgesetz (A) die gleiche Wirkung eintreten: Y müßte die Ergebnisse von X bestätigen.

Aber natürlich kann man nicht wirklich genau gleiche Anfangsbedingungen bei einer Wiederholung eines Experiments erreichen. Man wird sich bemühen, *ähnliche* Versuchsbedingungen herzustellen und die Abweichungen so klein wie möglich zu halten.

Dann erwartet man *ähnliche* Ergebnisse. Deker und Thomas nennen das Gesetz (A) das schwache Kausalgesetz und formulieren dazu noch ein starkes Kausalgesetz (B):

(B)   *Ähnliche Ursachen haben ähnliche Wirkungen.*

Im Bereich der klassischen Physik rechnet man mit dem Gesetz (A). Aber gilt auch immer das starke Gesetz (B)? Wenn man ein Gewehr so visiert hat, daß der Schuß ins Schwarze geht, dann wird eine nur geringe Änderung der Richtung eine entsprechend geringe Abweichung im Ziel bewirken. Wenn wir die Länge eines schwingenden Pendels nur wenig ändern, dann wird sich seine Schwingungsdauer auch nur wenig ändern. Erfahrungen dieser Art sind bekannt, und deshalb rechnet man stillschweigend mit der Gültigkeit des *starken* Gesetzes (B).

Aber betrachten wir einmal einen so einfachen Vorgang wie den des Würfelns mit einem Würfel! Nehmen wir einmal an, es wäre möglich, den Vorgang des Würfelns mit den Anfangsbedingungen, mit der Stärke und Richtung der auf den Würfel wirkenden Kräfte, und die Reflexionsvorgänge genau zu erfassen. Wir könnten etwa berechnen, daß wir eine Drei bekommen müssen. Wenn wir jetzt nur eine der Versuchsbedingungen um eine Kleinigkeit ändern – etwa die Richtung des ersten Stoßes, dann können wir nicht 3,00000001 würfeln. Es bleibt bei der Drei, aber plötzlich haben wir einen Wert des Winkelmaßes erreicht, bei dem der Würfel kippt und die Sechs zeigt.

Es gibt deshalb eine gewisse Richtung für den ersten Stoß, bei der eine winzige Änderung das Kippen nicht mehr auf die Drei, sondern auf die Sechs bewirkt. Nun gibt es aber eine große Zahl von Koordinaten, die einen so elementaren Prozeß wie den des Würfelns bestimmen. Es gibt also viele Gelegenheiten, die ein Kippen des Endergebnisses bewirken können. Das starke Kausalgesetz (B) gilt hier nicht, und deshalb ist der Prozeß »chaotisch«: nicht berechenbar.

Es gibt, wie die Forschung der letzten beiden Jahrzehnte festgestellt hat, viele solcher Prozesse, die ins Chaos führen. Es handelt sich dabei durchaus um Prozesse aus der klassischen Physik, so daß die Nichtberechenbarkeit nicht aus der Heisenbergschen Unschärferelation resultiert, sondern einfach daraus, daß nur das schwache, nicht aber das starke Kausalgesetz gilt. Besonders wichtige Beispiele liefert die Meteorologie. Die Vorgänge in der Atmosphäre sind »chaotisch«, und deshalb bleibt die Wettervorhersage problematisch, selbst wenn man die Computertechnik noch weiter ausbaut.

Eine genauere mathematische Analyse zeigt, daß das starke Kausalgesetz nur für verhältnismäßig einfache Systeme gilt. Bei einer größeren Zahl von Freiheitsgraden kann eine geringe Änderung der Ursachen eine große Änderung der Wirkungen zur Folge haben: Das System wird »chaotisch«.

Der gute Ruf der Physik als exakte Wissenschaft beruht auf der Tatsache, daß ihre Aussagen durch Experimente immer wieder verifizierbar sind. Das gilt in der Tat für die vielen in der Praxis besonders wichtigen einfachen Systeme. Hier ist die immer wieder sich bestätigende Richtigkeit ihrer Aussagen in der Tat frappierend. Es muß aber nun hinzugefügt werden, daß es in unserer Welt auch physikalische Systeme gibt, für die das starke Kausalgesetz nicht gilt. Hier sind »chaotische«, auch durch Computer nicht mehr erfaßbare Zustände möglich.

VI. Zeit und Raum

Nicht von Beginn an enthüllten die Götter den
Sterblichen alles. Aber im Laufe der Zeit finden wir
suchend das Bessere. Xenophanes

Sollte auch einer einst die vollendetste Wahrheit finden,
so wüßte er es doch nicht. Es ist alles durchsetzt
von Vermutung. K.R.Popper [2]

1. Zur Problematik des Zeitbegriffs

Hart und unerbittlich erscheint uns zuweilen die Ordnung der
Zeit, in die wir gezwungen sind: Das Vergangene ist unwieder-
bringlich dahin, und die Zukunft erscheint undurchschaubar. Die
Dichter lieben es, diese Eigenart der Zeit mit dem Fließen eines
Stromes zu vergleichen, an dessen Ufer wir sitzen. Die Physiker
stellen die Zeit als Koordinatenachse dar, die die Zeitvariable entweder von $-\infty$ bis $+\infty$ laufen läßt oder auch nur in einem Ausschnitt bringt (wie in Abb. 15). Immer ist die Gegenwart symbolisiert durch einen Punkt, der Vergangenheit und Zukunft trennt.
Diese uns allen geläufige Vorstellung von der Zeit ist nun durch
die Einsteinsche Relativitätstheorie in Frage gestellt worden. Bevor wir darauf eingehen, wollen wir auch darüber berichten, daß
es schon vor Einstein Überlegungen gab, die die Möglichkeit einer
Existenz außerhalb der uns zwingenden Zeit in Betracht zogen.
Im Jahre 522 wurde am Hof des Ostgotenkönigs in Ravenna der
Philosoph Boethius zum Magister ernannt; aber bald darauf fiel
er auf Grund von politischen Verdächtigungen in Ungnade. Er
wurde eingekerkert und im Jahre 523 hingerichtet. In seiner zunächst recht milden Haft schuf er sein immer wieder gelesenes
Werk »Trost der Philosophie«. Er schildert die Vision einer schönen Frau, der Philosophia, die seine Zelle betritt und ihn mit den
Weisheiten der platonischen Philosophie aufrichtet.
Im V. Buch geht es um die Frage, wie sich denn das göttliche Vorherwissen alles Geschehens mit der Freiheit und der Verantwortung des Menschen vertrage. Die Lehrmeisterin des Gefangenen
beginnt mit einer recht modern anmutenden Bemerkung: Daß
nämlich alle Objekte nicht aus der eigenen, sondern »aus der Na-

tur des Begreifenden« erkannt werden. Wenn man also vom göttlichen Vorherwissen etwas aussagen will, muß man von der Natur Gottes ausgehen.

Wir lesen darüber bei Boethius (S. 152):

> Daß Gott ewig ist, ist das gemeine Urteil aller mit Vernunft Lebenden. Überlegen wir also, was Ewigkeit ist. Denn sie wird uns zugleich Gottes Wesen und Erkenntnis offenlegen. Ewigkeit ist der ganze zugleich und vollkommene Besitz eines unbegrenzbaren Lebens, was aus dem Vergleich mit dem Zeitlichen noch klarer wird. Denn was in der Zeit lebt, das geht gegenwärtig vom Vergangnen in die Zukunft vorwärts. Und es gibt nichts in die Zeit Gestelltes, was den ganzen Raum seines Lebens in gleicher Weise umfassen könnte, sondern den morgigen Tag hat es noch nicht erfaßt, den gestrigen aber schon verloren; auch im Heute lebt ihr nicht mehr als in jenem beweglichen und vorübergehenden Augenblick.

Zur Verdeutlichung dieses Ewigkeitsbegriffes erinnert die Trösterin des Gefangenen daran, daß nach der Meinung des Aristoteles die Welt ohne zeitlichen Anfang und ohne Ende ist und doch nicht als ewig zu gelten habe wie die Gottheit selbst.

> Wenn wir deshalb den Dingen treffende Namen beilegen wollen, so wollen wir in der Nachfolge Platos sagen, daß Gott ewig, die Welt aber dauernd ist.
>
> Da nun ein jedes Urteil seiner Natur gemäß begreift, was ihm unterliegt, Gott aber immer in einem zeitlosen und gegenwärtigen Zustand ist, übersteigt auch sein Wissen eine jede Bewegung der Zeit, bleibt in der Einfalt seiner Gegenwart, und die unendlichen Räume des Vergangnen und Zukünftigen umfassend, erwägt er alles in seiner einfachen Erkenntnis, als wenn es nun geschehe. Wenn du deshalb sein Voraussehen würdigen willst, mit dem er alles unterscheidet, wirst du dir richtiger vorstellen, daß es kein Vorauswissen gleichsam der Zukunft ist, sondern das Wissen einer niemals erlöschenden Gegenwart.

Die Ewigkeit Gottes bedeutet also viel mehr als ein Dasein ohne Anfang und Ende in der Zeit: Die göttliche Ewigkeit ist ein Herausgenommensein aus der Zeit, und bei Gott ist deshalb – nach Meinung der Frau Philosophia – ein Vorherwissen möglich, ohne daß die Entscheidung des Menschen vorherbestimmt wird.

Wir wollen uns hier nicht mit dem Problem des freien Willens befassen. Uns interessiert hier nur der Umstand, daß – für die Gottheit – eine Existenz außerhalb der Zeit angenommen wird.

Dieser Gedanke an ein Seiendes außerhalb des Flusses der Zeit kommt hier in der Dichtung des Boethius besonders eindrucksvoll zutage. Aber wir müssen doch hinzufügen, daß er schon bei Platon vorhanden war. Seine Ideen sind ja Realität, deren Existenz nicht erst durch Wahrnehmungen in Zeit und Raum gesichert wird. Die Tatsache, daß Platon hier in seiner Ideenlehre einen Ausbruch aus dem Zwang des Zeitlichen gewagt hat, hält Schrödinger ([2], S. 52ff.) für das wichtigste Ergebnis seiner Philosophie.

Eine neue Weise, das Wesen der Zeit zu verstehen, brachte die Erkenntniskritik Kants. Man muß immer wieder feststellen, daß die Leistungen des Königsberger Philosophen von den modernen Naturwissenschaftlern sehr unterschiedlich gewertet werden. Bei B. Russell finden wir heftige, zuweilen spöttische Ablehnung. Andere Gelehrte, wie z. B. E. Schrödinger, schätzen die Leistungen Kants sehr hoch ein. Es kommt dabei einfach darauf an, ob man den einsamen Denker an der Vergangenheit oder an den Einsichten unseres Jahrhunderts mißt. Man hat leicht spotten, wenn man Kants naturwissenschaftliche Einsichten mit denen unserer Zeit vergleicht. Es erscheint aber richtiger zu fragen, was Kant denn von seinen Vorgängern unterscheidet. Bei einer solchen Betrachtungsweise gibt es vieles zu berichten, was wir Kant verdanken. Wir wollen uns hier nur auf seine Auffassung von der Zeit beschränken. Er sprach ihr »transzendentale Idealität« zu. Das heißt: Er sah in unserer Art der zeitlichen Einordnung der Erfahrungen in ein Vorher und Nachher keine Qualität der uns umgebenden Welt, sondern eine Eigentümlichkeit unseres Geistes. Dieser kann gar nicht anders, als die Erfahrungen in eine zeitliche Ordnung zu bringen.

Schrödinger ([2], S. 58) würdigt nun die Leistung Kants so:

Das Große war, den Gedanken zu fassen, daß dieses eine

Ding – Geist oder Welt – sehr wohl andrer Erscheinungsformen fähig sein kann, die wir nicht zu erfassen vermögen und die die Begriffe Raum und Zeit nicht enthalten. Das bedeutet eine eindrucksvolle Befreiung von einem eingewurzelten Vorurteil. Wahrscheinlich gibt es andere Arten, die Erscheinungswelt zu ordnen, als die raum-zeitliche. Ich glaube, es war Schopenhauer, der Kant zuerst so verstanden hat. Dieser Befreiungsakt macht die Bahn frei für den Glauben im religiösen Sinne, ohne daß dieser immerfort mit den klaren Ergebnissen in Konflikt gerät, wie die Erfahrungen über die uns bekannte Welt und schlichtes Denken sie unmißverständlich verkünden. So drängt uns – um nur das wichtigste Beispiel zu nennen – die Erfahrung, so wie wir sie kennen, unmißverständlich die Überzeugung auf, daß sie die Vernichtung des Leibes nicht überdauern kann, mit dessen Leben, so wie wir es kennen, sie untrennbar verbunden ist. So soll also nach diesem Leben nichts mehr sein? Nein! Nicht auf dem Wege der Erfahrung, wie wir sie kennen, da solche notwendig in Raum und Zeit erfolgen muß. Aber bei einer Ordnung der Erscheinungswelt, in der der Zeit keine Rolle mehr zufällt, ist der Begriff »nachher« sinnleer.

Schrödinger sieht also das Geniale in der Leistung Kants nicht so sehr in der Tatsache, daß er die Zeitvorstellung – so wie sie nun einmal ist – dem menschlichen Geiste zuschrieb. Wichtig ist ihm, daß die Idee von den zwei Anschauungsformen auch den Gedanken an eine Existenz möglich macht, die nicht in Zeit und Raum geordnet ist. Auf eine religiöse Würdigung dieser Einsicht werden wir später eingehen.

2. Das Relativitätsprinzip

Ein physikalisches Phänomen *erklären* heißt, es auf bereits bekannte Erscheinungen und Gesetzlichkeiten zurückzuführen. Bis ins neunzehnte Jahrhundert hinein versuchte man immer wieder, das Naturgeschehen durch Prozesse der wohlvertrauten Mechanik verständlich zu machen. Newton versuchte zum Beispiel das

Wesen des Lichtes aus der Bewegung kleinster Materieteilchen zu verstehen. Er fand auf diese Weise auch eine erleuchtende Erklärung für verschiedene Erscheinungen der geometrischen Optik. Aber seine Theorie versagte doch gegenüber den Beugungs- und Interferenzerscheinungen. Hier half die Huygenssche Lehre weiter, die das Licht als eine Wellenbewegung deutete. Auf diese Weise konnte man die schillernden Farben dünner Plättchen und andere Interferenzerscheinungen erklären, und auch die Lichtbrechung konnte aus der Wellenvorstellung verständlich gemacht werden. Aber das war nun die Frage: *Was* schwingt hier eigentlich? Bei den Meereswellen war es das Wasser, bei den Schallwellen die Luft, die als Träger der Wellenbewegung erkennbar war. Es mußte also – so dachte man damals – auch einen Träger für die Lichtwellen geben, und das sollte ein alles durchdringender gewichtsloser Stoff sein, der Äther. Das Licht von der Sonne kam zu uns, so lehrte man, durch den leeren Raum mit Hilfe des allgegenwärtigen Äthers.

Schon im Jahre 1676 hatte Olaf Römer aus der Verfinsterung der Jupitermonde die Lichtgeschwindigkeit zu ca. 300 000 km/sec. bestimmt (vgl. Bavink [1]). Im 19. Jahrhundert versuchten nun die Physiker, durch eine geeignete Variation der Methoden zur Bestimmung der Lichtgeschwindigkeit den Nachweis einer »absoluten Bewegung« zu führen. Dies war das Problem: Man wußte seit den Tagen Galileis, daß man mit den Methoden der Mechanik keine absolute Bewegung nachweisen kann. Zwei beliebige gegeneinander gleichförmig bewegte Koordinatensysteme sind völlig gleichwertig, weil ja in die Newtonschen Gesetze die Beschleunigungen, also die Geschwindigkeits*änderungen,* eingehen.

Wenn sich also ein Körper A relativ gegen einen Körper B gleichförmig, d. h. mit konstanter Richtung und Geschwindigkeit, bewegt, dann kann man durch keinen mechanischen Versuch feststellen, ob A ruht und B sich bewegt oder umgekehrt. Aber vielleicht kann hier die Optik weiterhelfen? So dachten die Physiker des 19. Jahrhunderts. Wenn es nämlich einen ruhenden Äther als Träger der Lichtwellen gab, dann mußte man ja wohl eine absolute Bewegung gegenüber diesem Äther nachweisen können. Wenn man sich in Richtung der Lichtstrahlen (Geschwindigkeit im ruhenden Äther: c) mit einer Geschwindigkeit v bewegte, so mußte sich bei der Messung der Lichtgeschwindigkeit ein geringerer Wert ergeben, als wenn man die Messung bei einer Bewegung entgegen den Lichtstrahlen vornahm. An einem solchen Unterschied in den Meßergebnissen, so hofften die Gelehrten, könnte man die Bewegung gegen den ruhenden Äther ermitteln.

Im Jahre 1882 führte der amerikanische Physiker Michelson einen entsprechenden Versuch durch. Er benutzte die Geschwindigkeit v der Erdbewegung gegen die Sonne und betrachtete Lichtstrahlen, die sich teils in Richtung der Erdbewegung, teils senkrecht dazu fortpflanzten. Durch eine sehr sorgfältige Planung hatte er die Fehlerquellen so weit herabgesetzt, daß er ein positives Ergebnis erwarten durfte. Wegen der technischen Einzelheiten dieses historischen Versuches verweisen wir auf die Lehrbücher der Physik, aber auch auf die gute Darstellung bei Bavink [1].

Das Ergebnis war aber durchaus negativ: Es ließ sich kein Unterschied der Lichtgeschwindigkeit in den verschiedenen Richtungen feststellen. Der Versuch ist auch von anderen Forschern oft wiederholt worden. Alle kamen zu dem gleichen negativen Ergebnis.

Es gab mancherlei Versuche zur Deutung des Michelsonschen Experimentes, die die Ätherhypothese retten wollten. Sie waren alle unbefriedigend. Eine überzeugende Lösung des Problems von Michelson gab erst 23 Jahre später Albert Einstein in seiner berühmten Arbeit »Zur Elektrodynamik bewegter Systeme«. Sie stellte freilich die Grundlagen des bisherigen physikalischen Denkens in Frage.

Einstein nahm an, daß das Mißlingen des Michelson-Versuches kein Zufall sei, sondern daß sich dahinter ein allgemeines Gesetz verbirgt, das *Relativitätsprinzip:*

(I) *Es gibt keine absolute Bewegung.*

Man kann es auch so formulieren:

(II) *In allen Inertialsystemen nehmen die Naturgesetze die gleiche Form an.*

Dabei sind Inertialsysteme solche Koordinatensysteme, die sich gegeneinander gleichförmig, d. h. beschleunigungsfrei bewegen (zu den mathematischen Grundlagen der Relativitätstheorie vgl.

Born [1]). Das bedeutet unter anderem: Die Ätherhypothese ist überflüssig; die Physik kann ohne diesen immer mysteriös gebliebenen Stoff auskommen.

Bevor wir auf die weitreichenden Folgen dieses Einsteinschen Prinzips eingehen, wollen wir festhalten, daß Gesetze dieser Art nicht notwendig zwingende Folgen eines einzigen Experimentes sind. Man kann mit Sicherheit sagen, daß die klassischen Vorstellungen vom Licht nach Michelson falsch sind, aber man könnte auch einen andern Ausweg aus den Schwierigkeiten denken als den von Einstein vorgeschlagenen. Aber – davon wird noch zu reden sein – die Einsteinschen Annahmen haben weitreichende Konsequenzen, die sich in der Folgezeit immer wieder als richtig erwiesen haben.

Da ist zunächst die Abwendung von der Ätherhypothese, die damals in der Physik noch einen festen Platz hatte. So schrieb im Jahre 1884 Georg Cantor, der Begründer der Mengenlehre, an seinen Freund Mittag-Leffler, daß nach seiner Meinung die Atome des Weltalls eine abzählbare Menge, die des »Weltäthers« aber ein Kontinuum bilden (vgl. Meschkowski [8], S. 248ff.). Und in den zwanziger Jahren unseres Jahrhunderts erklärte man uns im Gymnasium das Licht als transversale Wellenbewegung des Äthers, obwohl die Forschung die Ätherhypothese längst fallengelassen hatte.

Aber es bleibt doch die Tatsache bestehen, daß sich viele optische Prozesse als Schwingungsvorgänge deuten lassen. Was schwingt denn da, wenn es keinen Äther gibt? Die Antwort lautet: Die Vektoren der elektrischen und magnetischen Feldstärke verändern sich nach einer Wellengleichung. Die Stärke des elektrischen und des magnetischen Feldes ist bei den elektromagnetischen Strahlungsprozessen periodischen Schwankungen unterworfen. Sie folgen einer aus den Maxwellschen Gleichungen herleitbaren Wellengleichung, und dieser Umstand bewirkt die Beugungs- und Interferenzerscheinungen bei den elektrischen Wellen, insbesondere auch beim Licht. Man kann zu dieser Einsicht die Annahme eines materiellen Äthers entbehren.

Die Abkehr von der Erklärung physikalischer Prozesse allein aus mechanischen Vorgängen ist ein wichtiger Schritt im Erkenntnisprozeß. Man muß damit rechnen, daß die Welt komplizierter ist, als man früher annahm: Es ist nicht möglich, alles aus den einfachen Prozessen von Bewegung und Stoß von Molekülen zu deuten. Das legt den Gedanken nahe, daß uns vielleicht heute noch nicht alle Prinzipien bekannt sind, aus denen sich die Prozesse der physikalischen Welt erklären lassen.

Aber das Einsteinsche Relativitätsprinzip (I) bzw. (II) hat Konsequenzen, die viel weiter reichen als die gewiß wichtige Verbannung des antiquierten Äthers aus dem Bereich der physikalischen Grundbegriffe. Einstein konnte deutlich machen, daß die Lichtgeschwindigkeit – der genaue Wert von c ist nach neuesten Messungen (Sexl u. Schmidt, Kap. 2) $c = 299\,792,458$ km/sec – den Charakter einer Grenzgeschwindigkeit hat: Kein materielles Teilchen kann sich mit einer höheren Geschwindigkeit bewegen als das Licht. Das bedeutet, daß man keine Möglichkeit hat, ein Signal mit einer höheren Geschwindigkeit als c zu übermitteln: Das Licht ist der schnellste Bote.

Diese Tatsache hat aber nun gewichtige Folgerungen für unseren Zeitbegriff. Die naive Vorstellung, daß es nur *eine* universal gültige Zeit gibt, die dann auch für alle beliebig gegeneinander bewegten Systeme die gleiche ist, kann nicht aufrechterhalten werden. Diese tiefliegende Folgerung hat Einstein im Jahre 1905, 23 Jahre nach dem berühmten und vieldiskutierten Michelson-Versuch, in seiner Arbeit »Über die Elektrodynamik bewegter Systeme« gezogen. Er machte deutlich, daß der so selbstverständlich erscheinende Begriff der *Gleichzeitigkeit* zweier Ereignisse problematisch ist. Wann sollen zwei Ereignisse in getrennten Orten A und B, die sich nicht gegeneinander bewegen, als gleichzeitig gelten? Man müßte die in A und B vorhandenen Uhren synchronisieren. Das wäre kein Problem, wenn man unendlich (d. h. beliebig) schnelle Signale zur Verfügung hätte. Aber wir müssen mit Einstein annehmen, daß es keine höheren Geschwindigkeiten als die Lichtgeschwindigkeit gibt. Man kann sich aber so helfen:

> Zwei Ereignisse in A und B heißen gleichzeitig, wenn zwei im Augenblick der Ereignisse in A und B ausgesandte Lichtstrahlen gleichzeitig im Mittelpunkt c der Strecke AB eintreffen.

Man kann offenbar auch umgekehrt zwei Ereignisse in A und B

gleichzeitig nennen, wenn sie durch zwei vom Mittelpunkt gleichzeitig ausgesandte Strahlen ausgelöst werden.

Wir haben einige Mühe aufgewandt, um den Begriff der Gleichzeitigkeit an zwei verschiedenen, aber gegeneinander nicht bewegten Orten A und B festzulegen. Aus der Tatsache, daß das Licht eine endliche Geschwindigkeit hat, kann nun leicht eingesehen werden, daß zwei in einem ruhenden System gleichzeitige Ereignisse für einen bewegten Beobachter nicht mehr gleichzeitig sein müssen. Freilich wird dieser Effekt nur dann eine Rolle spielen, wenn die Geschwindigkeit des bewegten Beobachters nicht sehr klein gegen die Lichtgeschwindigkeit ist. Wenn nun Ereignisse, die in einem System gleichzeitig sind, in einem andern (relativ zum ersten bewegten) dies nicht mehr sind, dann kann man nicht in beiden Systemen mit dem gleichen Zeitmaß rechnen. Die Physik muß deshalb vielmehr in verschiedenen Systemen mit verschiedenen Zeitmaßen rechnen. Das Transformationsverfahren für die Zeitmaße ergibt sich aus der Grundbedingung, daß die Lichtgeschwindigkeit in allen Systemen gleich ist (zur Einführung in die Mathematik der speziellen Relativitätstheorie vgl. Born [1] sowie Bavink [1]).

Einsteins spezielle Relativitätstheorie ist nicht die einzig denkbare Erklärung für das Mißlingen des Michelson-Versuches. Aber sie hat sich durchgesetzt, weil ihre vielerlei erstaunlichen Konsequenzen immer wieder durch Experimente bestätigt worden sind. Wir wollen nur erwähnen, daß die völlige Unabhängigkeit der Lichtgeschwindigkeit vom Bewegungszustand des Systems heute täglich durch die Erfahrungen bei der Übertragung von Zeitsignalen bestätigt wird. Die mit der Messung der Zeit durch die besonders zuverlässigen Atomuhren (vgl. Sexl u. Schmidt, Kap. 2) beschäftigten Institute in aller Welt übertragen ihre Ergebnisse durch Funk, und die Zeit für die Übermittlung des amerikanischen Instituts nach Braunschweig ist zu allen Tageszeiten gleich, obwohl nach der alten Äthertheorie die gemessenen Zeiten wegen der verschiedenen Orientierung der Wegstrecke zu einem als ruhend angenommenen Äther bei Tag und Nacht verschieden sein müßten. Die Wichtigkeit des Relativitätsprinzips für Physik und Philosophie kann kaum überschätzt werden. Bedeutet sie doch die Entthronung der einen wie ein Strom dahinfließenden und alles in ihre lineare Ordnung zwingenden Zeit. Russell hat immer wieder betont, daß durch Einstein insbesondere die Kantsche Lehre von der Zeit als innere Anschauungsform widerlegt worden sei. Das ist gewiß richtig. Aber man kann auch (mit Schrödinger – und wir halten es für möglich, daß Schrödinger aus Kant mehr herausliest, als Kant bewußt hineingelegt hat) Kant so interpretieren, daß »der bessere Teil« seiner Philosophie durch Einstein nicht widerlegt, sondern vollendet wird. Wir erinnern auch an das Schrödinger-Zitat auf S. 144 f. Wenn man unterstellt, daß neben Zeit und Raum auch andere Anschauungsformen denkmöglich sind, dann kann man in der Tat Einstein als den Vollender des Kantschen Ansatzes ansehen.

Schrödinger ([2], S. 62) deutet die Leistung Einsteins in der speziellen Relativitätstheorie als die Befreiung der Menschen von der Tyrannei der Zeit:

> Die Zeit ist wahrlich unser gestrengster Herr, indem sie scheinbar das Dasein eines jeden von uns in enge Grenzen zwängt – 70 bis 80 Jahre, wie im 90. Psalm zu lesen ist. Wenn es uns nunmehr erlaubt ist, mit dem Plan eines solchen Herrn, der bisher als unangreifbar gegolten hat, unser Spiel zu treiben, wenn auch nur ein klein wenig, so ist das gewiß eine große Erleichterung. Es scheint zu dem Gedanken zu ermutigen, daß der ganze Zeitplan nicht so unbedingt ernst zu nehmen ist, wie es auf den ersten Blick scheint. Und das ist ein religiöser Gedanke, ja ich möchte ihn *den* religiösen Gedanken überhaupt nennen. Einstein hat nicht – wie man manchmal hört – Kants tiefe Gedanken über die Idealisierung von Raum und Zeit widerlegt. Er hat im Gegenteil einen großen Schritt in Richtung auf ihre Vollendung gemacht.

Schauen wir noch einmal zurück! Da machten einige Physiker ein Experiment, das die schon klassische Ätherhypothese bestätigen (oder widerlegen) sollte. Das Ergebnis war negativ, und die Deutung dieses Umstandes führte zu philosophischen Konsequenzen, die noch kein Philosoph von Profession gedacht hatte und die zu verstehen den Zeitgenossen große Schwierigkeiten bereitete.

3. Die Verallgemeinerung

Newton hatte in seiner Schrift vom Jahre 1687 »Philosophiae naturalis principia mathematica« die Existenz eines absoluten Raumes und einer absoluten Zeit postuliert:

> Der absolute Raum bleibt vermöge seiner Natur und ohne Bezug auf einen äußeren Gegenstand stets gleich und unbeweglich.

Bei dieser Konzeption hat auch die Betrachtung von Inertialsystemen einen Sinn: Das sind die Koordinatensysteme, die sich gegenüber dem absoluten Raum gleichförmig bewegen. Wenn es aber nach den Erkenntnissen des speziellen Relativitätsprinzips keinen absoluten Raum gibt, wird auch die Sonderstellung von Inertialsystemen fragwürdig. Man kann höchstens von zwei Systemen sagen, daß sie gegeneinander gleichförmig bewegt sind.

Es liegt nahe, die Aussagen über die spezielle Relativitätstheorie hinaus zu verallgemeinern und die Sonderstellung eines beliebigen Koordinatensystems in Frage zu stellen.

In einem Aufsatz vom 28. November 1919 in der »Times« stellte Einstein (s. a. [1]) die verblüffende Frage:

> *Was hat die Natur mit den von uns eingeführten Koordinatensystemen und deren Bewegungszustand zu tun?*

Das ist eine typische Einstein-Frage. Sie ist von genialer Naivität, und sie zeugt von einer Einstellung zu seiner Forschungsaufgabe, die ihn in seinen späteren Jahren in Gegensatz zu den meisten seiner Kollegen gebracht hat. Er will die Natur erforschen, deren Realität er keinen Augenblick in Frage stellt. Die Arbeitsmittel des Forschers – z. B. die Koordinatensysteme, die er benutzt – sind erst in zweiter Linie wichtig. Freilich mußte auch er später – sehr widerstrebend – zugestehen, daß auf Grund der Ergebnisse der Quantentheorie unseren Erkenntnisverfahren Grenzen gesetzt sind. Aber er sah in der Notwendigkeit von Wahrscheinlichkeitsaussagen nur einen Hinweis auf die gegenwärtige Unzulänglichkeit unserer Erkenntnis, nicht einen Beleg für eine echte Unbestimmtheit in der Natur, für einen würfelnden Gott (vgl. Kap. V, 6). Und so konnte er auch in den vom Menschen in die Natur hineingeschobenen Koordinatensystemen nicht etwas so Wichtiges sehen, das in die Formulierung der Naturgesetze eingehen müßte. Eine Auszeichnung der Inertialsysteme hätte nur dann einen Sinn, wenn es einen absoluten Raum gäbe. Aber wenn man diese Auffassung fallenlassen muß, kann man auch nicht die Inertialsysteme vor den andern auszeichnen. Das Relativitätsprinzip mußte deshalb noch verallgemeinerungsfähig sein. Einstein schrieb dazu in dem erwähnten Aufsatz in der »Times«:

> Man denke etwa an ein Koordinatensystem, das relativ zu einem Inertialsystem im Sinne Newtons in gleichförmiger Rotation begriffen ist. Die relativ zu diesem System auftretenden Zentrifugalkräfte müssen im Sinne von Newtons Lehre als Wirkungen der Trägheit aufgefaßt werden. Diese Zentrifugalkräfte sind aber genau wie die Schwerekräfte proportional der Masse der Körper. Sollte es da nicht möglich sein, das Koordinatensystem als ruhend und die Zentrifugalkräfte als Gravitationskräfte aufzufassen?

Der Weg von dieser Grundidee bis zu ihrer Durchführung in einer mathematisch formulierten Theorie war freilich noch weit. Er ließ sich bei der Herleitung seiner Feldgleichungen von der Idee leiten, daß die gesuchte Lösung die einfachste unter allen möglichen sein muß und daß sie im Grenzfall für kleine Teilstücke des Raumes auf die bekannte Newtonsche Gravitationstheorie führen müsse.
Auf diese Weise entstand eine »Prinzip-Theorie«, nach einer von Einstein stammenden Formulierung. Es gibt einfache konstruktive Theorien, die ein Phänomen auf bereits bekannte Erscheinungen zurückführen, etwa auf die Gesetze der Mathematik. Eine »Prinzip-Theorie« geht von einem Erfahrungsgrundsatz aus, z. B. dem Gesetz der Erhaltung der Energie, und leitet daraus weitere Folgerungen ab.
Bei der Einsteinschen Theorie war es jetzt die Unabhängigkeit von allen, auch von beliebig stetig bewegten Koordinatensystemen, die er zur Grundlage seiner allgemeinen Relativitätstheorie machte.
Seine Ergebnisse wurden in den Jahren 1914 und 1915 in den »Sitzungsberichten der Preußischen Akademie der Wissenschaften« veröffentlicht (s. Einstein [2] u. [4]).

Eine wichtige Folgerung aus seinem Ansatz war die Ablenkung von Lichtstrahlen durch große Massen. Das war eine Behauptung, die sich experimentell nachprüfen ließ. Wenn ein Lichtstrahl von einem Fixstern dicht an der Sonne vorbeiführte, mußte der Ablenkungseffekt nachweisbar sein. Damit die starke Strahlung durch die Sonne die Beobachtung nicht störte, war der Effekt nur bei einer totalen Sonnenfinsternis nachweisbar.

Im Jahre 1919 gab es eine solche, freilich nur in Afrika zu beobachtende vollständige Verdunklung der Sonne. Ein englisches Forscherteam machte sich auf die Reise, um die Einsteinsche Aussage zu überprüfen. Das Ergebnis war eine prinzipielle Bestätigung der neuen Theorie. Dieses erregende Ergebnis machte Einstein und seine Theorie in aller Welt bekannt (zusammenfassende Darstellung s. Born [1]).

4. Der gekrümmte Raum

Die Durchführung dieser Einsteinschen Konzeption erforderte allerdings einiges an mathematischem Rüstzeug, das damals nicht alle Physiker und kaum irgendein an der Problematik interessierter Philosoph beherrschte. Am ärgsten war dabei die Zumutung, für die Physik die Grundlagen der Geometrie neu zu begründen. Es ergab sich die Notwendigkeit, zur Beschreibung des Kosmos eine nichteuklidische Geometrie zu verwenden.

Wir haben in Kapitel III, 4 dargestellt, wie die Beweisversuche für das Euklidische Parallelenpostulat auf die Bolyai-Lobatschewskysche Geometrie führten, in der das klassische Parallelenpostulat durch eine andere Aussage ersetzt war. Es gibt natürlich auch noch andere Möglichkeiten, die Grundlagen der Geometrie zu verändern. Einen solchen Weg hat Bernhard Riemann (1826–1866) in seiner Habilitationsschrift gezeigt.

Er geht davon aus, daß man die Bogenlänge einer Kurve durch den Ansatz (Abb. 17)

$$(1) \quad \Delta s^2 = \Delta x^2 + \Delta y^2$$

für die Bogenlänge der approximierenden Polygone bestimmt.

$$(2) \quad ds^2 = dx^2 + dy^2 \text{ für die Ebene.}$$

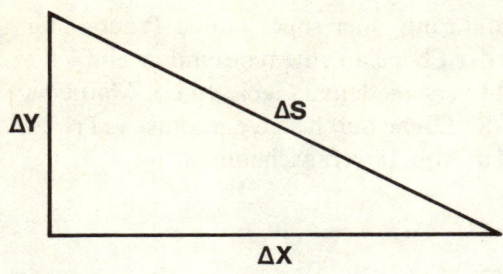

Abb. 17

(1) führt auf die Darstellung in Differentialen

(2) steht abkürzend für

$$\left(\frac{ds}{dt}\right)^2 = \left(\frac{dx}{dt}\right)^2 + \left(\frac{dy}{dt}\right)^2$$

bei beliebigen Parameterdarstellungen. Entsprechend hat man im Raum

(3) $ds^2 = dx^2 + dy^2 + dz^2.$

Nun kann man nach Riemann neue Geometrien einführen, indem man die Bogenlänge einer Kurve nicht durch (2) und (3), sondern durch allgemeine Differentialausdrücke

(4) $d\sigma^2 = g_{11}dx^2 + (g_{12} + g_{21})\, dxdy + g_{22}dy^2$

für die Ebene, durch

(5) $d\sigma^2 = \sum_{i,\,k=1}^{n} g_{ik}\, dx_i\, dx_k$

für den n-dimensionalen Raum mißt. In einer solchen Geometrie spielen die geodätischen Linien – die kürzesten Verbindungen im Sinne der neuen »Metrik« (4) oder (5) – dieselbe Rolle wie die Geraden in der euklidischen Ebene oder im euklidischen Raum.
Das mag dem Leser als eine überflüssige Komplizierung der normalen Geometrie erscheinen, aber sie ist doch – Riemann ahnte das noch nicht – von grundlegender Bedeutung für die moderne Physik geworden.

155

Wir wollen uns die Einführung einer sogenannten Pseudolänge durch eine Metrik (4) in der Ebene an einem besonders einfachen Beispiel verdeutlichen. In verschiedenen Gebieten der Mathematik spielt die Abbildung der Ebene durch stereographische Projektion eine Rolle. Sie wird in Abb. 18 veranschaulicht.

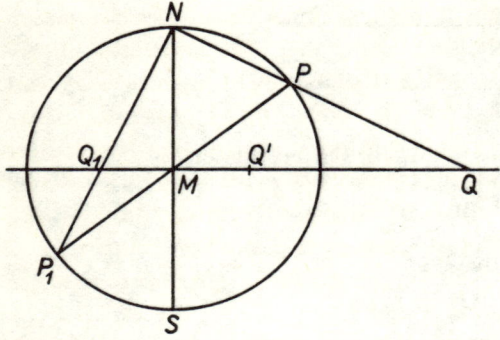

Abb. 18

Der Nullpunkt M eines euklidischen Koordinatensystems sei der Mittelpunkt einer Kugel vom Radius 1, und das Lot auf der (x, y)-Ebene durch M möge die Kugel in N und S (»Nord-« und »Südpol«) treffen.
Ein von N ausgehender Strahl durch einen beliebigen Punkt P der Kugel möge die Ebene in Q treffen. Dann ist durch Q→P eine Abbildung der Ebene auf die Kugel gegeben. Jedem Punkt der Ebene entspricht offenbar ein wohlbestimmter Punkt der Kugel. Mit Ausnahme des »Nordpols« N treten auch alle Kugelpunkte als Bildpunkte auf. Einer beliebigen Kurve C in der Ebene entspricht dann ein sphärisches Bild C' auf der Kugel. Man kann nun die Länge der Bildkurve C' als die sphärische Länge der Kurve C einführen. Zur Berechnung dieser sphärischen Länge wird man auf ein Differential des Typs (4) geführt (wobei noch insbesondere $g_{12} = g_{21} = 0$ ist). Man kann die Berechnung der sphärischen Länge einer ebenen Kurve als ein besonders einfaches Beispiel einer Riemannschen Metrik in der Ebene ansehen.
Einstein benutzte nun zur Formulierung seiner neuen Theorie eine Riemannsche Metrik im Raum:

156

$$(6) \quad ds^2 = \sum_{i,\, k=1}^{3} g_{ik}\, dx_i\, dx_k.$$

Dabei sind die Größen g_{ik} durch die Massenverteilung im Raum bestimmt. Für kleine Dimensionen führt seine Metrik auf die euklidische Metrik (3). Die geodätischen Linien dieser Geometrie sind die Bahnen der Lichtstrahlen, die im kleinen als Geraden im euklidischen Sinne erscheinen. Führt aber ein Lichtstrahl an großen Massen vorbei, so ergeben sich Abweichungen, wie sie von Einstein vorhergesagt und (vgl. den vorigen Abschnitt) zuerst von britischen Forschern bestätigt worden sind. Einstein begründete seine auch für viele Physiker schwierige Theorie – sie ist schwierig für jeden, der nicht mit der modernen Differentialgeometrie und dem Tensorkalkül vertraut ist – aus zwei einfachen Prinzipien:
1. Er ging davon aus, daß die Natur sich nicht um unsere Koordinatensysteme kümmert, und
2. er suchte nach einer besonders einfachen Darstellung für die Feldgleichungen, die im Grenzfall auf die klassische Newtonsche Theorie führt.
Einstein arbeitete aus der Überzeugung, daß die Physik es nicht nur mit subjektiven Sinneseindrücken, sondern mit objektiven Realitäten zu tun habe und daß die Ordnung der Natur durch relativ einfache Gesetze beschreibbar sei. Er hat aus dieser Überzeugung Erfolge erreicht, die auch immer wieder durch die Praktiker bestätigt wurden. Von hier aus wird es verständlich, daß er sich so heftig gegen die Vorstellung vom würfelnden Gott (Kap. V, 6) gewehrt hat.

5. Physik und Philosophie

Am 6.7.1797 äußerte sich Schiller in einem Brief an Körner sehr kritisch über den Naturforscher Alexander von Humboldt. Der Dichter war zwar mit Wilhelm von Humboldt aufs engste in Freundschaft verbunden, aber die Arbeitsweise seines durch die Welt reisenden Bruders gefiel ihm gar nicht:

Es ist der nackte, schneidende Verstand, der die Natur, die immer unfaßlich und in allen ihren Punkten ehrwürdig und unergründlich ist, schamlos ausgemessen haben will und mit einer Frechheit, die ich nicht begreife, seine Formeln, die oft nur leere Worte und immer nur enge Begriffe sind, zu ihrem Maßstabe macht. Kurz, mir scheint er für seinen Gegenstand ein viel zu grobes Organ und dabei ein viel zu beschränkter Verstandesmensch zu sein. Er hat keine Einbildungskraft, und so fehlt ihm nach meinem Urteil das notwendigste Vermögen zu seiner Wissenschaft – denn die Natur muß angeschaut und empfunden werden, in ihren einzelnsten Erscheinungen wie in ihren höchsten Gesetzen.

Schiller hielt das Ausmessen von Objekten der Natur für »schamlos«. Er wollte die Offenbarungen der Natur verehrend anschauen, aber nicht mit den »frechen« Methoden einer neuen Forschergeneration exakt untersuchen. Auch Goethe hat wohl ähnlich gedacht; er sagte ja, daß man der Natur ihre Geheimnisse nicht durch »Hebel und Schrauben« entlocken könne.

Aber hier hat Goethe geirrt. Tatsächlich haben die Forscher in der Folgezeit der Natur durch »Hebel und Schrauben« (und vielerlei andere technische Hilfsmittel) sehr wesentliche Geheimnisse entlockt und damit sogar unser ganzes Weltbild entscheidend verändert. Wir wundern uns heute darüber, daß Schiller das Ausmessen der Objekte der Natur für verwerflich hielt. Tatsächlich hat gerade das tiefere Eindringen in die Gesetzlichkeiten des Kosmos (die ja nur durch mathematische Auswertung von Messungen möglich wurde) bei Gelehrten wie Einstein Gesinnungen tiefster Ehrfurcht erweckt. Doch davon soll später die Rede sein.

Schon in Schillers Tagen kamen die Philosophen nicht umhin, die Ergebnisse der Naturwissenschaft zu berücksichtigen. Wilhelm von Humboldt schrieb darüber am 29. 12. 1795 an Schiller:

Ich werde jetzt sehr häufig aufgefordert zu erklären, warum die Schriften der früheren Philosophen in Deutschland (so um Lessing herum), wie man behauptet, gerade ebenso leicht und faßlich als die der jetzigen, wie man findet, so dunkel und schwerfällig sind. Allein nirgends gelingt es mir, auch nur einigermaßen die Menschen zu überzeugen, daß die heutigen Philosophen in Rücksicht auf die Materie einen schwierigeren Stoff behandeln, daß die heutige Philosophie mehr das Gepräge der Natur und der Wahrheit an sich trägt und daher schwerer darzustellen ist als die ehemalige, die fast bloß ein Werk des abstrahierenden Verstandes war und den Gegenstand ohne große Schonung gegen ihn, fast allein und ganz logisch behandelte, da es denn natürlich leichter ist, bloß scharfsinnig und spitzfindig als tief zu schreiben.

Hier hat Humboldt wohl in erster Linie an Kant gedacht, dessen Werke damals eifrig gelesen wurden. Auch Schiller und sein Freund Wilhelm von Humboldt hatten sich eingehend mit Kants »Kritik der reinen Vernunft« befaßt. Kant war – nach dem Urteil moderner Forscher – in den Angelegenheiten der Naturwissenschaften »naiv«. Aber er hatte immerhin Newton gelesen, und man kann seine Aussagen zur Naturwissenschaft in der »Kritik« als einen Versuch ansehen, die Newtonschen Ergebnisse erkenntnistheoretisch ins rechte Licht zu setzen.

In den folgenden Jahrzehnten, vor allem aber im 20. Jahrhundert, haben nun die Physiker durch ihre exakte Arbeit Ergebnisse gewonnen, die die bisherigen Vorstellungen über Raum und Zeit, über Substanz und Kausalität in Frage stellten. Es erwiesen sich gewisse Grundsätze als verfehlt, die Kant noch für die notwendigen Voraussetzungen aller Naturwissenschaft überhaupt gehalten hatte.

Auch wenn man solche umwerfenden Ergebnisse nicht ohne weiteres akzeptieren wollte, so stand doch fest, daß man über die grundlegenden Fragen der Philosophie nicht mehr mitreden konnte, wenn man nicht über die physikalische und mathematische Grundlagenforschung informiert war. Die Philosophen alten Stils hatten es schwer: Es war für einen Mathematiker oder Physiker nicht so schwierig, die für die Diskussion über Grundlagenfragen fehlenden Kenntnisse aus der Geschichte der Philosophie zu erwerben. Dagegen war es für einen klassisch vorgebildeten Philosophen sehr schwierig, sich die für das Verständnis der Relativitäts- oder Quantentheorie erforderlichen mathematischen Kenntnisse anzueignen. Nur wenige waren so gründlich wie der Religionsphilosoph Heinrich Scholz (Kap. IV), der als Ordinarius noch ein mathematisch-naturwissenschaftliches Studium absolvierte.

Aber die Philosophen alten Stils gaben gegenüber den Naturwissenschaftlern nicht gleich auf. Sie versuchten immer wieder, Einwände gegen die Grundkonzeption der von der Physik herkommenden neuen philosophischen Ideen vorzubringen. Aber es zeigte sich ein ums andere Mal, daß die durch die physikalischen Erfahrungen (und bewährte Theorien) abgesicherten Physiker die Überlegenen waren. Wir nennen als ein Beispiel die Auseinandersetzung zwischen Dingle und Born über das Problem der physikalischen Realität (Born [1], S. 145ff.). Dingle hatte die Ansicht vertreten, daß man von physikalischer Realität überhaupt nicht mehr sprechen könne, nur von den Meßergebnissen. Denn z. B. der Begriff der Masse sei ja durch die Einsteinsche Theorie relativiert worden: Die Masse eines Teilchens kann (je nach dem Bewegungszustand) jeden Wert zwischen einer gewissen Konstanten und Unendlich annehmen. Born weist demgegenüber darauf hin, daß es sich hier nur um »Projektionen« einer invarianten Größe handelt. Die mathematische Theorie der Gruppen kennt den Begriff der Invarianten, und Born weist nach, daß es durchaus sinnvoll ist, solchen Invarianten in der Physik Realität im klassischen Sinne zuzusprechen. Bei dieser Auseinandersetzung wird deutlich, daß der Physiker und Mathematiker Max Born einfach durch seine profunde Sachkenntnis der Überlegene ist.

Aus solchen Umständen hat sich im Laufe unseres Jahrhunderts ein tiefer Wandel in der Aufgabenkonzeption einer modernen Philosophie ergeben, und damit gelten auch neue Gesichtspunkte für die Besetzung philosophischer Ordinariate.

Man kann heute nicht mehr Philosophie treiben ohne Kenntnis der mathematischen Logik, ohne ein Mindestmaß an Informationen über die mathematische und physikalische Grundlagenforschung. Das hat zur Folge, daß jetzt nicht selten philosophische Lehrstühle mit Physikern und Mathematikern besetzt werden. Und in der Zukunft wird sich der philosophische Nachwuchs nicht nur mit den traditionellen philosophischen Disziplinen, sondern auch mit den Elementen der exakten Wissenschaften zu befassen haben. Es ist fast so wie in den Tagen Platons, als dem Nichtgeometer der Zutritt zur Akademie verwehrt wurde.

Im Heft 4 des Jahres 1982 brachte die Zeitschrift »Bild der Wissenschaft« eine Diskussion von Experten über die »Erklärbarkeit der Welt«. Daran beteiligten sich Physiker verschiedener Fachrichtungen und ein Philosoph. In dieser Diskussion kamen ins allgemeine weisende (philosophische) Betrachtungen von den Physikern ebenso wie von dem Fachphilosophen. Umgekehrt zeigte der beteiligte Vertreter der Philosophie physikalisches Fachwissen, ohne das es bei einer solchen Auseinandersetzung nun einfach nicht mehr geht. Wenn der Philosoph in dem Bericht nicht als solcher ausgewiesen worden wäre, hätte man schwerlich entscheiden können, welcher Sprecher die Philosophie vertrat. Man sollte beachten, daß sich die Naturwissenschaftler nicht in eine Rolle hineingedrängt haben, die traditionsgemäß gewissen Vertretern einer anderen Fachschaft zustand. Es lag einfach in der Sache, daß die Physiker (und zuweilen auch die Mathematiker) zu Philosophen wurden. Ihre Ergebnisse (die frappierenden Aussagen ihrer Versuche und die Folgerungen aus den bereits vielfach bewährten Theorien) zwangen einfach zu einem Widerspruch gegen weitverbreitete philosophische Ansichten. Die Naturwissenschaftler wurden so zu Philosophen fast wider Willen und ganz gewiß nicht in der Absicht, gegebene akademische Ordnungen zu stören. Aber all das spricht doch stark gegen die Grundkonzeption der Kantischen Philosophie: Wenn wirklich Raum und Zeit die äußeren und inneren Anschauungsformen des Menschen wären, dann könnte die Wissenschaft nicht aus dieser Ordnung ausbrechen.

Auch die meisten Physiker hatten ja die Kantische Darlegung zur Erkenntniskritik durchaus einleuchtend gefunden. Wenn sie im 20. Jahrhundert lernten, über Raum und Zeit anders zu denken als der Königsberger Philosoph, so war das einfach eine Folge der experimentellen Forschung, die sich nicht aus den alten philosophischen Theorien, wohl aber aus der Einsteinschen Lehre deuten ließen.

Der Glaube an eine – mathematisch beschreibbare – Ordnung des Kosmos setzte sich durch, und damit wurde auch das physikalische Induktionsverfahren gerechtfertigt. Gewiß, man hatte immer nur endliche Meßreihen zur Verfügung, aber wenn es so etwas wie eine objektive Ordnung der Natur gab, dann war es sinnvoll, aus den endlich vielen Einzelergebnissen nach einer (in gewissen Bereichen) allgemein gültigen Naturordnung zu fragen. Und man mußte sich damit abfinden, daß die Welt viel komplizierter struk-

turiert war, als frühere Generationen angenommen hatten. Gott –
wer oder was das auch ist – beherrscht offenbar die Mathematik
besser als die Menschen, und es macht ihm gar nichts aus, den alten Euklid beiseite zu schieben und mit schwierigeren Geometrien
zu arbeiten, wie sie – in einfacheren Ansätzen – zuerst Bernhard
Riemann entwickelt hatte.

Fassen wir zusammen. Nicht aus einer übermütigen nihilistischen
Laune haben die Physiker die alten »Denknotwendigkeiten« der
Philosophen in Frage gestellt. Ihre Erforschung der »realen Außenwelt« hat sie zu Ergebnissen geführt, die sie an den Denkgewohnheiten von gestern zweifeln ließen. So wurden sie zu Philosophen wider Willen, die ihre erstaunlichen Forschungsergebnisse
in ein neues System bringen mußten.

Wie sehr sich in unserem Jahrhundert das Verhältnis der Philosophie zu den exakten Wissenschaften gewandelt hat, mag eine Anekdote aus dem Jahre 1931 belegen. Damals wurde ein tüchtiger
Student der Physik und der Mathematik im Staatsexamen von
Eduard Spranger in Philosophie geprüft. Es ging um die Erkenntnistheorie Kants, und der Kandidat wußte zur Freude des Prüfers
ausgezeichnet Bescheid. »Aber leider kann ich dem Prüfling keine
Eins geben«, so bedauerte Spranger, »denn er kann ja kein Grie-
chisch.« Und ohne Griechisch-Kenntnisse – so meinte Spranger –
sei nun einmal ein tieferes Verständnis für die philosophischen
Grundbegriffe nicht möglich. Hier dokumentiert sich wieder einmal jene philologische Weise des Verstehens, wie sie für die Geisteswissenschaften charakteristisch war (vgl. Kap. I).

Man möchte hier an die Inschrift an der Akademie Platons erinnern (S. 21), in der geometrische und nicht philosophische Vor-
kenntnisse gefordert wurden. Wir sind nicht sicher, ob dem an der
Philologie orientierten Spranger Platons erregendes Erlebnis
deutlich war, das ihm die Entdeckung inkommensurabler Strek-
ken bedeutete. Vielleicht war ihm hier sein Prüfungskandidat
überlegen? Und das Anachronistische der Sprangerschen Haltung
wird noch deutlicher, wenn man bedenkt, daß in dem Jahre 1931
die Arbeit von Kurt Gödel erschien, jenes Werk, das der frühere
Religionsphilosoph Heinrich Scholz eine »Kritik der reinen Vernunft vom Jahre 1931« genannt hat (Kap. IV, 4). Sie dürfte zum
Zeitpunkt der Prüfung dem Prüfenden und dem Kandidaten noch

unbekannt gewesen sein. Aber es steht zu vermuten, daß der gescheite Student der Mathematik den wichtigen erkenntniskritischen Überlegungen Gödels besser folgen konnte als sein sonst so liebenswürdiger Examinator.

6. Transformationen des Zeitmaßes

Die Befreiung von der Vorstellung einer absoluten Zeit gibt uns die Möglichkeit, das Zeitmaß so zu transformieren, daß das Unendliche im Endlichen dargestellt werden kann. Wir wollen uns das zunächst an einem harmlos erscheinenden Beispiel veranschaulichen, dem der Temperaturmessung.

Man weiß, daß es verschiedene Temperaturskalen gibt. Man kann die Temperatur nach Celsius, Réaumur oder Fahrenheit messen. Die Umrechnungsformeln findet man in den elementaren Lehrbüchern der Physik.

Für viele Zwecke ist die Einführung der sogenannten absoluten Temperatur nützlich. Sie setzt den (nicht erreichbaren) absoluten Nullpunkt von $-273,2°$ der Celsius-Skala zur Nullmarke durch die Transformation

(7) $T = t + 273,2.$

Dabei ist t die in Celsius gemessene Temperatur. Die absolute Temperatur ist gleich Null für den absoluten Nullpunkt; sie hat den Wert 273,2 für den Gefrierpunkt des Wassers.

Der absolute Nullpunkt ist technisch nicht erreichbar, und es ist sehr schwierig, eine Temperatur in der Nähe dieses absoluten Nullpunktes noch um $1/10°$ herabzusetzen. Man könnte dies dadurch noch deutlicher machen, daß man die Temperaturskala so einrichtet, daß dem absoluten Nullpunkt das Temperaturmaß $-\infty$ zukommt. Offenbar hat man dazu nur so zu transformieren:

(8) $\tau = \dfrac{t}{t + t_o}.$

Dabei ist t die in Celsius gemessene Temperatur; die Zahl t_o steht für 273,2; also

$$(8') \quad \tau = \frac{t}{t + 273,2}$$

Dann hat man zwischen der Celsius-Temperatur und der neuen, durch den griechischen Buchstaben τ bezeichneten Temperatur z. B. die folgenden Entsprechungen:

t	0	−270	−273,1	−273,2
τ	0	−84,372	−2731	−∞

Das Maß τ hat den Vorteil, daß es die Unerreichbarkeit des absoluten Nullpunktes verdeutlicht.

Es liegt nahe, eine der Transformation (8) entsprechende Abbildung unseres Zeitmaßes (für gewisse Zwecke) vorzunehmen. Nach gewissen Theorien (vgl. Kap. IX) hat unser Universum einen Anfang in einem Urknall, der sich vor etwa 20 Milliarden Jahren ereignete. Vor dem Urknall gab es nichts, auch keinen Raum und keine Zeit. Dieser Nullpunkt des Universums ist unserem Denken schon deshalb unerreichbar, weil wir nicht voraussetzen dürfen, daß die uns vertrauten Naturgesetze auch noch unverändert in der Nähe dieses Nullpunktes gelten. Wir müssen es immer wieder unterstreichen, daß jedes Naturgesetz eine Grenze seiner Anwendbarkeit hat. Es hat keinen Sinn, sich über diese Einsicht hinwegzusetzen, deshalb sind nach unserer Auffassung auch die Theorien über den Zustand der Welt in den »ersten drei Minuten« nicht sehr sinnvoll. Man muß den Mut haben zu sagen, daß man einiges nicht weiß.

Zwischen dem absoluten Nullpunkt der Temperatur und dem »Nullpunkt« des Universums besteht ein gewichtiger Unterschied: Man kann versuchen, mit Experimenten in die Nähe des absoluten Nullpunktes der Temperatur zu kommen. Dabei stößt man auf mancherlei Anomalien, auf Abweichungen von den bekannten Naturgesetzen. Die Anomalien in der Nähe des Urknalls aber kann niemand erforschen. Hier gibt es nur Theorien, die auf ungesicherten Extrapolationen beruhen. Eine Transformation der Zeit entsprechend dem Gesetz (8) würde dies unterstreichen; man muß dann nur t nicht mehr als Temperaturmaß, sondern als Zeitmaß deuten. Der hypothetische Urknall (Maßzahl t_0) rückt nach − ∞. Jeder Schritt auf ihn zu bedeutet starkes Anwachsen (der absoluten) Maßzahlen. Eine andere denkmögliche Transformation des Zeitmaßes könnte versuchen, in den letzten Minuten eines Sterbenden eine »Ewigkeit« unterzubringen. Man weiß (Näheres in Kap. XI), daß Sterbende in den letzten Minuten ihres Lebens zuweilen bemerkenswerte Erlebnisse haben. Sie erleben etwa eine blitzschnelle Übersicht über alle wichtigen Ereignisse ihres Lebens. Ihr Zeitmaß ist anders geworden. Es sei nun t_1 der Zeitpunkt des Todes eines Menschen. Dann hat man in

$$(9) \quad T = \frac{t}{-t + t_1}$$

ein Zeitmaß, das sich gegen ∞ nähert, wenn t sich auf die Sterbestunde t_1 zubewegt. Unsere Transformationen wollen nur deutlich machen, daß simple mathematische Überlegungen den Blick frei machen für viele Denkmöglichkeiten. Dazu gehört auch die Vorstellung, daß ein subjektives Ewigkeitserlebnis in einem endlichen (irdischen) Zeitmaß untergebracht werden kann.

Natürlich kann man die Ansicht vertreten, daß das Sterben den Übergang in einen außerirdischen Zustand von ewiger Dauer bedeutet, der also unendlich in unserem üblichen Zeitmaß ist. Man kann sich auch einen Übergang in eine Existenz ohne jedes Zeitmaß vorstellen.

VII. Objektivität

*Nach einer Autofahrt durch die Lüneburger Heide wurde
ein Physiker gefragt, ob die Schafe schon geschoren
seien. Er antwortete: »Auf der mir zugewandten Seite
nicht!«*   *(Vgl. Buchwald.)*

1. Russells Postulat

Hedwig Born, die Gattin des Nobelpreisträgers, nahm an den wissenschaftlichen Arbeiten ihres Mannes lebhaften Anteil. Sie korrespondierte auch selbst mit Einstein und hat in der »Weltwoche« über ihn geschrieben. Er hat ihr gelegentlich geholfen; als sie sich unter lauter Naturwissenschaftlern »wie auf eine Mondlandschaft verschlagen« vorkam (Born [3], Abschnitt 6), fragte sie Einstein einmal, ob er denn glaube, daß man einfach alles auf naturwissenschaftliche Weise abbilden könne. Er antwortete:

> Ja, das ist denkbar. Aber es hätte doch keinen Sinn. Es wäre eine Abbildung mit inadäquaten Mitteln, so als ob man eine Beethoven-Symphonie als Luftdruckkurve darstellen wollte.

Der Geigenspieler Einstein wußte, daß man dem Wesen der Musik nicht gerecht wurde, wenn man nur die hier auftretenden physikalischen Erscheinungen exakt beschrieb. Wir erwähnten bereits, daß sich in unserem Jahrhundert die Anwendungsbereiche der Mathematik und der Physik gewaltig erweitert haben. Wir werden noch ausführlicher darauf eingehen. Die moderne Biologie versucht, dem Geheimnis des Lebens durch Anwendung exakter Methoden der Physik und Chemie auf die Spur zu kommen. Sehen wir einmal davon ab, daß die Lösung der hier anstehenden Probleme noch längst nicht erreicht ist. Es gibt eine Fülle von drängenden Fragen unserer Zeit, denen man mit exakten Methoden nicht beikommen kann. Man denke etwa an die großen ethischen und politischen Probleme. Man möchte da zuweilen Wilhelm Busch zitieren:

Zwei mal zwei gleich vier ist Wahrheit.
Schade, daß sie leicht und leer ist.
Denn ich hätte lieber Klarheit
Über das, was voll und schwer ist.

Wir haben in dieser Schrift einiges über die erkenntnistheoretische Funktion der exakten Wissenschaften herauszustellen versucht. Unsere Ergebnisse sind Aussagen über die Weite und die Grenzen der bewährten mathematischen und physikalischen Methoden. Aber können uns solche Einsichten weiterhelfen bei dem Bemühen um das, was Wilhelm Busch »voll und schwer« nennt? Können uns hier die Einsichten über die Offenheit mathematischer Systeme, über die Begrenzung unserer physikalischen Einsichten durch die Unschärferelation, über die Wandlungen unserer Vorstellungen von Raum und Zeit weiterhelfen? Wir haben bereits gelegentlich auf die über die Facharbeit hinausweisenden Folgerungen aus den gewonnenen Einsichten hingewiesen. Jetzt wollen wir, bevor wir an die schwierigen Fragen der Biologie herangehen, noch einiges über die Erziehung zur Objektivität durch die exakten Wissenschaften hinzufügen. Bertrand Russell hat der Forderung nach strikter Objektivität in der Wissenschaft klassischen Ausdruck verliehen (Russell [1], S. 47):

Naturwissenschaftliche Haltung erfordert den Verzicht auf alle andern Wünsche und Interessen im Dienste des Forschungsdranges, sie verlangt die Unterdrückung von Hoffnung und Furcht, von Liebe und Haß und des gesamten subjektiven Gefühlslebens, bis wir imstande sind, das vorliegende Tatsachenmaterial ohne Vorurteil, ohne Neigung oder Abneigung und ohne einen andern Wunsch zu betrachten als den, es so zu sehen, wie es ist, und ohne den Glauben, daß das, was es wirklich ist, durch irgendeine positive oder negative Relation zu dem bestimmt sei, als das wir es gern sehen möchten oder als das wir es uns leicht vorstellen können.

Es liegt die Frage nahe, ob denn diese Haltung für die Naturwissenschaften charakteristisch sei. Ist nicht die von Russell geforderte Haltung die Voraussetzung für *jede* wissenschaftliche Arbeit? Der englische Forscher fügt seinen Thesen noch die Bemerkung zu: »Die Philosophie hat eine solche geistige Haltung noch nicht erreicht.« Wie steht es aber mit den anderen klassischen Wissenschaften, etwa der Philologie und der Geschichte? Ist nicht auch für diese Bereiche der »Verzicht auf alle andern Wünsche und Interessen im Dienste des Forschungsdranges« zum Wohle der Arbeit geboten? Das ist natürlich nicht zu bestreiten. Vielleicht sind die Naturwissenschaften vor anderen Forschungsgebieten dadurch ausgezeichnet, daß sie den Wissenschaftler zur Unbestechlichkeit einfach zwingen? Der Dramatiker Max Frisch läßt den Helden seines Stückes »Don Juan oder die Liebe zur Geometrie« über das Dreieck des Geometers dieses sagen:

> Unentrinnbar wie ein Schicksal; da hilft kein Rütteln und Zwängeln, kein Schwindeln, es gibt nur eine einzige Figur aus den drei Teilen, die dir gegeben sind. Hoffnung, das Scheinbare unabsehbarer Möglichkeiten, was unser Herz so oft verwirrt, zerfällt wie ein Wahn vor den drei Strichen. So und nicht anders! Sagt die Geometrie.

Für den Physiker und Chemiker tritt an die Stelle der zwingenden Deduktion der Versuch, der immer und überall wiederholbare Versuch. Es hat keinen Sinn, ungesicherte oder gar falsche Versuchsergebnisse zu veröffentlichen: Die Experimente können ja in allen Laboratorien unter den entsprechenden Bedingungen wiederholt werden. Und es hat sich bisher noch immer gezeigt, daß die Natur in Washington und Moskau, in London und Berlin auf die ihr gestellten Fragen die gleiche Antwort gibt.

Trotzdem hat die Bereitschaft der Forscher zu bedingungsloser Objektivität in den letzten Jahrzehnten manche Belastungsprobe bestehen müssen. Man denke etwa an die Situation der Physik zu Beginn des Jahrhunderts. Die elektromagnetische Theorie der Elektrizität galt als ein gesichertes Ergebnis der Forschung. Und nun mußte man im Bereich der Atomphysik Beobachtungen registrieren, die sich zwar nach der Planckschen Quantentheorie, nicht aber nach den klassischen Vorstellungen über elektrische Strahlung erklären ließen. Dieses Nebeneinander verschiedenartiger und zunächst nicht unter einem höheren Gesichtspunkt vereinbarer Betrachtungsweisen hat für den an Ordnung und Klarheit interessierten Physiker durchaus etwas Unerfreuliches. Aber diese Zeit wurde durchgestanden, und die an unbestechliche Redlichkeit gewohnten Forscher erlagen nicht der Versuchung, die neuen Ergebnisse zu verfälschen oder zu unterdrücken.

Wir fragten schon, ob denn das Bekenntnis zu unbestechlicher Objektivität nur bei den Naturwissenschaftlern zu finden sei. Auch die Philologen und die Historiker werden für sich beanspruchen, daß sie ihr Tatsachenmaterial »ohne Vorurteil, ohne Neigung oder Abneigung« betrachten. Das ist nicht zu bestreiten. Immerhin sind Versuchung und Möglichkeit zu sündigen hier größer als im Bereich der exakten Wissenschaften. Die Versuchung: Die Ergebnisse des Historikers sind unter Umständen von hohem Interesse für politische Entscheidungen unserer Tage. Es könnte sein, daß ein Historiker (ohne es zu wollen) Deutungen vollzieht, die seinem politischen Standpunkt entsprechen. Wichtiger aber ist ein anderer Unterschied zwischen der Arbeit des Historikers und der des Naturwissenschaftlers.

Der Physiker kann immer neue Fragen an die Natur stellen. Er kann immer neue Experimente durchführen und so die Daten seiner Meßreihen verdichten. Damit hat er eine gute Aussicht, zu gesicherten Aussagen zu kommen, die in einem gewissen Bereich der Meßwerte allgemein gültig sind. Der Historiker hat es viel schwerer. Er kann nicht experimentieren. Die Zahl seiner Einzelaussagen ist durch das vorhandene Schrifttum begrenzt, und er kann nur dann auf Erweiterung seiner Einzelaussagen rechnen, wenn er durch Ausgrabungen oder durch Schriftfunde zu neuem Material kommt. Ob das geschieht, liegt nur sehr bedingt in seiner Hand. Damit hängt es zusammen, daß Aussagen in Form von allgemeinen Gesetzen beim Historiker und dem mit ähnlichen Methoden arbeitenden Theologen nicht so leicht möglich sind wie in der Naturwissenschaft. Da es aber kein Vergnügen ist, immer nur zu sagen, daß man nichts zu sagen hat, liegt die Versuchung sehr nahe, auch bei relativ bescheidenem Material zu extrapolieren oder »allgemeine« Gesetze herauszufinden.

Wir können leider nicht behaupten, daß Physiker und Mathematiker gegen solche Versuchungen gefeit sind (vgl. Kap. VIII). Aber immerhin hat die ständige Beschäftigung mit exakten Verfahren eine gewisse erzieherische Wirkung, die sich dann auch außerhalb der reinen Facharbeit auswirkt. So meint es jedenfalls die als Motto über dieses Kapitel gesetzte Anekdote von den geschorenen Schafen. Sollte es wirklich Schäfer geben, die Schafe nur auf der einen Seite scheren? Und haben die Schafe so viel Humor, daß sie das Spiel mitmachen und nicht durcheinanderlaufen? Wohl kaum. Unsere Anekdote will nur sagen, daß dem Physiker die absolute Sachlichkeit der Beobachtung so sehr in Fleisch und Blut übergegangen ist, daß er mehr nicht behauptet, als er durch effektive Beobachtung gesichert hat. Analog könnte man vom theoretischen Physiker und vom Mathematiker erwarten, daß ihm das strenge Deduzieren so zur Natur geworden ist, daß er auch bei Diskussionen außerhalb seines Fachbereiches strenge Objektivität wahrt. Wir meinen: Die Erfahrung bestätigt bis zu gewissem Grade solche Erwartungen. Wem wirklich das exakte Denken zur Natur geworden ist, der bestätigt die vorbehaltlose, nicht von Emotionen oder vorgefaßten Ideologien belastete Sachlichkeit.

Aber leider kann man nicht erwarten, daß jeder Inhaber eines naturwissenschaftlichen Diploms ein Vorbild an abgeklärter Sachlichkeit ist. Wir leben aus vielen Quellen, und es kommt immer wieder vor, daß vorgefaßte politische oder religiöse Meinungen sich auf einen Naturwissenschaftler stärker auswirken als die immer unaufdringliche Schulung durch die exakten Wissenschaften. Damit hängt es zusammen, daß es auch über die Grundlagenfragen in Physik und Mathematik nicht nur Meinungsverschiedenheiten, sondern zuweilen auch heftige Kontroversen gegeben hat. Man denke etwa an den Streit um die Relativitätstheorie in den zwanziger und dreißiger Jahren.

Auch das Stichwort »Materialismus« löst zuweilen erregte Diskussionen aus zwischen den Vertretern einer marxistischen Wissenschaftslehre und solchen Gelehrten, die mit Goethe und Hesse an den »ewigen und unvergänglichen Geist« glauben.

Wir wollen im folgenden Abschnitt versuchen, die sachlichen Grundlagen solcher Kontroversen herauszustellen und damit die Problematik der Objektivität im Bereich der naturwissenschaftlichen Grundlagenforschung an einem Beispiel verdeutlichen.

170

2. Materialismus

In seiner 1970 erschienenen »Modernen Logik« führt G. Klaus
(S. 9) den Begriff »Materialismus« so ein:

> Der Materialismus behauptet, daß die ganze Welt nichts an-
> deres ist als die im ewigen Prozeß der Bewegung und Ent-
> wicklung befindliche Materie. Alle Vorgänge in der Realität
> sind letztlich materiell bedingt. Das gilt insbesondere auch
> von den Denkvorgängen.

Man fragt sich bei der Lektüre dieser Erklärung, ob dem Logiker
Klaus die Ergebnisse der modernen Physik nicht bekannt sind.
Hinter dieser Aussage scheint doch der Glaube an die Unzerstör-
barkeit der Materie zu stehen.
Die Formulierungen von Klaus aus dem Jahre 1970 bleiben damit
hinter den Betrachtungen von Lenin zurück, der bereits etwas vom
Verschwinden der Materie wußte und daraufhin den Begriff
»Wissenschaftlicher Materialismus« neu formulierte. Es heißt in
seiner Arbeit »Materialismus und Erkenntniskritizismus« (Werke
XIII, Wien–Berlin 1927, S. 261):

> »Die Materie verschwindet« heißt: es verschwindet jene
> Grenze, bis zu welcher wir bis dahin die Materie kannten,
> heißt: unsere Kenntnis reicht tiefer; es verschwinden solche
> Eigenschaften der Materie, die früher als absolut, unverän-
> derlich, ursprünglich gegolten haben (die Undurchdringlich-
> keit, die Trägheit, die Masse usw.) und die sich nunmehr als
> relativ, nur einigen Zuständen der Materie eigen entpuppen.
> Denn die einzige »Eigenschaft« der Materie, an deren Aner-
> kennung der philosophische Materialismus geknüpft ist, ist
> die Eigenschaft, objektive Realität zu sein, außerhalb unseres
> Bewußtseins zu existieren.

Dieser moderne »Wissenschaftliche Materialismus« postuliert
also die Existenz einer realen Außenwelt, unabhängig von den ef-
fektiven Wahrnehmungen. Diese Auffassung teilen gewiß fast alle
Physiker. Von den bedeutenden Forschern unserer Zeit hat sich
unseres Wissens nur Schrödinger ([3], S. 146) zu der Meinung bekannt, daß ihm der ganze Sternenhimmel »maya« (im Sinne der

indischen Philosophie) sei. Aber man kann nicht übersehen, daß Lenin mit seiner Neufassung des Begriffes »Materialismus« (offenbar unter dem Einfluß der neueren Forschung) dessen Sinnentleerung in Kauf genommen hat. Denn jetzt, wo es keine »starren Wirklichkeitsklötzchen« mehr gibt, wo nur noch der Glaube an objektiv Seiendes den Materialismus ausmacht, müßte man auch Platon als Materialisten bezeichnen. Er war doch fest überzeugt von der unabhängigen und objektiven Existenz seiner »Ideen«, und die sinnlichen Wahrnehmungen des Menschen galten ihm nur als schwache Abbilder dieser Realität. Der alte Gegensatz zwischen Idealismus und Materialismus hätte seinen Sinn verloren. Da aber die modernen Materialisten nun keineswegs Platoniker sind und immer noch zuweilen gegen den Idealismus wettern, ist der Rückfall von Klaus in die frühen Formulierungen beinahe verständlich.

Tatsächlich ist nun der moderne Materialismus nicht durch den Glauben an die Realität der Außenwelt charakterisiert. Mit Lenin haben die modernen Materialisten von ihren Vorfahren aus dem 18. und 19. Jahrhundert die Überzeugung übernommen, daß alles Naturgeschehen *erklärbar* sei aus bereits bekannten oder aus noch abzuleitenden Gesetzen der exakten Wissenschaften.

Natürlich weiß man, daß es heute noch viele ungeklärte Probleme gibt, aber die Verfechter eines modernen Materialismus sind davon überzeugt, daß es der Wissenschaft früher oder später gelingen wird, diese zu lösen. Das gilt nicht nur für die im engeren Sinne physikalischen Fragestellungen. Nachdem die Medizin durch Anwendung physikalischer und chemischer Methoden in der Hirnforschung gewichtige Fortschritte erzielt hat, nachdem man über die Möglichkeit zur Manipulierung der Vererbungsprozesse einiges weiß, erscheint es manchen Forschern verfehlt, mit der Existenz von Grenzen für die menschlichen Erkenntnisse zu rechnen. Man hat Männer wie Heisenberg und C. F. von Weizsäcker als »Quantenmystiker« bezeichnet und dem Biologen A. Portmann empfohlen, nicht so oft von »Geheimnissen« in der Natur zu sprechen; er solle lieber »Probleme« sagen. Denn von Problemen erwartet man, daß sie sich lösen lassen, Geheimnisse aber bleiben im Dunkeln. Solche Wissenschaftsgläubigkeit findet sich bei manchen Wissenschaftlern (und sogenannten Sachbuchautoren) des Westens; sie scheint im Osten vorgeschrieben zu sein. Andererseits finden wir bei religiös orientierten Autoren der westlichen Welt zuweilen heftige Angriffe gegen den Materialismus auch in seiner modernen Form. Wir möchten zunächst vorschlagen, zur Vermeidung von Mißverständnissen auf den nicht mehr das Wesentliche treffenden Begriff »Materialismus« zu verzichten und zu fragen, ob die umstrittene Wissenschaftsgläubigkeit berechtigt ist. In einem Aufsatz von D. H. Hubel (S. 44) über »Das Gehirn« finden wir den Satz:

Möglicherweise wird der Mensch nie alle Rätsel des Gehirns lösen können. Aber es sollte gelingen, die Funktionen des Gehirns mit den Gesetzen der Physik und Chemie zu erklären, ohne übernatürliche Kräfte zu Hilfe rufen zu müssen.

Auch wenn man dem Autor darin zustimmen wird, daß das, was in der Natur wirkt, nicht »über«-natürlich sein kann, bleibt doch die vieldiskutierte Frage offen, ob tatsächlich alle Phänomene des Lebens aus den Erkenntnissen der Physik und Chemie verständlich gemacht werden können. Wir werden auf diese schwierige und vielumstrittene Frage im nächsten Kapitel eingehen. Hier wollen wir zunächst versuchen, die Wissenschaftsgläubigkeit unserer Tage aus den bereits in früheren Kapiteln gewonnenen erkenntnistheoretischen Einsichten zu würdigen.

Nach den Erfahrungen der jüngsten Zeit dürfen wir erwarten, daß die naturwissenschaftliche Forschung in den nächsten Jahrzehnten noch viele heute ungelöste Probleme bewältigen wird. Aber wir müssen auch mit der Möglichkeit rechnen, daß wichtige uns heute erregende Fragestellungen allen Bemühungen zum Trotz offenbleiben. Zu den gesicherten Erkenntnissen der exakten Forschung gehören ja nicht nur die Sätze der elementaren Mathematik, sondern auch die in jüngster Zeit gewonnenen Einsichten über die Unlösbarkeit gewisser Probleme. Die Sätze von Gödel zum Beispiel (Kap. IV) sind ebenso sichere Aussagen der Mathematik wie die Formeln der Arithmetik oder (in der euklidischen Geometrie) der Satz des Pythagoras.

Wenn nun ein Wissenschaftler entsprechend der Goethischen Mahnung (Kap. I) so arbeitet, als ob er »dem strengsten Geometer Rechenschaft schuldig« wäre, dann kann er nicht gut in frischfröhlichem Optimismus annehmen, daß man schon bald mit den Methoden der Physik und Chemie solche Probleme wird lösen können, für deren Bezug zu den exakten Wissenschaften wir noch nicht einmal einen Ansatzpunkt haben. Manche Forscher haben wohl deshalb eine Aversion gegen Aussagen über die Grenzen der wissenschaftlichen Erkenntnis, weil sie fürchten, daß Dunkelmänner allzu rasch bereit sind, offenbar gewordene Vakua mit Aussagen über »übernatürliche Erkenntnisse« zu füllen. So hat Häckel in den siebziger Jahren des vorigen Jahrhunderts so wütend auf das »Ignorabimus« von du Bois-Reymond reagiert, weil er fürchtete, daß die »schwarze Internationale« daraus Kapital schlagen würde. Wer sich aber mit Russell vom Postulat von der Objektivität leiten läßt, darf solcher Befürchtungen wegen gewonnene Einsichten nicht unterdrücken.

Aber entsprechende Mahnungen erscheinen auch nach der andern Seite hin geboten. Dem, der sich mit Hermann Hesse zum »ewigen« und »unvergänglichen« Geist bekennt, mögen die physiologischen Untersuchungen über die Bezüge zwischen den physikalisch-chemischen Prozessen im Gehirn zum Seelenleben unheimlich, weil materialistisch, erscheinen. Aber mit Arbeiten dieser Art hat man schon vielen Kranken helfen können. Wer vom Primat des Geistes ausgeht, wird geneigt sein, einem seelisch Leidenden durch seelsorgerlichen Zuspruch, durch hilfreiche Gespräche mit dem Psychiater oder auch durch die heilende Kraft heiterer Musik zu helfen. Aber zuweilen scheinen Depressionen ihren Grund in einer Stoffwechselkrankheit des Gehirns zu haben, und dann wirken die richtigen Medikamente weiter als aller hilfsbereite Zuspruch.

Die Bezüge zwischen dem, was wir »Geist« und »Materie« nennen, sind vielfältig und nicht leicht zu durchschauen. Wir werden auf diesen Fragenkomplex noch in den Kapiteln über die Probleme der Biologie eingehen.

3. Stufen der Entwicklung

Für die Beurteilung der Zukunftsaussichten der Forschung, aber auch für die richtige Einschätzung des bisher Erreichten scheint ein Blick auf die großen Entwicklungsphasen in der Vergangenheit zweckmäßig. Er kann dazu beitragen, daß wir die Situation in der Forschung der Gegenwart objektiv und in größerem Zusammenhang sehen.

Wir wollen einmal versuchen, die Ereignisse in der physikalischen Forschung zusammenzustellen, die ganz neue Elemente in die Betrachtungsweise der Natur hineintrugen.

Als den Anfang der modernen exakten Forschung können wir den Versuch Demokrits ansehen, die physikalische Wirklichkeit aus der Bewegung seiner Atome zu deuten. Erst Newton brachte dann etwas wesentlich Neues in die Betrachtung des Kosmos ein, als er mit seiner Gravitationstheorie eine ganz neue Eigenschaft der Materie postulierte. Jetzt war die Möglichkeit gegeben, die Bewegung der Planeten, aber auch die Erscheinungen des freien Falls auf der Erde zu deuten.

Mit diesen bisherigen Methoden hatte man aber noch keinen Zugang zu den Phänomenen der Elektrizität und des Magnetismus. Diese Erscheinungen wurden erst im 19. Jahrhundert gründlicher untersucht, und man bekam eine zusammenfassende Theorie (die auch die Erscheinungen der Optik erklärte) in den Theoremen von Maxwell.

Wieder ganz neue Gesichtspunkte brachten dann die Relativitäts- und die Quantentheorie in die Physik. Sie erschlossen der Forschung die Weiten des Kosmos und die Dimensionen des Atoms.

Halten wir also vorläufig einmal die folgenden großen Stufen in der Entwicklung fest*:

I. Die Atomtheorie Demokrits (ca. 400 v. Chr.).

II. Die Newtonsche Theorie der Gravitation (1687).

III. Die Maxwellsche Theorie (1888).

IV. Die Relativitätstheorie (Einstein 1905 bzw. 1915).

V. Die Quantentheorie (Planck 1900, Heisenberg und Schrödinger 1926).

---

* In der Festlegung dieser Stufen und insbesondere in der Angabe der Jahreszahlen liegt natürlich eine gewisse Willkür. Wir haben für Maxwell das Jahr 1888 eingesetzt, in dem die Hertzsche Fassung seiner Theorie erschien.

Man könnte diese Stufenreihe fortsetzen und etwa noch die Entdeckung der Antimaterie oder der inneren Kernkräfte als Entwicklungsstufen anführen (vgl. Fritzsch [2]), die den Weg freigaben für neue Deutungsmöglichkeiten physikalischer Phänomene. Für unsere Zwecke mag die Reihe mit den fünf Stufen genügen. Stellen wir uns vor, ein Physiker erhielte die Aufgabe, eine gewisse physikalische Erscheinung zu erklären, z. B. den Regenbogen. Es ist ihm aber zur Auflage gemacht, sich auf die Möglichkeiten der Stufen I und II zu beschränken, also auf die zur Zeit Newtons vorliegende Mechanik. Unser Forscher müßte resignieren: Der kreisförmige farbige Bogen am Himmel ist nicht aus dem Stoß von Atomen oder aus der Massenanziehung zu erklären. Dagegen können wir von ihm eine befriedigende Antwort erwarten, wenn wir ihm auch noch die Stufe III für die Deutungsmöglichkeit freigeben: Die Maxwellsche Theorie schließt ja auch die Wellentheorie des Lichtes ein. Wenn wir eine Deutung der Linienspektren leuchtender Gase verlangen, so müssen wir schon damit einverstanden sein, daß die Quantentheorie ins Spiel kommt.

Es hat fast 2000 Jahre gedauert, bis auf die Stufe I die Newtonsche Stufe II folgte. Bei den späteren Stufen wurden die zeitlichen Abstände immer geringer, und es spricht vieles dafür, daß wir noch nicht am Ende sind. Wir dürfen für die Zukunft auf weitere Entwicklungsstufen hoffen, von denen jede grundlegende Erweiterungen der Betrachtungsweise bringen könnte. Unter diesen Umständen ist doch kaum zu erwarten, daß man die vielen noch offenen Fragen der Naturwissenschaften einmal mit jenen Methoden wird erledigen können, die man heute unter »Physik und Chemie« zusammenfaßt.

Natürlich dürfen wir auch in Zukunft mit wichtigen Fortschritten auf jenen Gebieten rechnen, die wir bisher als »Physik« und »Chemie« bezeichnet haben. Aber vielleicht brauchen wir neue Erkenntnisse, die nicht mit den bisher bekannten Arbeitsverfahren gewonnen werden können. Im Gegensatz zu manchen Biologen sind wir der Auffassung, daß die Probleme des Lebens nicht sämtlich von der heutigen Physik und Chemie her zu lösen sein werden (vgl. Kap. VIII u. IX). Es ist also damit zu rechnen, daß die Reihe der »Stufen« mit neuen Prinzipien der Erkenntnis sich verlängern wird. Das bedeutet, daß die Forscher in der Zukunft mit Methoden arbeiten können, die uns heute vielleicht als weder zur Physik noch zur Chemie gehörig erscheinen. Man stelle sich nur einmal vor, daß einem Gelehrten, der auf der Stufe II der oben eingeführten Erkenntnisweisen steht, eine Theorie des Regenbogens nach der elektromagnetischen Lichttheorie vorgeführt wird. Ihm könnte es zweifelhaft erscheinen, ob denn das Reden von elektromagnetischen Feldern mit ihren Vektoren, die sich nach einer Wellengleichung verändern, überhaupt in eine wissenschaftlich gesicherte Naturbetrachtung hineingehört. Wenn jemand also heute von dem spricht, was Physik und Chemie in der Zukunft noch alles erforschen werden, dann sollte er hinzufügen, daß dies vielleicht mit Methoden erfolgen wird, deren Berechtigung wir heute noch nicht übersehen können.

Nach den bisherigen Einsichten der mathematischen und physikalischen Grundlagenforschung müssen wir aber auch mit der Möglichkeit rechnen, daß es Fragestellungen gibt, die durch alle Erweiterungen exakter Verfahren nicht in den Griff zu bekommen sind.

4. Objektivität in der Medizin

Die meisten Mediziner sind geneigt, ihre Disziplin in die exakte Naturwissenschaft einzuordnen. Sie haben es mit der Humanbiologie zu tun, und für die gilt natürlich all das, was im nächsten Kapitel zur Problematik des Lebendigen überhaupt zu sagen ist.
Aber die erkenntnistheoretischen Probleme der Medizin sind doch komplizierter. Das Russellsche Postulat von der Objektivität zum Beispiel kann hier nicht uneingeschränkt gelten.
Man kann vom Arzt nicht den »Verzicht auf alle anderen Wünsche und Interessen im Dienste des Forschungsdranges« verlangen. Im Gegenteil: Wir erwarten von ihm die Absicht zu heilen, und der Respekt vor der Würde des Menschen erscheint uns wichtiger als der uneingeschränkte Forschungsdrang.
Dazu kommt noch folgendes: Nach den Gesetzen der mathematischen Statistik haben Tests und Stichproben nur dann einen Aussagewert, wenn die Versuchsreihen nicht zu kurz sind. Das kann man in der technischen Produktion meist ohne weiteres berück-

sichtigen, kaum aber in der Medizin oder in der Pharmakologie. Deshalb sind ganz besonders qualitative Tests (bei denen es nicht um die Ermittlung gewisser Zahlenwerte geht) problematisch. Man kann sie nur aus der Erfahrung begründen, und dazu müßte umfangreiches statistisches Material zur Verfügung stehen. Tatsächlich bemühen sich medizinische Forschungsinstitute um solche statistischen Belege. Meist sind sie jedoch nur schwer beizubringen, weil man zum Beispiel das (medizinische) Schicksal eines Patienten nach der Entlassung aus einer Klinik nur unter Schwierigkeiten verfolgen kann.

Das alles sind Tatbestände, mit denen wir leben müssen. Es ist nur wichtig, daß sich die forschenden Mediziner, die praktischen Ärzte, die Apotheker und auch die Patienten darüber klarwerden. Nützlich wäre eine Ausbildung aller Mediziner in den Elementen der Wahrscheinlichkeitsrechnung und Statistik. Kenntnisse auf diesem Gebiet sind für den modernen Arzt wichtiger als zum Beispiel lateinische Sprachkenntnisse. Die Beschäftigung mit den Gesetzlichkeiten der Mathematik könnte auch noch dazu beitragen, den Sinn für Exaktheit und die Einsicht in die Grenzen wissenschaftlicher Verfahren zu wecken.

Wir brachten in Kapitel II das Beispiel der Eulerschen Funktion

$$n \rightarrow n^2 - n + 41,$$

die für $n = 1, 2, \ldots, 40$ immer Primzahlen als Funktionswerte liefert. Wir haben sie auch in unserer Schrift »Mathematik als Bildungsgrundlage« gebracht. Bei einer Besprechung des Buches in einer medizinischen Zeitschrift betonte der Referent die Wichtigkeit der hier sich anbietenden Einsichten für die Medizin. Hier sei es leider immer noch üblich, aus einigen wenigen Ergebnissen auf das Vorliegen eines allgemein gültigen Gesetzes zu schließen. Solche Fehlschlüsse werden freilich verständlich, wenn man bedenkt, wie ärgerlich es gerade für einen Arzt ist, wenn er allzu oft bekennen muß, daß er etwas nicht weiß, was seine Patienten gern von ihm erfahren würden. Es wäre gut, wenn Ärzte und Patienten Einsicht in die Möglichkeiten und Grenzen auch der medizinischen Forschung gewinnen würden. Der Wunsch zu heilen darf nicht zum Verzicht auf die für alle Naturwissenschaften gebotene Objektivität führen.

Auch für die Einsichten der physikalischen Grundlagenforschung gibt es Analoga in der Medizin. Man muß mit der Möglichkeit rechnen, daß ein physikalischer Zustand durch den Prozeß der Messung verändert wird.

Dafür gibt es Entsprechungen in der Medizin. Früher waren beispielsweise die Ärzte bemüht, bei Magenerkrankungen die Säureproduktion durch eine eingeführte Sonde zu messen. Davon ist man abgekommen, weil man erkennen mußte, daß die natürliche Säureproduktion durch die Einführung des Fremdkörpers verändert wird. Die gewonnenen Meßwerte sagten also nichts Sicheres über die Vorgänge in dem durch eine Sonde nicht gestörten Magen aus. Überlegungen dieser Art machen deutlich, daß auch der Medizin Grenzen der Erkenntnis gesetzt sind. Es hat keinen Sinn, wenn man sich aus dem Wunsch zu heilen über die Unsicherheit mancher diagnostischer Methoden oder über die Möglichkeit unbekannter Nebenwirkungen in der Anwendung von Drogen hinwegsetzt. In summa: Das Russellsche Postulat behält auch für den Mediziner seine Bedeutung. Bei allem menschlichen Engagement darf man die Gesetzlichkeiten der physikalisch-chemischen Prozesse nicht übersehen.

An dieser Stelle setzt nun die Kritik mancher von der Schulmedizin enttäuschten Patienten und einiger Außenseiter unter den Ärzten ein. Sie machen geltend, daß der Mensch nicht nur eine nach den Gesetzen der Physik und Chemie funktionierende Maschine sei und daß es deshalb auch Heilverfahren geben könne, die nicht einfach auf der Beeinflussung physikalisch-chemischer Prozesse durch Drogen, Strahlen usw. beruhen. In manchen Fällen werden die Heilversuche der Außenseiter auch durch weltanschauliche Konzeptionen begründet.

Kürzlich erschien in der Zeitschrift »Der Kassenarzt« (1983, Nr. 3) unter dem Titel »Konflikte zwischen Wunsch und Wirklichkeit« eine scharfe Polemik gegen die Außenseiter der Medizin von G. Glowatzki. Wegen der angesprochenen wichtigen erkenntnistheoretischen Problemstellungen wollen wir hier darauf eingehen.

Glowatzki greift mit seiner Arbeit in die Auseinandersetzungen zwischen der Schulmedizin und den Paradisziplinen, z. B. Parapsychologie und Paramedizin, ein. Der Autor konstatiert einen

»Unterschied im Denken« zwischen den Vertretern der biologischen Wissenschaften und den Adepten der Paradisziplinen (S. 23):

> Während in den biologischen Wissenschaftsdisziplinen das logische Denken die Basis experimenteller Untersuchungen in der Deutung ihrer Ergebnisse bildet, bilden muß, ist das anscheinend für die Paradisziplinen nicht notwendig, im Gegenteil sogar unmöglich. Diszipliniertes Denken orientiert sich an Realitäten, das Denken der Parawissenschaftler an Wünschen.

In der klassischen Medizin bemüht man sich um das »rerum cognoscere causas«, und der Einführung einer bestimmten Therapie sind lange Reihen von experimentellen Untersuchungen vorausgegangen. Bei den Vertretern der Paramedizin sucht man vergebens nach einer Begründung für die Anwendung der Akupunktur bei gewissen Krankheiten. Glowatzki findet bei den Paramedizinern »Pseudologismen und wohltuende Leerformeln«, eine Abkehr vom klassisch-wissenschaftlichen Denken. Unter Berufung auf den Wissenschaftsjournalisten Löbsack stellt er schließlich die Frage, ob dem »autistischen Denken« der Paramediziner nicht »eigentlich ein Krankheitswert zukommt«.

Zur Würdigung dieser Angriffe auf die Paradisziplinen erscheint uns zunächst eine Klärung der Begriffsbildungen geboten. Man versteht unter Paramedizin die von der Schulmedizin abweichenden Richtungen der Außenseiter. Die Parapsychologie dagegen ist jener Teil der Psychologie, der sich mit okkulten Phänomenen befaßt. Es geht dabei um die Untersuchung solcher Erscheinungen, die sich nicht aus den Gesetzlichkeiten der klassischen Naturwissenschaften erklären lassen: Telepathie, Wahrträume usw. Wir werden auf diesen Problemkreis im Kapitel XI, 2 eingehen. Hier ist aber vorwegzunehmen, daß auf diesem (an mehreren Universitäten durch Ordinarien vertretenen) Gebiet ernsthafte wissenschaftliche Arbeit geleistet wird. Freilich besteht diese meist nur im sorgfältigen Registrieren und dem statistischen Auswerten der Phänomene. Aber die Wissenschaft wäre schlecht beraten, wenn sie sich allen solchen Erscheinungen versagen wollte, die nicht in vorgefaßte Druckschablonen hineinpassen. Es sei daran erinnert, daß es für die Physik eine Zeit gab, wo nur die Mechanik durch Theorien erfaßt war. Hätten die Physiker die Untersuchung von elektrischen Phänomenen verweigern sollen, nur weil sie nicht aus den bekannten mechanischen Gesetzen erklärbar waren?

Natürlich wird auf diesem Gebiet mancherlei Unfug getrieben. Aber es ist gerade die Aufgabe der wissenschaftlichen Parapsychologie, Auswüchse abzuschneiden.

Bei der Paramedizin geht es nicht um ein Sondergebiet der Heilkunde, sondern um jene Denkweisen, die von der üblichen abweichen. Daß es am Rande der Medizin viel Scharlatanerie gibt, wollen wir dem zornigen Autor des Artikels gern zugestehen. Es ist sein gutes Recht, gegen Albernheiten und ungesicherte Ideologien zu Felde zu ziehen. Aber kann man so die ganze Paramedizin, also alle Abweichungen von der Schulmedizin, abtun?

Glowatzki beanstandet zum Beispiel, daß man für die Anwendung der Akupunktur keine rationalen Gründe anzugeben weiß. Aber muß man nicht auch von manchen Heilmethoden der Schulmedizin zugeben, daß ihre Anwendung nur durch Erfahrungen gerechtfertigt ist und nicht vollständig aus der Kenntnis der physiologischen Gesetzlichkeiten erklärt werden kann? Wie oft erlebt man es, daß ein guter Arzt das im gegebenen Fall richtige Medikament durch schlichtes Ausprobieren verschiedener Möglichkeiten herausfindet!

Es ist gewiß geboten, gegen den sich am Rande der Medizin ausbreitenden Unfug anzugehen. Aber man sollte sich davor hüten, alle jene als schwach im Denken abzutun, deren Arbeitsweise von der der Schulmedizin abweicht. Gerade in der Medizin müßte man deutlich die Grenzen unserer Möglichkeiten herausstellen, damit der Patient vom Arzt nichts Unmögliches erwartet. Aber es hat keinen Sinn, alle Paradisziplinen abzutun und alle Abweichungen von der Schulmedizin zu diffamieren. Der Untertitel des Aufsatzes heißt: »Blinder Eifer schadet nur.« Das stimmt.

VIII. Das Lebendige

*Walten des Geheimnisses – damit meine ich freilich nicht
die Probleme, welche die Forschung demnächst oder in
einer ferneren Zeit lösen wird – ich meine das wirklich
Verborgene, aus dem unser Erleben und damit letztlich
auch unser Forschen hervorgeht.* A. Portmann ([1], S. 37)

1. Die Mathematik der Bienen

Die modernen Meßgeräte von Raumsonden werden aus Solarbatterien gespeist, aus Vorrichtungen, die die Sonnenenergie einfangen und nutzbar machen. Komplizierte elektronische Systeme müssen diese Sonnenbatterien immer so richten, daß sie ein Maximum an Strahlungsenergie aufnehmen, denn sie sind den Astronauten nutzlos, wenn ihre Spiegel in den Schatten des Flugkörpers geraten. Es war ein weiter Weg von der Idee einer Solarbatterie bis zu ihrer Nutzung vermöge einer geeigneten Steuerung. Die Kosten für die Entwicklung solcher Geräte waren enorm, und die technische Ausführung in Mikrobauweise »alles andere als winzig« (Paturi, S. 28ff.).

Ähnliche sinnvolle Einrichtungen lassen sich beim Studium der Lebensweise der Bienen beobachten (vgl. Frisch, S. 9ff.). Beispielsweise zeigt der Schnitt durch eine Bienenwabe ein Parkettmuster von regulären Sechsecken (Abb. 19).

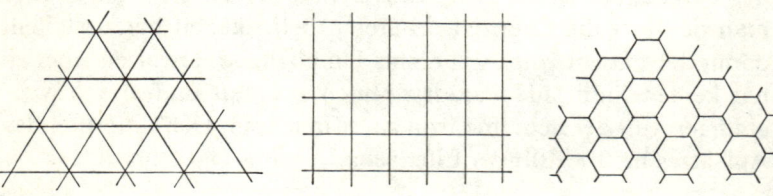

Abb. 19

Würden die Bienen (wie es z. B. die Hummeln tun) für ihre Vorratskammern Röhren mit kreisförmigem Querschnitt bauen, so würden sie Baumaterial verschwenden. Sie sparen Wachs, indem sie das System so einrichten, daß jede Wand zwei Kammern begrenzt. Dafür gibt es aber mehrere Möglichkeiten. Man kann die Ebene durch reguläre Dreiecke, Vierecke oder Sechsecke »parkettieren« (Abb. 19). Weitere Möglichkeiten gibt es offenbar nicht. Welche der drei Möglichkeiten ist die sparsamste? Es bedarf der geringsten Menge Baumaterials, wenn im Querschnitt (Abb. 19) der Umfang eines Vieleckes, bei fest vorgegebenem Inhalt, möglichst klein ist. Betrachten wir einmal Dreiecke, Quadrate und Sechsecke vom Flächeninhalt 1, und berechnen wir den Umfang!

Es seien a_n, U_n und F_n Seite, Umfang und Inhalt des regulären n-Ecks (n = 3, 4 und 6 in unserem Fall). Die Flächeninhalte setzen wir gleich 1. Dann haben wir für das Quadrat $a_4 = 1$, $U_4 = 4$.
Für Dreieck und Sechseck ergibt sich

$$U_3 = 3\,a_3, \quad U_6 = 6\,a_6,$$

und die Seitenlängen berechnet man aus der Bedingung $F_3 = F_6 = 1$:

$$(1) \quad \frac{a_3^2}{4}\sqrt{3} = 6 \cdot \frac{a_6^2}{4}\sqrt{3} = 1.$$

Mit Hilfe eines Taschenrechners berechnet man dann U_3 und U_6; man erhält

$$(2) \quad U_3 \sim 4,559, \quad U_4 = 4, \quad U_6 \sim 3,722.$$

U_6 hat den kleinsten Wert. Es wird also am wenigsten Wachs verbraucht, wenn man die Waben sechseckig baut. Genau das tun die Bienen. Aber die Bienen haben keine Taschenrechner. Wie kommt es, daß sie die optimale Lösung des Bauproblems beherrschen? Und – so kann man weiter fragen – woher kommt ihre Fertigkeit, reguläre Sechsecke zu bauen?

Die Natur stellt den Biologen viele Fragen dieser Art. Da ist als weiteres Beispiel die vielen Vögeln offenbar angeborene Fähigkeit zur Orientierung über große Entfernungen.

Im Jahre 1956 untersuchten der deutsche Biologe Franz Sauer und seine Frau Eleonore das Verhalten von Grasmücken, die im Herbst – wie alle Zugvögel – von einer Unruhe befallen werden, zumal in der Nacht. Die beiden Biologen machten einige Versuche im Planetarium von Bremen. Sollte der nächtliche Sternenhimmel diese Unruhe auslösen und zugleich die Orientierung für den kleinen Zugvogel liefern? Experimente im Bremer Planetarium bestätigten diese Hypothese. A. Portmann ([1], S. 63ff.) berichtet darüber:

> Dieser künstliche Sternenhimmel hat den großen Vorteil, daß dem Vogel in aufeinanderfolgenden Nächten, obschon er am gleichen Ort bleibt, verschiedene Himmelsbilder vorgespielt werden können. Und die Beobachter erlebten nun das Erstaunliche, daß die kleine Grasmücke auf dieses Nacht für Nacht wechselnde Himmelsbild sinngemäß antwortete. An dem Abend, zu der Stunde, in der der Sternenhimmel den Anblick vom Mittelmeer aus darstellte, bog die Grasmücke in ihren Flugversuchen deutlich von Südwesten nach Süden um. Man hat sodann der Grasmücke den Himmel des Baikalsees im Planetarium vorgespielt, sie also gleichsam nach Osten verfrachtet. Sie hat sich sofort nach Westen gewendet und sich an jedem folgenden Abend, als man den Himmel in der Richtung Bremen verschob, um einen Winkelbetrag stärker nach Süden umgewendet. Als der Nachthimmel von Bremen wieder über ihr erstrahlte, hatte sie wieder die Südwestrichtung, die ihrer Art gemäß ist, eingenommen. Dies tat ein Vogel, der nie einen Sternenhimmel vorher gesehen hatte.
>
> Die Versuche im Planetarium boten einen besonderen Vorteil. Beobachter im Freien, die den Vogel unter verschiedenen Nachthimmeln sehen würden, könnten annehmen, daß von Nacht zu Nacht wechselnde unbekannte Feldkräfte, etwa die des Erdmagnetismus, dem Vogel seine Richtung weisen. Im Planetarium bleiben solche Kräfte für alle Versuche gleich – der vorgespiegelte Sternhimmel ist das einzig Wechselnde, das den Anlaß für ein verändertes Verhalten geben kann.

Die Bremer Versuche sind später von anderen Biologen bestätigt und ergänzt worden. Man glaubt herausgefunden zu haben, daß sich die Vögel an einem Koordinatensystem der Himmelskugel orientieren, so daß sie, nach Verfrachtung durch Flugzeuge, auch Ortsveränderungen kompensieren können. Es sieht so aus, als ob in dem winzigen Gehirn der Grasmücke eine Fähigkeit, sich am Sternenhimmel zu orientieren, einprogrammiert ist. Diese kleinen Vögel verfügen über etwas, das der Mensch erst durch einen sich über Jahrtausende hinziehenden Bildungsprozeß erworben hat.

Wenn heute ein Physiker oder Mathematiker in einer Zeitschrift oder in einem einführenden Sachbuch etwas über Fragestellungen der Biologen liest, wie sie hier in einigen Beispielen zusammengetragen wurden, dann gewinnt er wohl den Eindruck, daß es bei der Deutung des Lebendigen um Probleme geht, denen man mit den Methoden der Physik und Chemie nicht beikommen kann. Hier treten Fragestellungen auf, bei denen insbesondere die mathematischen Verfahren versagen, die sich in den exakten Naturwissenschaften so gut bewährt haben. Dieser Auffassung werden auch die meisten wissenschaftlich nicht vorgebildeten Leser zustimmen. Aber nun stellt sich heraus, daß viele der heute forschenden Biologen anderer Ansicht sind. Sie sind seit langem dabei, physikalische und chemische Methoden zur Untersuchung der Lebensprozesse anzuwenden, und sie haben auf diesem Wege beachtliche Erfolge erzielt. Die Optimisten unter ihnen sind der Meinung, daß die Biologie bei der Lösung ihrer noch offenen Probleme mit den Methoden der Physik und der organischen Chemie auskommen werde. Die in Kapitel VII, 2 zitierte Äußerung des Hirnforschers Hubel ist schon ein Beispiel dafür. Es gibt aber einige andere Forscher (wie Portmann), die solchen forschen Optimismus nicht teilen, und auch einige Physiker (Heitler, Jordan z. B.) bezweifeln, daß die Prozesse des Lebens allein aus den Möglichkeiten von Physik und Chemie zu verstehen sind.
Um die hier anstehenden Probleme zu erkennen, ist ein Blick auf die Geschichte der Biologie von Nutzen.

2. Wandlungen des biologischen Denkens

Am Anfang war die reine Naturbeschreibung, die Registrierung der vielfältigen Formen des Lebens und ihre Ordnung nach meist formalen Gesichtspunkten. Die Erfindung des Mikroskops machte dann ein viel tieferes Eindringen in die Strukturen des Lebens möglich. Die meisten Naturwissenschaftler nahmen solche Möglichkeit zu eingehender Erforschung des Lebens freudig auf, aber es gab auch Kritik an dem neuen Stil. Besonders Goethe hat immer wieder gesagt, daß man den Blick auf das Ganze beim Eindringen in die Details nicht verlieren dürfe. Er war freilich kein Biologe vom Fach, aber die Autorität unseres Dichterfürsten war doch so groß, daß auch viele Biologen seine Aussagen zur Naturkunde sehr ernst nahmen.

Schiller hat diese Würdigung der »Ganzheit« in seinem Brief an Goethe vom 23. August 1794 treffend dargestellt. Es war diese verständnisvolle, Goethes naturwissenschaftlichem Stil gewidmete Betrachtung, die die Freundschaft der beiden begründete. Es heißt da:

> Lange habe ich, obgleich aus ziemlicher Ferne, dem Gang Ihres Geistes zugesehen und den Weg, den Sie sich vorgezeichnet haben, mit immer erneuerter Bewunderung bemerkt. Sie suchen das Notwendige der Natur, aber Sie suchen es auf dem schwersten Wege, vor welchem jede schwächere Kraft sich wohl hüten wird. Sie nehmen die ganze Natur zusammen, um über das Einzelne Licht zu bekommen; in der Allheit ihrer Erscheinungsarten suchen Sie den Erklärungsgrund für das Individuum auf. Von der einfachen Organisation steigen Sie Schritt vor Schritt zu der mehr verwickelten hinauf, um endlich die verwickeltste von allen, den Menschen, genetisch aus den Materialien des ganzen Naturgebäudes zu erbauen.

Goethe war aus dieser Haltung heraus mißtrauisch gegen alle experimentellen Methoden in der Naturforschung.

> Mikroskope und Fernrohre verwirren eigentlich den reinen Menschensinn,

heißt es in den »Maximen und Reflexionen«. Er bezeichnet es als

> das größte Unglück der neueren Physik, daß man die Experimente gleichsam von Menschen abgesondert hat und bloß in dem, was künstliche Instrumente zeigen, die Natur erkennen, ja, was sie leisten kann, beschränken und beweisen will.

Aber Goethe hat den Fortgang der experimentellen Naturforschung nicht aufhalten können. Und das ist durchaus verständlich: Die von Goethe abgelehnten Experimente stellten Fragen an die Natur, die ihr zuweilen überraschende Antworten entlockten.

Da war zum Beispiel das Problem, ob die in den lebenden Organismen auftretenden Substanzen von grundsätzlich anderer Art seien als die der unbelebten Natur. War es etwa möglich, die organischen Substanzen auch durch künstliche Synthese zu erzeugen? Viele Gelehrte waren geneigt, diese Frage zu verneinen. Aber im Jahre 1828 – also noch zu Lebzeiten Goethes – gelang es dem deutschen Chemiker Wöhler, Harnstoffe aus anorganischen Substanzen im Laboratorium zu erzeugen. Das war ein wichtiges Ergebnis, das natürlich zu weiterer Forschungsarbeit anregte. Viele weitere Synthesen organischer Substanzen konnten im Labor durchgeführt werden, und damit war deutlich, daß eine Einteilung der chemischen Verbindungen in organische und anorganische ihren Sinn verloren hatte. Doch mit diesen Ergebnissen war die Sonderstellung des Lebendigen in der Natur nicht beseitigt. Viele Eigenschaften der pflanzlichen und tierischen Organismen schienen darauf hinzuweisen, daß das Leben eben doch etwas Besonderes sei, das nicht einfach aus den Gesetzen der Physik und Chemie erklärbar ist. Die Vitalisten nahmen die Existenz einer besonderen Lebenskraft an, die die Prozesse in den Organismen bedingt. Aber eine solche Lebenskraft ließ sich in keiner Weise durch Experimente nachweisen, so daß die Vorgänge in der belebten Natur vielleicht doch allein aus den Gesetzen der exakten Naturwissenschaften begründet werden könnten. Ein besonders schwieriges Problem schien damals das der Vererbung zu sein. Wie war es möglich, daß sich die Organismen reproduzieren und dabei von Generation zu Generation Erbanlagen weitergeben? Es schien keine Möglichkeit zu geben, in dieser Frage mit den Methoden der Physik und Chemie weiterzukommen.

Aber die Genetik hat im 20. Jahrhundert großartige Fortschritte gemacht, und besonders die Arbeiten der fünfziger Jahre schienen den Durchbruch zu einem wirklichen Verständnis für die Prozesse der Zellteilung aus den Gesetzlichkeiten der Molekularbiologie zu bringen. Wir können diese Forschungsergebnisse hier nicht ausführlich darstellen, aber wir müssen doch wenigstens versuchen, die darin auftretenden gewichtigen erkenntnistheoretischen Fragestellungen zu verstehen.

Beginnen wir mit einer von Matile (S. 543ff.) gegebenen Zusammenfassung der molekularbiologischen Theorie von Watson und Crick:

> Die gesamte Spezifität eines Organismus ist in der Spezifität seiner Desoxyribonukleinsäure (DNS) begründet. Der als Anordnung der vier DNS-Bausteine im linearen Kettenmolekül ausgebildete Informationsgehalt determiniert die Spezifität der Anordnung von Bausteinen in den ebenfalls linearen Polypeptidketten der Eiweiße, die ihrerseits als Enzyme und Strukturproteine die Spezifität des Stoffwechsels, der Zellstrukturen, des Wachstums, der äußeren Gestalt, kurz der gesamten biologischen Spezifität eines Organismus bestimmen. Für die Übertragung der genetischen Information von einer Generation auf die nächste und für die Ausbreitung derselben über alle Zellen eines Organismus ist die Autoreduplikation der DNS verantwortlich, die sich aus der Molekularstruktur ergibt. Die DNS-Struktur ist auch für die Stabilität des Genoms verantwortlich.
>
> Das Hervorstechendste an der Watson-Crick-Theorie ist zweifellos, daß sie sämtliche Phänomene biologischer Spezifität, insbesondere auch die Vererbung derselben, auf eine einzige Ursache zurückführt, die mit biochemischen Begriffen vollständig erfaßt werden kann.

Matile charakterisiert nun diese Theorie so:

> Vor uns steht ein biologisches Weltbild von großartiger Geschlossenheit und Durchsichtigkeit. Nicht ohne Grund haben die Biologen eine Theorie zum Dogma erhoben, die mit einem Schlag die immense Fülle von Lebenserscheinungen einschließlich ihrer evolutiven Zusammenhänge bewältigt.

Tatsächlich waren die Forschungsergebnisse von Watson und Crick für die Biologen frappierend. Die Vitalisten hatten ja besondere Lebenskräfte zur Erklärung biologischer Prozesse bei der Vermehrung von Organismen heranziehen wollen. Und die Vertreter der molekularen Betrachtungsweise hatten mindestens mit komplizierten Riesenmolekülen als Trägern der Erbanlagen gerechnet (vgl. Melchers). Jetzt stellte sich heraus, daß die linear geordneten Molekülkomplexe der Nukleinsäuren die entscheidende Rolle spielten. Der Prozeß der Zellteilung wurde aus der Möglichkeit verständlich, die sogenannten Strickleitern der Großmoleküle nach der Art eines Reißverschlusses zu teilen und durch Ausnutzung der molekularen Bindungen wieder zu ergänzen. Die hier auftretenden Beziehungen zwischen den Atomkomplexen auf den Holmen und den Sprossen der Strickleiter legen einen genetischen Code fest, das »ABC des Lebens«, dem entsprechend nach der Teilung die Ergänzung erfolgt.

Die Biochemiker haben nicht geruht, die Feinstruktur der Nukleinsäuren mit scharfsinnigen Methoden zu ergründen, denn sie vermuteten in ihnen mit Recht biologische Befehlszentralen winzigster Ausmaße, die vom Zellkern aus das Verhalten des Organismus steuern. In der Tat zeigte sich, daß die DNS den gesamten Schatz an Erbanlagen oder Genen birgt, der für den betreffenden Organismus charakteristisch ist.

So steht es in einer populären Schrift über die moderne Biologie (Löbsack, Kap. 2, S. 39ff.). Und Melchers (S. 46) schreibt über die Zukunftsaussichten der Molekularbiologie:

Das alles zusammen und weitere Kenntnisse über die Wachstum und Entwicklung bedingenden molekularen Reaktionen zeigen, daß wir der Situation nicht mehr fern zu sein scheinen, in der man sehr wohl das Wachstum eines Grashalmes so vollständig versteht wie Newton die Bewegungen der Planeten im Sonnensystem verstand. Immanuel Kant hatte es für unwahrscheinlich gehalten, daß es jemals einen Newton der Biologie geben könnte, der das Wachstum auch nur eines Grashalms verstehen würde.

Aber der eingangs zitierte Schweizer Forscher Matile schätzt die Bedeutung der Theorie von Watson und Crick ganz anders ein. Er hält sie für ein Dogma, das mit einem fast religiösen Eifer verbreitet wird, von Wissenschaftsjournalisten ebenso wie von Fachgelehrten. Die Theorie ist nach Matiles Auffassung indessen keineswegs gesichert. Er bringt Argumente gegen die These, daß *alle* Information in den Strickleitern der Nukleinsäuren gespeichert sei.

Hier geht es um einen Streit zwischen Fachgelehrten, in dem sich jeder zurückhalten muß, der nicht über die hier diskutierten Einzelheiten angemessen informiert ist.

Aber halt! Einige kritische Anmerkungen zu diesem Streit unter Biologen drängen sich dem Laien doch auf. Da prophezeit Melchers die Lösung eines für Kant unlösbaren Problems, das jedenfalls auch bis zur Stunde noch nicht bewältigt ist. Wie kann er das? Es ist kaum denkbar, daß ein Mathematiker eine entsprechende Voraussage wagt. Wir haben in der Mathematik viele noch offene Fragestellungen, und niemand weiß, ob man die Antworten morgen, in 50 Jahren, in 500 Jahren oder auch niemals finden wird. Von gewissen ganz einfach erscheinenden Problemen kann man *beweisen,* daß sie unlösbar sind. Wie kann man da über Lösungen in naher Zukunft Prophezeiungen wagen! Heißt das nicht, daß der Prophet die Problematik des noch Unerforschten gar nicht ernst nimmt?

Wir nehmen mit Respekt zur Kenntnis, daß die Biologen jetzt einiges über Codierungsverfahren der Natur herausgefunden haben. Aber die Forschung steht auf diesem Gebiet doch erst am Anfang. Kann denn ein ABC-Schütze des genetischen Codes für eine Wissenschaft in Anspruch nehmen, daß sie demnächst alle in der Sprache dieses Codes ausdrückbaren Geheimnisse herausfinden wird? Der Bau des Grases bietet ein besonders interessantes Beispiel.

3. Kants Grashalm

Wer über das Wachsen eines Grashalmes Bescheid zu wissen vorgibt, muß nicht nur sagen können, wie die Einzelheiten des fertigen Grases im Samen »vorprogrammiert« sind. Er müßte auch sagen können, wie die Natur es fertigbringt, einen Getreidehalm (der ja auch zu den Gräsern gehört) so aufzubauen, daß er die bei der zur Verfügung stehenden Baumasse maximale Festigkeit erhält. Weiter wäre zu ergründen, wie die Pflanze in diese optimale Struktur hineinwächst.

190

Wir lesen darüber bei Paturi (S. 69):

> Nicht nur die Anordnung pflanzlicher Festigungsgewebe ist optimal, auch ihre Zug- und Biegefestigkeit erreicht die Werte des Stahldrahts. Ihre Elastizität und Dehnbarkeit aber übertreffen die des Stahldrahtes sogar. Nur so kann ein Getreidehalm mit 3 bis 5 mm Durchmesser und 1,5 m Höhe an seiner Spitze die schwere Last der Ähren tragen, sich im Winde bis zum Boden biegen und elastisch wiederaufrichten.

An den Technischen Hochschulen wird in den Vorlesungen über Statik auch die Problematik des Baues zylindrischer Säulen behandelt. Mit einigem Aufwand an Infinitesimalrechnung wird dabei herausgearbeitet, daß es zweckmäßig ist, mit Hohlzylindern zu arbeiten. Solche Einsicht ist in den Bauplan eines Grashalmes eingefügt.

Aber wie? Wer behauptet, das Wachsen eines Grashalmes zu verstehen, müßte nicht nur wissen, daß es so etwas wie ein »ABC des Lebens« gibt, wonach die Planung für die Pflanze in gewissen Großmolekülen untergebracht ist. Er müßte auch darüber Auskunft geben können, wie im Bauplan der Pflanze die Lösung des statischen Extremalproblems angelegt ist.

Es ist schon richtig, daß die Biologie in den letzten Jahrzehnten einige bemerkenswerte Erfolge erzielt hat. Aber gegenüber der überwältigenden Fülle offener Fragen erscheint das Erreichte bescheiden. Der naive Optimismus Melchers kommt uns unbegründet vor. Um einen Vergleich zu wagen: Es ist, als ob ein ABC-Schütze, der gerade gelernt hat, bis zehn zu zählen, bei einem Gespräch von Mathematikern über ungelöste Probleme der modernen Analysis sagen würde: »Laßt nur, in der nächsten Woche kommen die Zahlen bei uns bis 20 dran. Dann werde ich eure Probleme lösen!«

Was Einstein – der vielleicht weit mehr zur Erweiterung unserer Erkenntnisse beigetragen hat als eine ganze Generation von Molekularbiologen – über die Situation des menschlichen Wissens gesagt hat, ist noch immer gültig:

> Wir sind wie ein kleines Kind, das eine Bibliothek betritt. Die Wände sind bis zur Decke mit Büchern in vielen Sprachen bedeckt. Das Kind weiß, daß irgend jemand diese Bücher ge-

schrieben haben muß. Aber es weiß nicht, wer es getan hat oder wie es geschah. Es versteht die Sprachen nicht, in denen sie geschrieben sind. Das Kind erkennt aber einen bestimmten Plan in der Anordnung der Bücher, eine geheimnisvolle Ordnung, die es nicht versteht, sondern dunkel ahnt.

4. Leben = Physik + Chemie?

Im allgemeinen legen die Wissenschaftler Wert darauf, die Eigenständigkeit ihrer Disziplin zu betonen. Sie haben Methoden entwickelt, die den Fragestellungen ihres Gebietes angemessen sind, und weisen Einreden von Vertretern anderer Disziplinen zurück. Anders ist es in der modernen Biologie. Hier besteht die Tendenz, das Leben aus den Gesetzlichkeiten der Physik und Chemie zu erklären und damit die Forschungen über die Natur in die exakten Wissenschaften einzugliedern. Diese Tendenz versteht sich aus dem Wunsch nach Sicherheit der Aussagen. Es ist sehr befriedigend, wenn man seine Ergebnisse mit mathematischen Strukturen beschreiben und durch jederzeit wiederholbare Experimente fundieren kann. Natürlich sind die Riesenmoleküle der Biologie wesentlich schwieriger zu durchschauen als die der anorganischen Chemie, aber man kann doch die eigene Forschungsarbeit als eine Fortsetzung der als gesichert eingeschätzten physikalischen und chemischen Forschungen ansehen.

Freilich haben Forscher vom Range Portmanns sich den Blick auf das ganze Bild der Natur durch solche Tendenzen nicht verstellen lassen. Wer aber im großen Bild der Natur nur die kleinen Mosaiksteine des eigenen Forschungsbereiches sieht, läuft Gefahr, Wesentliches zu übersehen.

Diese um Anschluß an die exakte Forschung bemühten Biologen mußten sich nun von Physikern wie Heitler und Jordan sagen lassen, daß die Physik nicht geeignet sei, die Probleme des Lebens angemessen zu deuten, daß (Heitler [5], S. 43)

Organismen sich von lebloser Materie dadurch unterscheiden, daß sie Gestalt haben. Die Gestalt einer Eiche oder Katze ist der analytischen Behandlung, die in der Physik ausschließlich zur Verwendung kommt, unzugänglich. Gestalt impliziert auch Ganzheit. Zur Eiche gehören *alle* ihre Organe (Wurzeln, Blätter usw.), sonst kann sie nicht leben. Die Gestalt ist nur der Anschauung zugänglich. Das gilt auch für die Gestalt eines einzelnen Blattes. In dem Begriffssystem der Physik kommt der Gestaltbegriff nicht vor. Er kann folglich auch nicht aus ihr abgeleitet werden. Man versuche, ein Eichenblatt mit der Atomphysik zu beschreiben!

Wir möchten hinzufügen, daß die immer wieder frappierende Zweckmäßigkeit der biologischen Strukturen (Abschnitt 1 dieses Kapitels) keine physikalische Deutung hat. Der Versuch, solche Erscheinungen aus dem Zufall oder der Auslese des Überlebensfähigen zu deuten, ist unglaubwürdig und kann leicht durch Rechnungen an Modellen ad absurdum geführt werden. Das gilt übrigens auch für die bereits von Matile (s. o.) widerlegte Behauptung, daß die Informationen über ein wachsendes Lebewesen zur Gänze in gewissen Riesenmolekülen gespeichert seien.
Heitler ([5], S. 50) merkt dazu an:

> Eine einfache Rechnung z. B. am menschlichen Gehirn zeigt sogar, daß die gesamte Information, die in den 2 m langen Nukleotidenketten beim Menschen steckt, noch lange nicht genügt, um das Gehirn eindeutig festzulegen.

Bei all diesen Aussagen (und Gegenreden) über die biologische Information geht man von der Annahme aus, daß der genetische Code aus den Großmolekülen mit molekularbiologischen Methoden entziffert werden kann. Es wäre aber auch denkbar, daß wesentliche Informationen in tieferen Schichten (dem Atomkern) gelagert sind. In diesem Fall könnte man weit mehr Aussagemöglichkeiten annehmen. Aber dann müßte man damit rechnen, daß (auf Grund der durch die Heisenbergsche Unschärferelation beschriebenen Situation) eine effektive Entschlüsselung gespeicherter Daten niemals gelingen kann.
Dazu kommt noch ein ganz anderes Argument. Der Physiker hat es mit Meßreihen zu tun, mit Daten über Größen, die im cgs-System darstellbar sind. Er versucht, Relationen zwischen solchen Meßgrößen herauszufinden und sie experimentell zu bestätigen.

Daß das oft mit verblüffender Genauigkeit gelingt, hat der Physik ihren guten Ruf eingebracht. Das Leben der Tiere und Menschen ist aber durch ein »Innenleben« (so Heitler [5]) bestimmt, das nicht mit physikalischen Maßstäben gemessen werden kann. Man kann Freude, Schmerz oder Angst nicht adäquat durch Größen des cgs-Systems darstellen, und deshalb kann man auch die Erscheinungen des Lebens nicht einfach aus Physik und Chemie erklären. Es gibt Forscher, die als Alternative zur Erklärung aus den Gesetzen der Physik (und Chemie) nur den Rückgriff auf »übernatürliche Kräfte« sehen. Aber was sind schon »übernatürliche Kräfte«? Was immer sich in der Natur vollzieht, ist natürlich, auch wenn es nicht durch die uns geläufigen Theorien erklärbar ist. Wenn man einem Zeitgenossen Demokrits das Licht als elektromagnetische Schwingung zu erklären versucht hätte, vielleicht wäre ihm das als ein Reden vom »Übernatürlichen« vorgekommen?

Es sei an den Zeitplan der Entwicklungsstufen im Kapitel VII, 3 erinnert. Nichts spricht dafür, daß die Stufenleiter der Entwicklung der Forschung bereits abgeschlossen ist, und es ist zu vermuten, daß zur Bewältigung der biologischen Probleme ganz neue Denkweisen nötig sind.

Es ist allerdings damit zu rechnen, und der Übergang zu den Wahrscheinlichkeitsbetrachtungen der Quantenmechanik deutet das schon an, daß die Aussagen über die Kategorien der höheren Entwicklungsstufen nicht mehr mit jener Sicherheit gemacht werden können wie über die früheren Stufen der Physik.

5. Die »drei Welten« Karl Poppers

Wenn ein Mathematiker oder Physiker versucht, sich in die Gedankenwelt der modernen Biologie einzuarbeiten, so erwartet ihn eine eigenartige Erfahrung. Da gibt es Forscher, die sich nur um Anwendung physikalischer und chemischer Methoden bemühen und erwarten, auf diese Weise dem Wesen des Lebens auf die Spur zu kommen. Manch andere Biologen sehen dagegen die Eigenständigkeit der biologischen Fragestellungen und versuchen, zunächst einfach durch Beobachtung des Lebendigen in seinen vielfachen Formen und in seiner Entwicklung voranzukommen.

Es zeigt sich nun, daß Klarheit der Begriffsbildungen, erkenntniskritische Sauberkeit und Verzicht auf unzulässige Verallgemeinerungen weit eher bei den mit eigenständigen biologischen Methoden arbeitenden Forschern anzutreffen sind als bei jenen, die in der Anwendung physikalisch-chemischer Methoden das Heil für die Biologie erwarten. Den negativen Beispielen der vorigen Abschnitte können wir eine Arbeit von A. Portmann ([3], S. 11ff.) entgegenstellen, die zwar keine totalen Lösungen der angesprochenen Probleme anbietet, aber doch bemerkenswerte Erkenntnisse aus der Sicht der Evolutionstheorie aufzeigt.

Bevor wir darauf eingehen, wollen wir eine Klärung der Begriffsbildungen versuchen, wie sie Karl Popper den Naturwissenschaftlern vorgezeichnet hat. Die von ihm und J.C. Eccles verfaßte wichtige Schrift »The Self and its Brain« liegt jetzt dankenswerterweise auch in deutscher Übersetzung vor (Popper u. Eccles). Der Naturphilosoph Sir Karl Popper hält es für geboten, drei Welten deutlich zu unterscheiden

Welt 3: die Produkte des menschlichen Geistes,
Welt 2: die Welt der subjektiven Erfahrungen,
Welt 1: die Welt der physikalischen Objekte.

Als ein Beispiel aus der Welt 3 nennt Popper die Menge der natürlichen Zahlen. Es gibt z.B. gerade und ungerade Zahlen. Sie existierten, lange bevor ein Mensch über sie nachdachte und die Elemente der Zahlentheorie entwickelte. Den Objekten der Welten 2 und 3 kommt Realität zu, weil sie auf die Objekte der physikalischen Welt einwirken können.

Poppers Unterscheidung der drei Welten erscheint uns deshalb so bedeutsam, weil nicht wenige moderne Biologen den Geist wie ein Auscheidungsprodukt des Gehirns behandeln.

Wenn zum Beispiel Hubel (S. 44) von dem Bemühen der Forscher spricht, »Gehirn und Geist zu verstehen«, und das in einem Bericht, der ausschließlich von den Ergebnissen physikalisch-chemischer Untersuchungen handelt, dann liegt doch der Verdacht nahe, daß er Geist einfach (wie einst Moleschott*) für

---

* Auf der Göttinger Naturforscherversammlung des Jahres 1854 trug der Züricher

so etwas wie ein Ausscheidungsprodukt des Gehirns hält. Diese Auffassung wird durch die Hubelsche These weiter bestärkt,

> abrupte Umwälzungen, wie sie Kopernikus, Newton, Darwin, Einstein oder Watson und Crick bewirkten, wird es in der Hirnforschung kaum geben (S. 44).

Denkbar wäre eine kopernikanische Wendung der Biologie aber doch, wenn sich die Einsicht durchsetzen würde, daß man den Geist nicht im cgs-System messen kann, daß man ihn also – in der Terminologie Poppers – in eine eigene Welt einordnen muß, um einen erkenntnistheoretisch sauberen Start zu haben.

Es gibt aber auch Naturwissenschaftler, die die Problematik der drei Welten Poppers sehr klar sehen. Der Physiker Heitler spricht vom »Innenleben« von Mensch und Tier, und bei Portmann ist von »Innerlichkeit« die Rede, wenn es um die Welten 2 oder 3 geht. Heitler ([5], S. 53) klagt, daß sich die moderne Biologie mit dem Problem des Innenlebens fast gar nicht befaßt:

> Da aber diese Frage in fast allen Arbeiten über Evolution ganz einfach ignoriert wird, so ist es doch angebracht, wenigstens einige Worte zu sagen. Mehr ist auch nicht möglich, weil wir darüber nichts wissen. Ziemlich klar ist, daß die Differenziertheit des Innenlebens mehr oder weniger parallel geht mit der Ausbildung des Zentralnervensystems. Was das Primäre ist, das Nervensystem oder das Innenleben, wissen wir nicht, wahrscheinlich keines – oder beides. Es kann natürlich kein irgendwie geartetes physikalisches Modell des Innenlebens geben, nach dem man Wahrscheinlichkeiten oder dgl. für die Entwicklung berechnen könnte. Die Annahme einer eindeutigen Zuordnung von Empfindungen auf physikalisch-chemische Nervenvorgänge ist unhaltbar und wird auch kaum noch von der Mehrzahl der heutigen Sinnesphysiologen vertreten. Gefühle, Gedanken, Willensimpulse,

Physiologe J. Moleschott den Gedanken vor, so wie die Niere den Urin ausscheide, seien Gedanken nichts anderes als Ausscheidungen des Gehirns. Da rief der Philosoph Lotze dazwischen: »Wenn man den Kollegen Moleschott reden hört, kann man fast glauben, es sei so!«

menschliche Intelligenz usw. sind Seinskategorien, die von materiellen Vorgängen in Nerven grundsätzlich verschieden sind. Über ihre Entwicklung haben wir nicht einmal direkte paläontologische Anhaltspunkte, es sei denn, wir schließen aus Gehirngröße auf Intelligenz.

Es ist nicht angenehm für einen Wissenschaftler, wenn er immer wieder gestehen muß, daß er auf eine wichtige Frage keine Antwort weiß und daß wohl die angewandten Methoden der Forschung nicht hinreichen, um den Frager zu befriedigen. Deshalb taucht immer wieder die Versuchung auf, das Erreichte zu verallgemeinern oder wenigstens Wechsel auf die Zukunft auszustellen. Deshalb finden sich nicht viele Biologen von Rang, die so offen über die Geheimnisse des Lebens sprechen wie Adolf Portmann ([3], S. 13), nämlich

> daß die meisten biologischen Werke die Erscheinungen des Geistes von vorgefaßten Positionen aus untersuchen, mögen nun diese Positionen aus dem Glauben an bestimmte religiöse Vorstellungen stammen oder aus der Auflehnung gegen solche. Beides sind ja voraus bezogene Stellungen: Der einen entzieht sich das Geistige der biologischen Forschung genauso selbstverständlich, wie es für die andere als Forschungsobjekt völlig mit eingeschlossen ist.

An dieser Stelle wird erneut deutlich, wie wichtig das Russellsche Postulat der Objektivität in jenen Bereichen der Biologie ist, in denen die Probleme nicht einfach durch eine Messung zu lösen sind. Die Gefahr ist groß, daß vorgefaßte Ideologien ins Spiel kommen und den Forscher die Problematik verkennen lassen. Portmann aber sieht sehr wohl die Schwierigkeiten, die einer unbefangenen Betrachtung dieser Fragestellungen entgegenstehen. Trotzdem will er den Versuch nicht aufgeben, in der Biologie den Bereich der Innerlichkeit zu erforschen. *Innerlichkeit:* Das ist für ihn ([3], S. 15) »die besondere Seinsweise des Lebens ..., die wir maximal aus eigenem Erleben kennen«. Es geht hier um Poppers Welten 2 und 3. Bemerkenswert ist aber, daß Portmann den Begriff »Geist« nicht nur auf den Menschen anwenden will. Seine Untersuchungen über »Natur und Geist« beziehen sich auch auf den in der ge-

samten Natur *immanenten* Geist. Als ein Beispiel für dieses geheimnisvolle Walten einer Ordnung in der Natur – einer Manifestation wirkenden Geistes – erwähnt Portmann u. a. das folgende Beispiel:
Im Zuge der Evolution entwickeln sich bei den höheren Wirbeltieren die inneren Organe (Milz, Leber usw.) nur wenig, dagegen gibt es eine starke Differenzierung des äußeren Erscheinungsbildes. Das Fell der Tiere, Hörner, Geweih usw. weisen starke Veränderungen auf. Diese Äußerlichkeiten sind aber für die Entwicklung des Innenlebens bedeutsam, für das Gemeinschafts- und Liebesleben. Es scheint also ein Zug zum Ausbau des Gemeinschaftslebens vorzuliegen, eine Entwicklung die man nicht gut aus dem Prinzip der natürlichen Auslese erklären kann. Portmann beschränkt sich darauf, solche Entwicklungstendenzen zu registrieren. Er nennt sie »geheimnisvoll« und verzichtet auf Erklärungsversuche.
Und das ist gut so. Denn eine voreilige Deutung solcher Entwicklungstendenzen wäre nur möglich, nähme man ungesicherte Ideologien zu Hilfe.

6. Neognostizismus

Bei manchen modernen Biologen besteht die Tendenz (wir haben darüber berichtet), das Leben in seiner ganzen Vielfalt aus physikalisch-chemischen Prozessen zu verstehen. Wir können es auch so ausdrücken: Sie wollen von den drei Welten Poppers nur die dritte gelten lassen. Bedeutende, an den Grundlagenproblemen der Mathematik und Physik geschulte Forscher haben solche Versuche abgelehnt (Heitler, Jordan, Schrödinger). Neuerdings wird aber der Versuch gemacht, gerade aus einer Anerkennung der Eigenständigkeit der Welt des Geistes eine Art Brückenschlag zwischen Poppers Welten von der Physik her zu versuchen. Wir meinen die besonders in einigen Staaten der USA verbreitete, als »Neognostizismus« bezeichnete Richtung der Physik. Der Bezug auf den Gnostizismus des ersten christlichen Jahrhunderts scheint uns nicht ganz glücklich zu sein, aber es lohnt nicht, um Bezeichnungen zu streiten.

Jean E. Charon (S. 8) berichtet dazu:

> Ich ... war, wenn ich es recht bedenke, bei meinen For-
> schungsarbeiten über die als »leblos« bezeichnete Materie
> von Anfang an darauf bedacht, erste Anzeichen der Beseelt-
> heit aufzuspüren, den Geist zu entdecken, der sich hinter der
> Materie verbirgt. Mit anderen Worten, mir war nie ganz wohl
> zumute angesichts der »reduktionistischen« Lehrmeinung
> der zeitgenössischen Physiker, die sich ganz bewußt um die
> Konstruktion eines physikalischen Weltbildes bemühen, in
> dem der Geist nichts zu suchen hat.

Es wird weiter berichtet, daß die neue Zusammenschau von Geist
und Materie unter Physikern, Psychologen und Theologen viel Interesse gefunden habe. Man sah Beziehungen zu der uralten Lehre
von der Gnosis und betonte diesen Zusammenhang durch die
Übernahme von Begriffsbildungen aus der frühen Zeit (»Äonen«
z. B.).
Das Wesentliche soll in der genannten Schrift mit »einfachen
Worten der Umgangssprache« dargestellt werden. Da wird berichtet (S. 77), daß der französische Mathematiker Poincaré bei
Schulabschlußprüfungen zuweilen den Kandidaten aufforderte,
die Kreide wegzulegen und nun das im Kalkül hergeleitete »in der
gewöhnlichen Umgangssprache« darzustellen. In der Tat mag
eine solche Aufforderung geeignet sein, das Verständnis des Schü-
lers für das behandelte Problem zu testen. Aber die Anekdote behauptet nicht, daß Poincaré bei Doktorprüfungen an der Univer-
sität entsprechend verfahren sei. Es mag möglich sein, Probleme
der Schulmathematik in der Umgangssprache zu verdeutlichen.
Ob das auch bei Fragestellungen der höheren Mathematik und der
theoretischen Physik stets gelingt? Wir möchten das bezweifeln.
Nach meinem Habilitationsvortrag vor der Naturwissenschaftlichen Fakultät über ein Thema aus der Theorie der abstrakten Hilbertschen Räume wurde ich von einem der anwesenden Biologen
gefragt, ob ich denn das Gesagte auch in der Sprache des »normalen Menschenverstandes« darstellen könne. Ich lehnte ab: Man
kann diese Mathematik der abstrakten Räume nicht »populär«
darstellen, und alle anwesenden Mathematiker gaben mir recht.

Wie steht es nun mit den Problemen der modernen theoretischen Physik? Kann man zum Beispiel die allgemeine Relativitätstheorie allgemeinverständlich darstellen? Wohl nicht. Man kann versuchen, die Grundgedanken einem philosophisch interessierten Laien darzulegen. Das hat zum Beispiel C. F. von Weizsäcker (in Eichelberg u. Sexl) meisterhaft getan. Aber ohne mathematischen Apparat kann man das Wesentliche doch nie ganz adäquat darstellen. In der Schrift von Charon (S. 85ff.) wird nun, unter Berufung auf Poincaré und unter der Kapitelüberschrift »Das Elektron als Träger des Geistes« behauptet, es sei durchaus möglich, den zu vollziehenden Brückenschlag zwischen Geist und Materie mit einfachen Worten der Umgangssprache zu verdeutlichen.

Charon sieht Gemeinsamkeiten zwischen den Elektronen und den sogenannten schwarzen Löchern im Kosmos (vgl. Kippenhahn, S. 218ff.). In beiden Objekten ist die Dichte sehr hoch, und die Raum-Zeit-Struktur weist Analogien auf. Die Theorie schreibt den schwarzen Löchern eine »Wiederkehr der Zeit« zu,

> was bedeutet, daß der Raum in regelmäßigen Intervallen alle
> seine vergangenen Zustände neuerlich durchläuft (Charon,
> S. 75).

Entsprechendes nimmt nun der Autor für das Elektron an.

Hier ist anzumerken, daß in schwarzen Löchern Messungen ebensowenig möglich sind wie im Innern eines Elektrons. Infolgedessen sind alle Theorien über Raum-Zeit-Strukturen im Innern von schwarzen Löchern oder von Elektronen einigermaßen unverbindlich.

Die klassischen Theorien der Physik – bis hin zur allgemeinen Relativitätstheorie – enthalten mathematische Gesetze, deren Gültigkeit man immer wieder durch Experimente prüfen kann. Einstein wurde erst dann so populär, als seine Theorie durch die Untersuchungen bei der Sonnenfinsternis 1919 eine erste Bestätigung erfuhr. Extrapolationen einer Theorie in einen für Experimente unzugänglichen Bereich haben dagegen nur geringen Aussagewert.

Man mag künftig erkennen, daß die Abschätzungen über die Dichte in schwarzen Löchern und im Innern von Elektronen einigermaßen zuverlässig sind. Aber was sagt schon eine solche Gemeinsamkeit? Der Mensch hat z. B. ein spezifisches Gewicht, das dem gewisser Salzlösungen entspricht. Deshalb sucht man nicht nach Analogien zwischen einem Menschen und einigen Kubikmetern Salzwasser. All das ist indessen nur ein Vorspiel. Wichtig ist die Aufspürung des Geistes in der Materie, die schon der Titel des Buches in Aussicht stellt. Das Wesentliche darüber finden wir im Kapitel 5, S. 75ff. Der Verfasser stellt einen Bezug her zwischen der »Wiederkehr der Zeit« in den schwarzen Löchern und nennt dies (S. 75)

> ein Phänomen, das dem *Festhalten und Wegwerfen von Erinnerungen* analog zu sein scheint.

Wir halten das für eine recht vage Entsprechung, da die Zeit im schwarzen Loch einen *regelmäßigen* Rhythmus hat, was sich für unsere Erinnerungen gewiß nicht sagen läßt.
Aber Charon findet (S. 76):

> Die Phänomene dieses Raumes erinnern also an jene, die wir aus den Bereichen des Lebendigen und des Denkens kennen.

Er findet, daß die Raum-Zeit der schwarzen Löcher von »so sonderbarer Art« ist, daß (S. 76)

> wir sie wohl zu Recht als »Raum-Zeit des Geistes« bezeichnen dürfen?

Mit diesen Bemerkungen rechtfertigt Charon seine These, daß die Elektronen (die nach seiner Auffassung auch den Charakter von schwarzen Löchern haben), als Träger des Geistes anzusehen seien.
Da hat sich Karl Popper (Popper u. Eccles) in seiner umfangreichen Schrift ausführlich um die erkenntnistheoretische Differenzierung der drei Welten bemüht, mit sauberer Präzision die Verschiedenartigkeit der Bereiche des Geistes und der physikalischen Wirklichkeit beschrieben, und hier reicht eine vage Analogie aus, um den »Geist« zu »lokalisieren«. Es zeigt sich immer wieder: Vielen Forschern fällt es schwer zu sagen, daß sie etwas Wichtiges nicht wissen. Man sollte sich hüten, die weißen Flecke auf der Landkarte unseres Wissens durch Theorien abzudecken, die ihrerseits nur durch zweifelhafte Analogieschlüsse abgedeckt sind.

Aber sehen wir einmal ganz von dem unzulänglichen Versuch ab, das Phänomen des Geistigen im Bereich der Physik zu verankern! Welchen Sinn hat es schon, wenn man mathematische Theorien in Dimensionen hineinschiebt, in denen eine experimentelle Prüfung grundsätzlich nicht möglich ist? Zumindest müßte man sehr deutlich auf die Ungesichertheit solcher Unternehmen hinweisen. Sonst würde die Physik Gefahr laufen, ihren Charakter als exakte Wissenschaft zu verlieren.

IX. Evolution

*Es liegt etwas Großes in der Auffassung, daß das Leben mit
seinen mannigfaltigen Kräften vom Schöpfer mit nur wenigen
Formen oder gar nur einer angehaucht worden ist und daß
sich, während sich unser Planet den festbestimmten Gesetzen
der Schwerkraft zufolge im Kreise herumbewegt, aus einem
einfachen Anfang eine endlose Anzahl der schönsten und wun-
derbarsten Formen entwickelt hat und noch immer entwickelt.*
Charles Darwin, Über die Entstehung der Arten, Schlußsatz

*(Der Neodarwinismus behauptet) . . ., (die Intelligenz) sei das
Produkt von Prozessen, die vollkommen intelligenzlos verlau-
fen.* Anton Neuhäusler (vgl. Heitler [5], S. 53)

1. Das Werk Darwins

Am 30. Juni 1860 fand in Oxford eine denkwürdige Sitzung der
British Society for the Advancement of Science statt. Das vorgese-
hene Auditorium reichte nicht aus für die große Zahl der Interes-
senten, und so zog man in den großen Saal des Museums um, der,
mit 700 bis 1 000 Personen, überfüllt gewesen sein soll. Es ging um
eine Diskussion des ein halbes Jahr zuvor erschienenen Werkes
von Charles Darwin »Über die Entstehung der Arten«. Darwin
hatte in dieser Arbeit seine Ideen über die »Evolution der Arten«
durch »natürliche Zuchtwahl« entwickelt und aus seinen Beobachtungen auf Forschungsreisen begründet. Dabei hatte er sich
über das Problem der Entstehung des Menschen sehr zurückhaltend geäußert und lediglich geschrieben: »Viel Licht wird auf die
Entstehung des Menschen und seine Geschichte fallen.« Aber die
meisten Leser waren klug genug, um die Konsequenzen der Darwinschen Theorie für die Stellung des Menschen im Kosmos zu
erkennen. Wahrscheinlich war Darwin auch deshalb so zurückhaltend mit seinen Aussagen über den Menschen, weil er die Dis-
krepanz seiner Theorie zur biblischen Schöpfungsgeschichte sah
und Auseinandersetzungen mit der Kirche erwartete.
Gerade deshalb aber war auch der Ansturm zu der Sitzung der
wissenschaftlichen Gesellschaft so groß, als sie Darwins Werk zur
Diskussion stellte.
Der bescheidene Darwin hielt sich in dieser Debatte zurück. Seine

Sache wurde von dem renommierten Naturwissenschaftler Thomas Huxley vertreten. Für die Gegenseite sprach der Bischof Samuel Wilberforce. Dieser geschickte Redner ging kaum auf die sachlichen Argumente ein, die für die Darwinsche Theorie sprachen. Seine ironischen Attacken gipfelten in der an Huxley gerichteten Frage, ob es ihm denn gleichgültig wäre, zu wissen, daß sein Großvater ein Affe gewesen sei. Huxley sprang auf und erwiderte: »Ich würde in derselben Lage gewesen sein wie Ew. Lordschaft!«

Huxley erwiderte dann dem Bischof in einer eindrucksvollen und sachlichen Rede. Am Schluß kam er nochmals auf die persönlichen Angriffe des Kirchenmannes zurück: »Wenn die Frage an mich gerichtet würde, ob ich lieber einen Affen zum Großvater haben möchte oder einen von der Natur begabten Mann von großer Bedeutung, der aber diese Fähigkeiten und seinen Einfluß nur dazu benutzt, um Lächerlichkeit in eine Diskussion hineinzutragen, dann würde ich ohne Zögern meine Vorliebe für den Affen bekräftigen!«

Diese Szene zwischen dem Bischof und dem Naturwissenschaftler war der Auftakt für eine sich über Jahrzehnte hinziehende Auseinandersetzung zwischen bibelgläubigen Christen und Vertretern der exakten Wissenschaften. Sie ist auch heute nicht endgültig abgeschlossen: In den USA gab es nach dem »Affenprozeß« der zwanziger Jahre in jüngster Zeit erneut Auseinandersetzungen zwischen den Fundamentalisten unter den Kirchenleuten und den Vertretern der Wissenschaft.

In Europa liegt die Entwicklung anders. Hier stellten die Theologen schließlich fest, daß die Aussagen über die Naturgesetze nicht Gegenstand göttlicher Offenbarung seien. Sie räumten ein, daß die »sechs Tage« des biblischen Schöpfungsberichts nicht wörtlich zu nehmen seien, und schließlich fand man sogar in gewissen Aussagen der modernen Naturforschung (dem Bohrschen Korrespondenzprinzip zum Beispiel) Anklänge an gewisse theologische Aussagen. Man machte Frieden mit der Naturwissenschaft, und die Erinnerung an den streitbaren Bischof Wilberforce war manchen Theologen unseres Jahrhunderts etwas peinlich.

Es sollte festgehalten werden, daß es die Biologie war, die die Wandlung unseres Denkens einleitete, welche die Naturwissenschaften im ganzen hervorbrachten. Die Physik folgte darin erst einige Jahrzehnte später mit der Relativitäts- und Quantentheorie. Dabei war in den beiden Fällen die erkenntnistheoretische Situation durchaus verschieden. In der Physik ging es um Theorien, die jederzeit durch Experimente nachprüfbar waren. Da es um Fragestellungen ging, die dem Laien kaum verständlich waren, nahm die Öffentlichkeit an den wissenschaftlichen Diskussionen zunächst wenig Anteil. Erst nach den sensationellen Bestätigungen der Einsteinschen Theorie durch die Beobachtungen der Astronomen wurde, wie gesagt, die Diskussion über die Relativitätstheorie populär. Und die Quantentheorie beschäftigte die Öffentlichkeit erst gegen Ende der zwanziger Jahre unseres Jahrhunderts stärker, als die Arbeiten von Heisenberg und Schrödinger diskutiert wurden.

Darwins Theorie der Evolution aber war schon sofort nach Erscheinen seiner Schrift Gegenstand heftigster Diskussionen. Das lag nicht nur daran, daß die Anwendung des Evolutionsgeschehens auf den Menschen die Theologen auf den Plan rief. Die Aussagen Darwins waren einfach zu verstehen. Jeder Gebildete begriff, worum es ging. Bei der Wandlung des *physikalischen* Denkens im 20. Jahrhundert verstanden dagegen nur wenige die diskutierten Theorien. Auch die erkenntnistheoretische Situation war anders. Wenn physikalische Theorien durch Experimente bestätigt wurden, konnte man kaum noch Einwände erheben. Darwins Behauptungen bezogen sich aber auf eine ferne Vergangenheit, und in keinem Laboratorium konnte man die Prozesse, die sich im Laufe von Jahrtausenden vollzogen hatten, wiederholen und nachprüfen. Hier war es viel leichter, Behauptungen aufzustellen oder auch Gegenargumente vorzubringen. Ein Konsens der Gelehrten war nur zu erwarten, wenn sich alle Debattanten an die von Russell so eindrucksvoll formulierten Postulate der Objektivität hielten.

Aber die Fragen der Darwinschen Theorie berührten den Menschen in seinem Selbstverständnis, und da fiel es manchen Leuten schwer, sachlich zu bleiben. Ein eindrucksvolles Beispiel ist die Argumentation des Bischofs Wilberforce in der Debatte von Oxford. Er genierte sich nicht, zunächst einmal zu fragen, ob denn die Konsequenzen der Darwinschen Lehre für ihn oder seinen

Gesprächspartner angenehm seien. Bei einem so massiven Verstoß gegen das für alle wissenschaftliche Arbeit unerläßliche Postulat der Objektivität läßt sich keine Übereinstimmung der Gesprächspartner erreichen. Aber auch bei ernsthafter Bereitschaft zu wissenschaftlicher Objektivität bleibt ein Moment der Unsicherheit übrig bei allen Aussagen über eine frühe Vergangenheit, die niemand von uns miterlebt hat und deren biologische Prozesse wir in keinem Laboratorium nachvollziehen können. Im besten Fall kann die Wissenschaft – durch Bewertung von Fossilienfunden usw. – einen guten Indizienbeweis führen. Immerhin sind die Darwinschen Überlegungen inzwischen durch viele weitere Argumente unterstützt worden, so daß heute über die grundlegenden Aussagen der Evolutionstheorie unter den Fachleuten Übereinstimmung besteht:

1. Es gilt unbestritten (und wenn es auch, vor allem in den USA, einige Naturwissenschaftler gibt, die unter dem Einfluß theologischer Fundamentalisten die Evolutionslehre ablehnen), daß sich das Leben auf unserem Planeten von niederen, einfachen Formen zu höheren, differenzierteren Formen entwickelt hat.

2. Dabei hat sich ein Ausleseprozeß vollzogen, bei dem wenig lebenstüchtige Formen ausgestorben sind (Selektionsprinzip, »Kampf ums Dasein«).

Umstritten ist dagegen heute noch die Frage, wie sich im einzelnen die Mutationen vollzogen haben. Darwin selbst war sich der Unzulänglichkeit seiner Theorie in bezug auf das Problem der Mutationen durchaus bewußt. Er sagte dazu (vgl. Hemleben, S. 106):

> Niemand braucht überrascht zu sein, daß noch vieles in bezug auf den Ursprung der Arten und Varietäten unerklärt bleibt.

2. Der Neodarwinismus

Die Biologen des 20. Jahrhunderts sahen aber die Möglichkeit, aus den Ergebnissen der modernen Physik und der Molekularbiologie in den noch offen gebliebenen Fragen weiterzukommen.

Man kennt (s. Kap. VIII, 2) den Aufbau der Großmoleküle, die als Träger der Erbanlagen gelten. Ihre Struktur kann sich zum Beispiel unter dem Einfluß elektromagnetischer Strahlung sprunghaft ändern, und so kann ein Quantensprung in einem Atom eines Großmoleküls jene Veränderungen hervorrufen, die dann eine wesentliche Variation im Erscheinungsbild der nächsten Generation zur Folge hat.

Die atomaren Prozesse stehen aber nach der Ansicht der modernen Physik unter dem Gesetz des Zufalls. Man kann ja z. B. Wahrscheinlichkeitsaussagen über den Zerfall einer radioaktiven Substanz machen. Deshalb sind auch – nach Auffassung moderner Biologen – die artverändernden Mutationen ein Werk des Zufalls. Nicht alle so entstehenden Variationen sind lebensfähig, und der Darwinsche Kampf ums Dasein sorgt dann für eine Selektion des Lebenstüchtigen.

Heitler [5] hat in seinem bereits mehrfach zitierten Aufsatz in den »Scheidewegen« und in anderen Publikationen gegen diese Auffassung gewichtige Argumente vorgebracht. Ähnliche Einwände findet man auch bei anderen Physikern und Biologen. Auch der im Motto dieses Kapitels zitierte Philosoph Anton Neuhäusler findet es absurd, daß nach der Meinung der modernen Neodarwinisten die menschliche Intelligenz z. B. ein Zufallsprodukt einer intelligenzlosen Entwicklung sein sollte.

Heitler ([2], S. 17) schrieb schon in seinen »Naturphilosophischen Streifzügen« zu dieser Frage:

> Man kann in verschiedenster Weise obere Grenzen für die Wahrscheinlichkeit von günstigen Mutationen abschätzen. Verschiedene derartige Abschätzungen sind auch publiziert. Dabei ist aber der folgende wesentliche Punkt zu beachten: Wenn wir wirklich die Wahrscheinlichkeit eines Zufalls im physikalischen Sinn betrachten wollen, dann müssen wir Sorge tragen, daß nirgends ein der Physik fremdes Element in unsere Betrachtung eintritt, das z. B. schon so etwas wie einen »Bauplan« oder Zielgerichtetheit des Lebens voraussetzt. Ein Bauplan ist ein nichtphysikalischer Begriff.

Er will nun die »groteske Unwahrscheinlichkeit« einer Entstehung des menschlichen Gehirns durch »zufällige, günstige Mutationen« demonstrieren und geht dazu von einem vereinfachten Modell des Gehirns aus.

Es habe 10^6 Neuronen (beim Menschen 10^{10}). Von jedem Neuron gehe ein einziger Nervenstrang aus (beim Menschen etwa 100) und endige an einem andern Neuron. Die Neuronen sind also paarweise verbunden. Wir fragen nach der Wahrscheinlichkeit einer bestimmten Verbindung. Physikalisch besteht nicht der geringste Grund, warum die eine Verbindungsart vor der anderen ausgezeichnet sein sollte. Wir wissen nicht, wie viele Verbindungsarten biologisch äquivalent sind und vertauscht werden können, ohne die Funktion des Gehirns zu stören. Das Gehirn wäre aber kaum so kompliziert, wie es ist, wenn es gleichgültig wäre, wie die Neuronen verbunden sind.

Die Wahrscheinlichkeit für eine bestimmte Verbindungsart ergibt sich ungefähr als $1:10^{2\cdot10^6}$, also eins zu einer Zahl mit zwei Millionen Nullen. Selbst wenn wir noch 99% der Nullen (!) wegstreichen, um biologisch äquivalenten Verbindungen Rechnung zu tragen, dann ergibt sich, daß eine zufällige Entwicklung absolut ausgeschlossen ist. Ob wir annehmen, daß die Evolution in den 600 bis $1\,000 \times 10^6$ Jahren der Lebensgeschichte in vielen kleinen oder weniger vielen, großen Schritten vor sich gegangen ist – zufällig im physikalischen Sinn war sie ganz bestimmt nicht.

Auch P. Jordan [1] geht auf das Problem der zufälligen Mutationen ein und kommt (unter Benutzung anderer Modelle) zu ähnlichen Ergebnissen wie Heitler.
Es läßt sich also mancherlei gegen die weitverbreitete Auffassung anführen, daß das Leben ein Produkt physikalischer Zufälle sei. Man muß nur einmal die großen Zusammenhänge sehen. Da haben wir in der Atomphysik eine vom Zufall regierte Welt. In der klassischen Physik aber gibt es Gesetzmäßigkeiten von erstaunlicher Präzision. Man denke nur an die astronomischen Berechnungen von Sternbahnen, an die Anwendung klassisch-physikalischer Theorien auf die Steuerung der Weltraumunternehmungen usw.
Und dann ist da das Leben mit seinen vielfältigen Formen. Wir

finden bei der Naturbetrachtung auf Schritt und Tritt Belege für eine ausgeklügelte Zweckmäßigkeit, wie sie unsere Technik noch nicht erreicht hat (Beispiele in Kap. VIII, 1). Es erscheint absurd, daß dies alles das Werk von »Zufällen« sein soll. Außerdem gibt es Modellrechnungen (von Heitler, Jordan, Schröder u. a.), die diese Vorstellung ad absurdum führen. Einsteins so oft bewährtes Genie hat wohl doch recht, den Glauben an den allbeherrschenden Zufall abzulehnen (Kap. V). Es liegt viel näher, eine in allen Teilen des Kosmos wirksame Ordnung anzunehmen, die in den uns unzugänglichen Tiefen des Atoms wirkt und auch die Gesetzlichkeiten des Lebens bestimmt.

Aus der Heisenbergschen Unschärferelation läßt sich allerdings zwingend begründen, daß unserer Forschung die experimentelle Bestätigung solcher Gesetzlichkeiten versagt bleibt. Trotzdem ist es ein Fehler, zu meinen, daß das, was uns nicht durchschaubar ist, nicht existieren kann. *Diese Welt wird uns verständlicher, wenn wir zugeben, daß wir sie (in vielen ihrer Strukturen) nicht verstehen.*

3. Der Ursprung des Lebens

Nachdem es den Chemikern gelungen war, viele – auch kompliziertere – organische Substanzen synthetisch herzustellen, lag die Frage nahe, ob es der Forschung gelingen könne, den Ursprung des Lebens in seinen einfachsten Formen zu verstehen und vielleicht gar im Laboratorium eine lebende Zelle synthetisch herzustellen.

Als einen Schritt zu diesem Ziel sind die Versuche des amerikanischen Forschers Stanley Miller anzusehen, der im Jahre 1953 versuchte, die Situation der Erdatmosphäre vor der Entstehung des Lebens im Laboratorium herzustellen. Man nimmt an (vgl. Schröder, S. 121ff.), daß sie aus einem Gemisch von Methan, Ammoniak und Wasserstoff bestand. Das folgt aus Überlegungen, für die es einen experimentellen Beweis natürlich nicht geben kann.

Wohl aber gelang es Miller und seinen Mitarbeitern, aus dieser »Uratmosphäre« durch elektrische Ladungen organische Verbindungen herzustellen. Schröder (S. 125) berichtet über das vieldiskutierte Experiment:

In einen Glasballon brachte er künstliche Uratmosphäre: Methan (CH_4), Ammoniak (NH_3) und Wasserstoff (H). 2 Elektroden waren in den Glasballon eingeschmolzen. Zwischen ihnen sprangen ständig elektrische Funken über. In einem 2. Glasballon wurde Wasser erhitzt, das als Wasserdampf durch eine Glasröhre in den Ballon mit der Uratmosphäre gelangte. Durch die ständigen elektrischen Entladungen (Gewitter) mußten nun die genannten Gase miteinander chemisch reagieren. Die so neu entstandenen Substanzen gelangten durch das untere Abflußrohr über eine Kühlzone (Regen) in ein U-förmiges Rohr, wurden hier, soweit sie flüssig waren, abgesetzt, während die gasförmigen Stoffe in das System zurückströmten. 8 Tage lang lief der Versuch ununterbrochen. Dann wurde die Flüssigkeit im U-förmigen Rohr chemisch analysiert. Darin fanden sich die Aminosäuren Glycin, Alanin, Beta-Alanin, Asparaginsäure und Alpha-Aminobuttersäure neben anderen Produkten. Das Experiment mit den rekonstruierten Bedingungen der Uratmosphäre war geglückt, der Beweis erbracht, daß auch in der Natur vor 2 Milliarden Jahren aus anorganischen organische Substanzen, darunter lebenswichtige Aminosäuren, entstanden sein müssen.

Hier möchten wir anmerken, daß das Wort »Beweis« an dieser Stelle doch etwas zu hoch gegriffen ist. Experimentell begründet ist durch diesen Versuch nur, daß aus dem »Urgemisch« von Gasen durch elektrische Entladung tatsächlich organische Substanzen gewonnen werden können. Die grundlegende Annahme über den Zustand der Urmaterie vor 2 Milliarden Jahren bleibt aber hypothetisch.

Immerhin hat dieser Versuch gezeigt, daß unter gewissen Voraussetzungen aus einigen wenigen anorganischen Grundsubstanzen auf recht einfache Weise höhere Verbindungen entstehen können. Das Millersche Experiment ist oft wiederholt und variiert worden. Man hat zum Beispiel herausgefunden, daß auch mit Röntgenstrahlen ein ähnlicher Effekt erreicht werden kann.

Das Millersche Experiment ist eines der wenigen Beispiele für die Möglichkeit, physikalische oder chemische Prozesse aus der Urzeit in einem modernen Laboratorium nachzuvollziehen. Diese Möglichkeit ist z. B. nicht gegeben bei Vorgängen, die sich über Jahrtausende hinziehen.

Wenn es aber im Laboratorium gelingt, aus einfachen anorganischen Grundsubstanzen verschiedene Aminosäuren (und Enzyme) synthetisch herzustellen, dann kann man sich leicht vorstellen, daß in der Urzeit unter der Einwirkung von Gewittern solche Prozesse stattgefunden haben. Der Aufbau der Eiweiße und der lebenswichtigen Nukleinsäuren könnte dann – so hat man gefolgert – durch zufällige Aneinanderreihung der zueinander passenden Aminosäuren erfolgt sein. Aber man darf es sich mit dem Rückgriff auf den heute so oft bemühten Zufall nicht zu leicht machen. Auch an dieser Stelle sind Überlegungen möglich, wie sie schon (s. o.) von Heitler und Jordan angestellt worden sind. Wir lesen dazu bei Schröder (S. 169):

> Nehmen wir an, es hätten sich im Urmeer lebenswichtige Eiweiße aus den 20 verschiedenen Aminosäuren bilden können, dann hätte der Zufall die richtige Aminosäurensequenz erst durch Bildung ungezählter Eiweißmoleküle unterschiedlicher Aminosäurensequenz ausprobieren müssen. Man hat errechnet, daß sich insgesamt 10^{1270} ungeeignete Eiweißmoleküle erst hätten bilden müssen, bis der Zufall eine lebenswichtige Sequenz getroffen hätte. Wer dem Zufall die Entstehung der Eiweiße unterstellt, muß auch seine Umwege in Rechnung stellen. Auf diese Weise hätte eine natürliche Entstehung der Eiweiße einen Zeitraum benötigt, der ein Vielfaches der Zeit seit der Entstehung des Kosmos beträgt. Das ist praktisch unmöglich.

Schröder kommt – ebenso wie Heitler – zu dem Schluß, daß man die Entstehung von Leben auf unserem Planeten nicht einfach als einen »physikalischen Zufall« erklären kann. Wenn es aber nicht der Zufall war, der die Moleküle der Aminosäuren zusammenfügte, wie ist die Entstehung des Lebens mit seinen mancherlei Systemen zur Fortpflanzung und mit seinen uns so ausgeklügelt erscheinenden Zweckmäßigkeiten zu deuten. Sagen wir es offen: Wir wissen es nicht.

Wir müssen mit der Möglichkeit rechnen, daß zum Verständnis

der Lebensvorgänge Einsichten nötig sind, die uns, und sei es nur im Ansatz, noch nicht vorliegen. Solche sokratische Bescheidenheit dürfte dem nicht schwerfallen, der sich einmal über die historische Entwicklung unserer exakten Wissenschaften Gedanken gemacht hat. Es wäre völlig unmöglich, etwa einem mittelalterlichen Gelehrten das Funktionieren eines Fernsehapparates mit jenen physikalischen Einsichten zu erklären, die im 12. oder 15. Jahrhundert zur Verfügung standen. Damals versuchte man, wenn überhaupt, Naturvorgänge aus den Prinzipien der Mechanik zu erklären. Die Geräte der modernen Nachrichtentechnik sind aber nicht ohne Elektrodynamik und Atomphysik erklärbar. Vielleicht braucht man zum völligen Verständnis der Lebensprozesse Einsichten, über die man erst im 22. Jahrhundert verfügen wird, vielleicht aber gibt es auch Probleme, für die es zu allen Zeiten bei dem schon 1872 von du Bois-Reymond ausgesprochenen »Ignorabimus« bleiben wird (vgl. du Bois-Reymond sowie Meschkowski [6], S. 153ff.).

Du Bois-Reymond äußerte damals in seinem Vortrag seinen Zweifel daran, daß man jemals das Problem des menschlichen Bewußtseins lösen werde, und schloß so:

> Gegenüber den Rätseln der Körperwelt ist der Naturforscher längst gewohnt, mit männlicher Entsagung sein »Ignoramus« auszusprechen ... Gegenüber dem Rätsel aber, was Materie und Kraft seien und wie sie zu denken vermögen, muß er ein für allemal zu dem viel schwerer abzugebenden Wahlspruch sich entschließen: »Ignorabimus.«

Es gab für du Bois-Reymond viel Zustimmung, aber auch heftigen Widerspruch. So schrieb Ernst Haeckel einige Jahre später:

> ... dieses scheinbar demütige, in der Tat aber vermessene »Ignorabimus« ist das »Ignorabitis« des unfehlbaren Vatikans und der von ihm angeführten schwarzen Internationale.

Wir sehen nicht, welche Stellen des Vortrages eine Relation zur »schwarzen Internationale« erkennen lassen. Du Bois-Reymond ist in einem zweiten Vortrag vor der Akademie der Wissenschaften in Berlin am 8. 8. 1880 auf seine Kritiker eingegangen, insbesondere auch auf Haeckel. Er schließt seine Ausführungen über »die

sieben Welträtsel« mit der Feststellung, daß der Zweifel nicht ausgeräumt werden kann: »Dubitemus! – Wir werden zweifeln!«
Wenn auch heute noch manche Forscher ein Unbehagen spüren,
wenn vom »Ignoramus« oder gar »Ignorabimus« der Wissenschaft gesprochen wird, so haben sie ähnliche Gründe dafür wie
der Verfasser der »Welträthsel«. Wenn Wissenschaftler von den
Grenzen ihrer Erkenntnis sprechen, dann sind zuweilen die Vertreter von Religionen rasch bereit, solche Lücken mit ihren »Offenbarungen« auszufüllen. Die Wissenschaftler haben gute Gründe, solche Ergänzungen ihrer Forschungsarbeit nicht einfach zu
übernehmen. Von daher ist Haeckels Ärger gewiß verständlich,
aber es ist doch verfehlt, aus solchen Überlegungen die erkenntniskritischen Studien von du Bois-Reymond abzutun.

4. Der Urknall

Bei der spektralen Analyse des Lichtes, das von fernen Sternen zu
uns kommt, stellten die Astronomen eine Rotverschiebung der bekannten Spektrallinien fest. Der Effekt war um so stärker, je weiter
die Sterne von uns entfernt waren. Eine naheliegende Erklärung
für diese Erscheinung liefert der aus der Akustik vertraute *Dopp-
lereffekt*.
Wenn man an einem Bahnübergang auf das Vorüberfahren einer
pfeifenden Lokomotive warten muß, kann man feststellen, daß
der Ton bei Herankommen der Maschine höher ist. Die Höhe des
Tons sinkt dann ab, wenn die Maschine vorbeigefahren ist. Dieses
Phänomen ist leicht aus dem Wellencharakter des Schalles zu erklären. Eine entsprechende Erscheinung kann auch bei Lichtwellen auftreten.
Aus der Rotverschiebung der Spektrallinien entfernter Nebel
kann man daher schließen, daß diese Sternhaufen in rascher Bewegung begriffen sind, fort vom irdischen Beobachter. Die Geschwindigkeit der Fortbewegung ist um so größer, je weiter die
Sterne von uns entfernt sind.
Man hat aus diesem Verschiebungseffekt auf eine rasche Expansion des Weltalls geschlossen. Nach der Relativitätstheorie ist der
gekrümmte Raum des Kosmos zwar unbegrenzt, aber (wahr-

scheinlich) nicht unendlich. Aus der Rotverschiebung ist nun zu schließen, daß der endliche Radius des Kosmos ständig größer wird. Die Vorstellung von einem zwar endlichen, aber doch unbegrenzten Raum ist für uns anschaulich nicht vollziehbar. Es sei deshalb daran erinnert, daß man sich die topologische Situation (und auch den Expansionsprozeß) sehr leicht an einem zweidimensionalen Modell vorstellen kann. Eine Kugelfläche ist nicht begrenzt, aber doch auch nicht unendlich: Ihr Flächeninhalt ist $4 \cdot \pi \cdot R^2$, wobei R der Radius der Kugel ist. Man denke sich einen kugelförmigen Ballon mit aufgeklebten schwarzen Flecken. Wenn man den Ballon weiter aufbläst, wächst der Radius der Kugel, und die schwarzen Flecke bekommen einen größeren Abstand voneinander. Diese Flecke entsprechen den Sternen im physikalischen Raum.

Die Sternnebel scheinen sich also mit großer Geschwindigkeit von uns weg zu entfernen, das Weltall expandiert, der Radius des gekrümmten Weltalls wird immer größer. Man hat früher auch andere Erklärungen für die Rotverschiebung der Spektrallinien gesucht, aber in letzter Zeit scheint sich die Deutung der Verschiebung durch die Expansion durchgesetzt zu haben.

Es liegt nahe, diesen angenommenen Expansionsprozeß rückwärts zu verfolgen. Unser Weltall war einmal kleiner, und man hat versucht, die Geschichte des Kosmos bis zu seiner vor Milliarden von Jahren erfolgten Entstehung aus einem Urknall zurückzuverfolgen. Es gibt Studien, die den Zustand des Alls in den »ersten drei Minuten« untersuchen und Aussagen machen über die Zusammensetzung der Himmelskörper in jener Frühzeit.

Es bietet sich hier die Möglichkeit, die Idee der Evolution weiter auszubauen. Es liegt nicht nur eine Entwicklung des Lebens auf unserem Planeten aus der Urzelle vor. Es gibt eine Fortsetzung des Evolutionsprozesses bis in die Nähe des Urknalls, also eine Theorie über den frühen Zustand des Alls, lange vor dem Auftreten der ersten Lebewesen.

Für manche Forscher ist dieser Gedanke einer universalen Evolution das tragende Element ihres naturwissenschaftlichen Denkens geworden, und sie versuchen auch etwas über den weiteren Fortgang der Evolution in der Zukunft auszusagen (Teilhard de Chardin, Ditfurth u. a.).

Hier sind freilich schwerwiegende erkenntnistheoretische Bedenken anzumelden. Nehmen wir an – denn sicher ist es ja keineswegs –, daß die Expansion des Weltalls die richtige Erklärung für die beobachtete Rotverschiebung der Spektrallinien sei. Somit vergrößert sich zur Zeit der Radius des (nichteuklidisch gekrümmten) Raumes. Aber wer garantiert uns, daß das schon immer so war? Und daß der Radius einmal (zur Zeit des Urknalls) gleich Null war? Niemand hat das beobachtet. Die Entdeckung der Rotverschiebung erfolgte ja erst in unserem Jahrhundert.

Die Aussagen über die »ersten drei Minuten« und den Urknall sind wahrhaft gewagte Extrapolationen unseres gesicherten Wissens.

Wer sagt uns, daß die Natur immer den uns am einfachsten erscheinenden Weg geht? Sie tut es oft nicht. Da haben wir die gute alte euklidische Geometrie, die seit Jahrhunderten den Gymnasiasten beigebracht wird. Sie taugt aber nicht zur Beschreibung kosmischer Zusammenhänge. Hierzu ist die Einführung einer gewissen nichteuklidischen Geometrie erforderlich. In der Elektrizitätslehre haben wir seit dem 19. Jahrhundert die elementaren Coulombschen Gesetze über die Anziehung ungleichnamiger und die Abstoßung gleichnamiger elektrischer Ladungen. Im Bereich der Kernphysik gelten diese Gesetze nicht mehr, es gibt »Kernkräfte«, die die positiv geladenen Protonen zusammenhalten. Es bestätigt sich immer wieder, daß jedes physikalische Gesetz eine Grenze seiner Anwendbarkeit hat. Was hat es dann für einen Sinn, eine ständige Expansion des Weltalls von einer »Stunde Null« an anzunehmen? Kann nicht die zeitliche Abhängigkeit des Weltradius auch durch eine Sinuskurve dargestellt werden? Dem würde ein pulsierendes Weltall entsprechen.

Die Extrapolation unserer durch Experimente abgesicherten Erkenntnisse auf Zeiten und Räume, die uns in keiner Weise zugänglich sind, hat wenig Sinn. Es fragt sich, ob die mit dem Urknall und den »ersten Minuten« beschäftigten Forscher nicht gut beraten wären, wenn sie dem bekannten Wittgensteinschen Rat folgen und schweigen würden über das, was wir nicht wissen *können*.

Diese einfachen Überlegungen machen deutlich, daß jede Philosophie der Evolution den gesicherten Bereich exakter Forschung verlassen muß, einfach deshalb, weil sie ohne gewagte Extrapolationen nicht auskommt. In diesem Zusammenhang ist uns auch das neueste Buch von Ditfurth bemerkenswert, das uns im Titel versichert, daß wir »nicht nur von dieser Welt« sind.

Diesem Buch ist schwer gerecht zu werden. Ditfurth spricht von dem »Jenseits« der Grenzen unseres Wissens und will damit dem religiösen Menschen ein neues Verständnis für das Jenseits und den Jüngsten Tag erschließen. Das geschieht durch Deutung von Einsichten, die die Beschäftigung mit der Evolutionstheorie vermittelt. Dabei geht er von den auch für ihn gesicherten Ergebnissen der Forschung aus, und seine Aussage, sein Werk sei nicht wissenschaftlich, geschieht offenbar im Hinblick auf die bewußten Grenzüberschreitungen und die Bezüge zur Religion.

Wir wollen auf diese Zusammenhänge später eingehen und uns hier zunächst auf jenen Teil des Buches beschränken, in dem über die mit wissenschaftlichen Methoden erforschten Evolutionsprozesse berichtet wird. Sie reichen für ihn vom Urknall bis zu einem Ende des Kosmos, dem »Jüngsten Tag«. Als Hilfsmittel für die Erforschung auch der frühesten Zeiten sieht er Fossilien an, die heute noch über längst vergangene Epochen berichten (S. 40):

> Ein versteinerter Knochen – oder dessen Abdruck – ist die geläufigste Form, keineswegs jedoch die einzige. Wir hatten das schon bei der Erörterung der Besonderheit des Verhaltens von Kugelsternhaufen erkannt. Ein Fossil ist einfach die heute noch auffindbare und identifizierbare Spur einer früheren Epoche der Entwicklung. Deshalb gibt es auch biochemische und molekulare Fossilien.
> Die lebende Natur ist nicht weniger konservativ als die Erdkruste. Wie diese bewahrt sie die Spuren ihrer Vergangenheit über fast beliebig lange Zeiträume.

In der Tat sind ja die Knochenfunde und die Versteinerungen wichtige Asservate in dem »Indizienbeweis« für die Entwicklung des Lebens. Eine versteinerte Muschel oder der Schädel eines längst ausgestorbenen Affen sind nun zweifellos nicht als Teile von jetzt lebenden Organismen anzusehen; sie berichten von vergangenen Zeiten. Aber Ditfurth will jetzt gewisse Großmoleküle – Enzyme – als »Fossilien« ansprechen, weil sie bei allen Lebewesen, von den niederen bis zu höchstentwickelten Formen, analoge

Aufgaben des Stoffwechsels erledigen. Offenbar hat die Natur – so argumentiert Ditfurth – in frühen Zeiten einmal besagte Enzyme für diese Aufgabe gewählt und ist auch für die höheren Lebewesen dabei geblieben.

Wir sehen nicht, wie man mit dieser Argumentation die Idee der Evolution untermauern will. Die echten Fossilien können von den Anhängern Darwins gut als Argumente für die Evolutionslehre eingebaut werden. Aber die Enzyme? Es gibt ja auch heute noch einige Gegner der Evolutionslehre, vor allem unter den amerikanischen Fundamentalisten. Sie können doch argumentieren, daß ein göttlicher Baumeister der Einfachheit wegen immer wieder dasselbe Hilfsmittel für die Lösung derselben Aufgabe von neuem eingebaut hat. Denken wir etwa an eine Möbelwerkstatt, in der die Teile von Kästen, Schränken usw. immer durch ähnlich aussehende Scharniere verbunden werden, die kleinen Holzkästchen ebenso wie die großen Schränke. Trotzdem wird nun aber niemand auf den Gedanken kommen, die großen Objekte unserer Werkstatt seien aus den kleinen durch einen Evolutionsprozeß hervorgegangen.

Noch bedenklicher erscheint uns Ditfurths Versuch, gewisse Chemikalien zu Fossilien einer Frühzeit des Kosmos zu machen. Die Eigenschaft, Fossil zu sein, läßt sich doch nur aus Theorien begründen, für die keinerlei Möglichkeit zu einer Nachprüfung besteht. Sie beruhen im besten Fall auf Extrapolationen gesicherter Ergebnisse in sehr frühe Zeiten. Wir haben aber bereits darauf hingewiesen, daß Ausweitungen dieser Art recht müßige Unternehmen sind, weil, nach allen Erfahrungen, die Naturgesetze eine Grenze ihrer Anwendbarkeit haben.

Dieser Einwand spricht auch gegen eine Verlängerung der Evolutionsvorstellungen in eine ganz ferne Zukunft. Gerade solche Überlegungen sind aber Ditfurth wichtig für die grenzüberschreitenden Betrachtungen über das »Jenseits«. Bleiben wir vorläufig im Diesseits! Ditfurth sieht die Möglichkeit zu »sicheren« Aussagen über einen Anfang und ein Ende (S. 294):

> Deshalb ist es legitim, vom »Jüngsten Tag« zu reden. Die mythologische Vorhersage vom kommenden Ende aller Zeiten ist zulässig, weil sie dem nicht widerspricht, was wir heute

über die Geschichte des Kosmos wissen. Ungeachtet aller noch bestehenden Lücken in diesem Wissen ist sicher, daß auch diese Geschichte, daß die Evolution im kosmischen Rahmen an ein Ende kommen wird, so wie sie nachweislich einen Anfang gehabt hat.

Wir haben schon unsere Bedenken gegen die Extrapolation unseres Wissens zu einer Zeit des Anfangs hin vorgetragen. Noch weniger fundiert scheinen uns die Ditfurthschen Aussagen über ein Ende des kosmischen Evolutionsprozesses zu sein. Es geht nicht um die gelegentlich vertretene Ansicht, daß irgendwann das Leben auf unserem Planeten erlöschen müsse. Dafür mag man Argumente haben. Aber Ditfurth handelt ja von der Evolution des ganzen Kosmos, der wieder in die Situation des Anfangs zurückkehren müsse.

Die Rotverschiebung der Spektrallinien ferner Sternhaufen ist experimentell gesichert. Plausibel ist ihre Deutung durch eine Expansion des Alls. Das sind Schlüsse aus einigen Beobachtungen von Astronomen des 20. Jahrhunderts. Wer will sagen, was war, was sein wird? Schließlich könnte der Radius des Weltalls auch ins Unendliche wachsen oder gegen irgendeinen festen Wert konvergieren.

Wir möchten noch anmerken, daß Ditfurths Aussagen über die Rolle des Zufalls in der Natur davon zeugen, daß ihm die Arbeiten von Physikern (Jordan, Heitler z. B.) anscheinend nicht bekannt sind. So lesen wir (S. 226):

> Sosehr unser Gefühl den Gedanken abweisen möchte, auch die Hypothese, daß der Kosmos ein Zufallsprodukt ist, läßt sich nicht widerlegen.

In diesem Fall ist sein »Gefühl« zuverlässiger als seine fachliche Information. Wir haben über die erkenntnistheoretische Problematik des »Zufalls« in der Natur schon ausführlich gesprochen.

Fassen wir zusammen: Ditfurth schrieb ein Buch mit der aufreizenden Behauptung, wir seien »nicht nur von dieser Welt«. Sein Jenseits liegt hinter den Grenzen unserer gesicherten wissenschaftlichen Erkenntnis. Zu diesem Jenseits gehören auch manche Bereiche, über die Ditfurth noch »Sicheres« auszusagen hat.

Auf die religiöse Problematik seines Buches wollen wir später eingehen.

5. Menschenzüchtung

Charles Darwin sah in seiner Evolutionstheorie (vgl. den Satz im Motto dieses Kapitels) eine Variation der biblischen Vorstellung von der Weltschöpfung. Die jüngste Entwicklung der Biologie aber läßt den Gedanken aufkommen, daß in Zukunft der Mensch selber die weitere Entwicklung seiner Art steuern könne und solle. Der Gedanke an genetische Planungen ist uralt. Man findet ihn schon bei Platon, und in unserem Jahrhundert haben die Nationalsozialisten versucht, durch Eingriffe in die Gattenwahl, durch Sterilisierung und durch Ausrottung »unwerten Lebens« aktiv in die genetischen Prozesse einzugreifen. Nach der Entzifferung des genetischen Codes glaubten viele Biologen den Weg frei zu haben für eine gezielte Manipulation des menschlichen Erbgutes. Besonders angelsächsische Genetiker entwickelten hier (seit der Ciba-Tagung von 1962) weitreichende Pläne. Man sah die Möglichkeit, Genies zu züchten, aber auch primitive Wesen für untergeordnete Arbeiten, Lebewesen mit Greiffüßen usw. (vgl. Wagner, S. 13ff.). Erste Erfolge auf dem Gebiet der Genmanipulation hatte der Nobelpreisträger H. J. Muller, der bei seinen Versuchen mit Taufliegen durch Röntgenstrahlen Mutationen erreichte.
Aber von solchen Anfangserfolgen bis zu einer genetischen Planung beim Menschen ist doch ein weiter Weg. Nach der von den Neo-Darwinisten vertretenen Ansicht sollen alle Erbanlagen in den Nukleinsäuren gespeichert sein. Nehmen wir einmal an, das stimme.
Selbst der sehr optimistische Muller bestreitet (vgl. Wagner, S. 23f.),

> daß diese Erbchirurgie schon über die Technik verfüge, die einen »gezielten« Eingriff in den humanen Keimbereich garantiere. Auch sieht er im multiplen und zugleich komplexen Charakter der vier bis fünf Milliarden Nukleotidenpaare allein eines menschlichen Gensatzes eine noch unübersteigba-

re Sperre für jede genetische Diagnose, etwa von Geneigenschaften oder -defekten, die einer Anwendung dieser Technik vorausgehen müßte.

Aber manche Biologen der nächsten Generation schieben auch solche Bedenken beiseite. So glaubt J. Lederberg (zitiert nach Wagner, S. 24), daß man die Probleme schon »mit einem bißchen Inspiration und Verstandesanstrengung« meistern könne.
Dieser naive Optimismus ist kaum zu verstehen. Da hat man herausgefunden, daß die Erbanlagen von Taufliegen durch Röntgenstrahlen verändert werden können. Vielleicht gilt das auch analog für Menschen. Doch es gibt keinen Ansatz für eine *gezielte* Mutation in den Großmolekülen der Nukleinsäuren. Und es gibt auch offenbar keinerlei detaillierte Information über die Zusammenhänge zwischen der Struktur der Großmoleküle und den Erbanlagen. Es erscheint unmöglich, aus den effektiv gesicherten Ergebnissen der Biologie eine Begründung für die Fortschrittsgläubigkeit mancher Wissenschaftler zu finden.
Zu der erkenntniskritischen Naivität einiger fortschrittsgläubiger Biologen tritt ein ganz anderes Moment noch hinzu. Bei erbbiologischen Versuchen am Menschen kann man nicht voraussehen, wie das Experiment ausgeht. Die überwiegende Mehrzahl aller Mutationen führt bekanntlich nicht zu einer positiven Weiterentwicklung. Man muß damit rechnen, daß das Ergebnis von Mutationsversuchen Menschen mit schrecklichen Mißbildungen sind, die vielleicht zwar existieren, aber doch kein menschenwürdiges Dasein führen können. Was gedenken die Forscher mit solchem »Abfall« ihrer Versuchsreihen zu tun? Hier tauchen unversehens ethische und juristische Fragen auf, die sich nicht bagatellisieren lassen.
In einer ähnlichen Situation befanden sich einige Jahre zuvor die Physiker, die die Kernspaltung entdeckt hatten. Ihre Einsichten waren zum Bau der Atombombe benutzt worden, und das führte dann zu weltweiten Protesten führender Forscher. Und doch war die Situation der Physiker nicht so schwierig wie jetzt die der Biologen. Otto Hahn konnte für sich in Anspruch nehmen, daß es ihm bei seinen Experimenten im Dahlemer Institut nur um Grundlagenforschung gegangen war. Er wollte um die Struktur

der Materie Bescheid wissen und hatte keineswegs die Absicht, Atomkraftwerke oder gar Bomben zu bauen. Er konnte sein Gewissen damit beruhigen, daß es ja andere waren, die die Anwendung seiner Grundlagenforschung betrieben hatten.

Bei den Biologen ist das anders. Wenn man Manipulationen an menschlichen Keimzellen vornimmt und die Versuche weiterführt, dann ist das Ergebnis ein ab ovo manipulierter Mensch, und niemand weiß sicher voraus, wodurch sich dieses Lebewesen von normalen Menschen unterscheiden wird. Was soll, wir fragten schon, mit den lebensuntüchtigen Ergebnissen solcher Forschungen am Menschen geschehen? Es scheint, daß sich die Initiatoren der »Menschenzüchtung« darüber nicht viel Gedanken gemacht haben. Unter Berufung auf die Freiheit der Forschung halten sie offenbar alles für zulässig, was experimentell durchführbar ist. Doch es haben viele andere Forscher, darunter auch Angehörige anderer Disziplinen, gegen die geplanten Versuche laut protestiert. Ein Beleg für solchen Protest ist das bereits zitierte, von Wagner herausgegebene Buch.

Unvermittelt ist vom Gewissen der Forscher die Rede und von ihren ethischen Verpflichtungen. Was hat die naturwissenschaftliche Forschung aber mit Moral zu tun?

Der französische Mathematiker Poincaré hat einmal gesagt:

Es führt kein Weg von dem, was ist, zu dem, was sein soll.

Natürlich kann man auch eine Ethik nach dem Vorbild von Spinoza axiomatisch begründen. Aber dann muß man gewisse ethische Aussagen als Grundsätze festlegen. Woher diese Grundsätze nehmen? Bei einer Beschreibung des Seienden in den Naturwissenschaften kann man tatsächlich ohne Mogelei keine Ethik unterbringen. Wenn trotzdem viele Naturwissenschaftler gegen den Bau der Atombombe oder gegen die Planung von Menschenzüchtung Einspruch erheben, dann wird daraus deutlich, daß wir den Problemen unserer Zeit nicht gerecht werden können, wenn wir sie nur mit den Methoden der exakten Wissenschaften anpacken wollen. Wir leben alle auch aus anderen Quellen.

X. Die Ethik des Naturwissenschaftlers

Humanismus ruht nicht dort am antiken Mittelmeerort,
sondern ist das Ergebnis menschlicher Entwicklung.
J. H. Herder (vgl. Gerlach, S. 167)

Es führt kein Weg von dem, was ist, zu dem, was sein soll.
H. Poincaré

1. Das Göttinger Manifest

Am 17. April 1957 wurde in den deutschen Tageszeitungen das
»Göttinger Manifest« veröffentlicht, eine Erklärung von 18 führenden deutschen Physikern, die sich gegen eine atomare Bewaffnung der Bundesrepublik Deutschland wandten. Sie erklär-
ten für ihre Person, daß sie keine wissenschaftliche Hilfeleistung
für eine solche Aufrüstung geben wollten. Zu den Initiatoren
dieser Aktion gehörten Werner Heisenberg, der federführen-
de Carl Friedrich von Weizsäcker, Walter Gerlach und der
Entdecker der Atomspaltung, Otto Hahn (vgl. Heisenberg, E.).
Sie alle sahen eine sittliche Verpflichtung zu einem solchen
Schritt.
Aber ihr Aufruf blieb nicht ohne Widerspruch! Es war vor allem
der Born-Schüler Pascal Jordan, der sich gegen das Manifest zu
Wort meldete. Er verbreitete (wohl mit Unterstützung der damaligen Bundesregierung) eine Flugschrift gegen die »Göttinger«:
»Wir müssen den Frieden retten!« Auch er war für den Frieden,
glaubte ihn aber besser durch eine atomare Aufrüstung des We-
stens sichern zu können.
In den erwähnten Flugschriften warf er den Autoren des »Göttin-
ger Manifests« vor, daß sie zu Konzessionen gegenüber dem
Osten ohne Gegenleistungen bereit seien. Er gab ([3], S. 8) die Ansicht der »Göttinger« in Form eines Zitats (in Anführungsstrichen) wieder. Aber was hier stand, hatten Weizsäcker und seine
Mitarbeiter weder wörtlich noch dem Sinne nach ausgesagt. Das
führte zu einer bösen Kontroverse in den Zeitungen zwischen
Gerlach und dem Angreifer Jordan.
Hier war die sonst so sachliche Diskussion zwischen Physikern

auf einmal leidenschaftlich geworden, und es wurden von beiden Seiten ethische Argumente ins Feld geführt.

Wir sind zwar heute erregte Debatten über politische und ethische Grundsatzfragen durchaus gewohnt, doch es erscheint angebracht, sich über die Möglichkeit solcher Querelen zwischen Vertretern der exakten Wissenschaften erst einmal zu wundern. Alle Erkenntnis fängt bekanntlich so an. Und man darf in der Tat als erstaunlich dies registrieren: Die Physik hat es mit der Erkenntnis des Seienden zu tun, und nach dem bereits zitierten Satz von Henri Poincaré führt kein Weg von dem, was ist, zu dem, was sein soll. Die Mathematik hat es mit den formalen Systemen zu tun, die Physik mit der Beschreibung des »Wirklichen«, mit dem, »was ist«. Eine Atomreaktion ist ein physikalischer Vorgang wie andere auch. Die Analyse solcher Prozesse gehört durchaus zum Aufgabenbereich des Physikers. Wenn er sich über die Auslösung solcher Prozesse moralisch entrüstet, wenn er sie als »Mißbrauch« seiner Grundlagenforschung verurteilt, dann verläßt er den Rahmen seiner exakten Forschung. Er handelt als Mensch, der ein Gewissen hat. Und das ist ein »Ding«, das in physikalischen Meßgrößen nicht zu beschreiben ist. Hier wird deutlich, daß die Betrachtungsweise der exakten Wissenschaften nur einen Bruchteil des Wirklichen erfaßt.

Einstein wies darauf hin, daß nicht einmal die Notwendigkeit, die Natur zu erforschen, sich aus den Naturgesetzen herleiten läßt. Freilich: Wenn wir diese Notwendigkeit anerkennen, dann ist die Forderung nach Wahrhaftigkeit der Aussagen sofort gegeben. Es hat ja keinen Sinn, sich selbst (oder andere) zu betrügen. Und damit ist auch klar, daß kein ernst zu nehmender Wissenschaftler falsch oder auch nur ungenau zitieren darf. Mit den Anführungsstrichen muß man sorgfältig umgehen. Sie heben Zitate als wörtlich heraus, und gewiß darf niemand sie so verwenden, wie es Jordan in seiner Flugschrift tut, um auf seine Art die Konsequenzen der Denkweise der Gegenseite zu charakterisieren.

Darüber hinaus müssen wir uns fragen, wie denn überhaupt die so häufig auftretenden ethischen Postulate von Naturwissenschaftlern zu rechtfertigen sind. Wir haben bereits im vorigen Kapitel von dem sittlichen Protest führender Biologen gegen die Versuche zur Menschenzüchtung berichtet.

Kann man die Haltung dieser Biologen, kann man den Protest der Physiker gegen den »Mißbrauch« der Kernenergie rational, das heißt aus den Gesetzlichkeiten der Naturforschung selbst, auf irgendeine Weise begründen?

2. Versuche zur rationalen Begründung der Ethik

Es hat solche Versuche gegeben, die Grundlage der Ethik rational zu fundieren. So schreibt Gerhard Sczcesny ([1], S. 185):

> Die alleinige Glaubwürdigkeit dessen, was einsehbar ist, führt notwendig zum Aufbau eines Wertsystems, das seine Maßstäbe aus der gegebenen Natur der Dinge und des Menschen ableitet.

Dieser popularphilosophischen These steht die Ansicht von Poincaré entgegen. Er hat in seiner bereits zitierten knappen These meisterhaft deutlich gemacht, warum es eine Herleitung ethischer Aussagen aus der Beschreibung des Seienden nicht geben kann. Natürlich kann man nach dem Vorbild von Spinoza auch die Ethik »more geometrico« betreiben. Aber in diesem Fall braucht man ethische Axiome, die am Anfang eines deduktiven Systems stehen. Dann kann man mit Methoden, die denen der Prädikatenlogik sehr ähnlich sind, aus ethischen Prämissen Folgerungen ziehen. *Aber woher nehmen wir die Prämissen?* Die Berufung auf den gesunden Menschenverstand gilt nicht.

In diesem Punkt müssen wir auch Albert Schweitzer widersprechen, der die Ethik der »Ehrfurcht vor dem Leben« für rational begründbar hält. In seinem selbstbiographischen Werk (S. 145) berichtet er von einem eindrucksvollen Erlebnis – auf einer Flußfahrt – im Jahre 1915, das ihm seine ethische Konzeption begründete:

> Langsam krochen wir den Strom hinauf, uns mühsam zwischen den Sandbänken – es war trockene Jahreszeit – hindurchtastend. Geistesabwesend saß ich auf dem Deck des Schleppkahnes, um den elementaren und universellen Begriff des Ethischen ringend, den ich in keiner Philosophie gefunden hatte. Blatt um Blatt beschrieb ich mit unzusammen-

hängenden Sätzen, nur um auf das Problem konzentriert zu bleiben. Am Abend des dritten Tages, als wir bei Sonnenuntergang gerade durch eine Herde Nilpferde hindurchfuhren, stand urplötzlich, von mir nicht geahnt und nicht gesucht, das Wort »Ehrfurcht vor dem Leben« vor mir. Das eiserne Tor hatte nachgegeben, der Pfad im Dickicht war sichtbar geworden. Nun war ich zu der Idee vorgedrungen, in der Welt- und Lebensbejahung und Ethik miteinander enthalten sind! Nun wußte ich, daß die Weltanschauung ethischer Welt- und Lebensbejahung mit ihren Kulturidealen im Denken begründet ist.

Wir meinen: Man *kann* aus der Beobachtung des üppig sprießenden Lebens in der Natur auch andere Konsequenzen ziehen. Es gibt da nicht nur Lebenswillen, sondern auch Existenzkampf und Vernichtung des Schwächeren. Aus solchen Einsichten ließe sich dann der menschliche »Willen zur Macht« philosophisch fundieren.
Wir haben keineswegs die Absicht, den großen Urwalddoktor durch die Philosophie Nietzsches zu widerlegen. Wir sind bereit, uns zu seiner Ethik der Ehrfurcht vor dem Leben zu bekennen. Wir glauben aber nicht, daß man eine solche Ethik aus der Beobachtung der Natur hinreichend begründen kann. Auch in der Popularphilosophie von Szczesny stecken Elemente, die nicht in den Bereich der exakten Wissenschaften gehören.
Den unbändigen Lebenswillen, den Schweitzer im Urwaldstrom beobachtete, hatten auch die Nazis, aber sie leiteten für sich daraus das Recht her, das Leben zu vernichten, das ihnen feindlich gesinnt erschien. Und wer mit Szczesny die Ethik »vernünftig« begründen will, beruft sich gewöhnlich auf die Empfehlung: »Was du nicht willst, daß man dir tu, das füg auch keinem andern zu.« Dieser Rat empfiehlt ein vernünftiges Zusammenleben unter Gleichgestellten. Von einem solchen Postulat könnte man sich aber immer dann dispensieren, wenn der Partner einem in Zukunft nicht mehr zu schaden vermag.
Denken wir an die Haltung Max Plancks im Dritten Reich! Lise Meitner (1958, S. 406ff.) berichtet über seine Haltung bei der Feier für den jüdischen Gelehrten Haber:

Als er bei der Vorbereitung der Totenfeier für Fritz Haber auf die größten Widerstände seitens aller Behörden stieß und die ihm vom Minister Rust gemachten Zusagen von Rusts Unterbeamten annulliert wurden, sagte er am Abend vor der Feier zu mir:»Diese Feier werde ich machen, außer man holt mich mit der Polizei heraus.« Und er hat sie gemacht und mit den Worten geschlossen:»Haber hat uns die Treue gehalten, wir werden ihm die Treue halten.«

Wie sich die Polizei verhalten würde, wußte damals niemand genau voraus. Planck hat sich aber für den verstorbenen jüdischen Forscher einzusetzen gewagt. Hier wirkt sich eine Gesinnung aus, die man nicht einfach als das Einhalten eines »vernünftigen« sozialen Kontraktes ausgeben kann. Wo liegen indes die Gründe für eine bei so vielen Forschern anzutreffende Geisteshaltung, die doch nicht aus den Gegebenheiten der exakten Wissenschaft selbst gedeutet werden kann?

3. Das sprechende »Daimonion«

Der Innsbrucker Mathematiker Wolfgang Gröbner wandte sich zuweilen mit einem kleinen Privatdruck an seine Freunde und Kollegen, um sich über einige ihm wichtig erscheinende Zeitfragen zu äußern. In einer zum Jahreswechsel 1960/61 verfaßten Abhandlung »Diagnose und Prognose« sagt er darüber:

> Es ist nämlich das in mir sprechende »Daimonion«, das von mir verlangte, Gedanken wie die nachfolgenden zu veröffentlichen, während der andere Teil, mein »Homo rationalis«, dies nur unter heftigem Protest geschehen läßt, um dann später jedesmal mit großer Erleichterung festzustellen, daß das so widerwillig Ausgesprochene ja doch – glücklicherweise – von den meisten unverstanden und unbeachtet geblieben war.

Weil aber doch einige wenige Gröbners Meditationen zu würdigen wissen, läßt ihm sein sokratischer Daimon keine Ruhe: Der auch als Sprecher der österreichischen Freidenkerbewegung bekannte Gelehrte folgt seiner sittlichen Verpflichtung.

Auch Einstein bekennt sich zu einer rational nicht zu fundierenden sittlichen Verpflichtung. Er drückt das (in einem Brief an Max Born vom 7.9.1944, Born, H. u. M. [1], S. 203) so aus:

> Das Gefühl für das, was sein soll, wächst und stirbt wie ein Baum, und keine Art von Dünger wird sehr viel dabei ausrichten. Was der Einzelne tun kann, ist nur ein sauberes Beispiel geben und den Mut haben, ethische Überzeugungen in der Gesellschaft von Cynikern ernsthaft zu vertreten.

Bemerkenswert an diesem Bekenntnis ist die Einsicht, daß der »Baum« der sittlichen Erkenntnis wachsen und sterben kann. Sein Freund Max Born ist in diesem Punkte mit ihm völlig einig. Der Begründer der Quantenmechanik hat, zusammen mit seiner Frau, eine Aufsatzsammlung (Born, H. u. M. [2]) herausgegeben, die den bezeichnenden Titel »Der Luxus des Gewissens« trägt. Es heißt in dieser Schrift (S. 66):

> Die wirkliche Krankheit sitzt tiefer. Sie besteht im Zusammenbruch aller ethischen Grundsätze, die sich im Laufe der Geschichte entwickelt und ein lebenswertes Leben gesichert haben, selbst in Zeitabschnitten wilder Kämpfe und weiträumiger Zerstörung.

Genug der Zitate! Es gibt Belege dafür, daß viele Forscher unserer Tage mit ihrem »sprechenden Daimonion« leben, mit einem Gewissen, von dem sie sich bei den Entscheidungen ihres Lebens leiten lassen. Alle Versuche, die Stimme des Daimonions rational zu erklären, müssen wir als unzulänglich zurückweisen. Es ist hinzuzufügen, daß es hierbei auch nicht um Rudimente einer frühen religiösen Erziehung geht. Viele der hier zitierten Forscher sind ohne religiöse Bindungen aufgewachsen, und Gröbner war sogar dezidierter Freidenker.

Es wäre trotzdem ganz verkehrt, wenn man bei Erörterung aktueller ethischer Probleme die Ratio dispensieren wollte. Es gibt freilich einfache ethische Fragestellungen, bei denen die Gewissensforderung unmittelbar deutlich ist und keine vernünftigen Überlegungen zusätzlich verlangt sind. So mag Max Planck keinen Augenblick darüber im Zweifel gewesen sein, was er im Fall der Haber-Feier zu tun habe.

Aber gerade unsere Zeit kennt Fragestellungen an unser Gewissen, deren Beantwortung doch nur durch viel Sachverstand angemessen möglich ist. Wir nennen als Beispiel nur das Problem der Atomenergie. Was soll der in diesen Fragen verantwortliche Politiker tun, der sich von seinem Gewissen her dem Wohl der Menschheit verpflichtet weiß? Ein Gewerkschaftsführer könnte ihn auf den Energiebedarf der wachsenden Menschheit hinweisen, auf die Verpflichtung, Arbeit zu schaffen. Aber da ist auch der Fachmann der »Grünen«, der von der Gefährdung der Umwelt spricht und von der Verantwortung für kommende Generationen. Auch er hat Zahlen und Tabellen zur Hand, um zu zeigen, daß die Anwälte der Atomenergie den Energiebedarf viel zu hoch ansetzen und die mancherlei Möglichkeiten des Sparens übersehen. Nun hat man gesagt, alle Statistiken »lügen«. An dieser überdrehten Formulierung ist dies wahr: Alle durch Tabellen und Statistiken dargestellten Relationen zwischen Zahlenreihen stellen – bei den hier anstehenden komplizierten Sachlagen – Teilaspekte dar, und die Aspekte etwa des Energieproblems für unsere Zeit sind so vielschichtig, daß man die Lösung nicht einfach aus einer einzigen Tabelle ablesen oder aus einer alleinstehenden Formel errechnen kann. Wir müssen zunächst die verschiedenen Verfahren zur Energiegewinnung berücksichtigen (auch die in der Zukunft durch neue Forschungen zu erreichenden Möglichkeiten). Alle Gelegenheiten zum Sparen müssen überprüft und die etwa notwendigen Opfer an Bequemlichkeiten gegen das Risiko abgewogen werden, daß wir die Lebensmöglichkeiten kommender Generationen gefährden.

Hier kann nur die Bereitschaft zu jener strikten Objektivität weiterhelfen, die Russell von allen Naturwissenschaftlern fordert. Wer so denkt, wird zu einem Gespräch mit dem Andersdenkenden bereit sein, zum Versuch, in gemeinsamer Arbeit eine optimale Lösung zu finden. Natürlich treten bei der Erörterung solcher Fragen auch Gruppenegoismen von sogenannten Interessenvertretern auf, die einfach gegen die Postulate der Ethik verstoßen. Trotzdem sollte niemand zu schnell dabei sein, dem Gegner in der Auseinandersetzung Mangel an Gemeinsinn vorzuwerfen.

In summa: Die Lösung der meisten wirtschaftlichen und politischen Probleme unserer Zeit ist nur möglich bei einer ethischen

Grundhaltung aller Verantwortlichen. Eine in der Zukunft tragfähige Lösung solcher Probleme erfordert aber viel Sachverstand, der bereit und in der Lage ist, alle Aspekte angemessen zu berücksichtigen. Vielleicht ist dies die wichtigste ethische Forderung unserer Zeit, daß sich alle, die an den Entscheidungsprozessen beteiligt sind, um solche Sachkenntnis bemühen. Das ist besser, als immer wieder das eigene gute Gewissen vorzuzeigen. Vielleicht ist es deshalb noch so gut, weil die Argumente der andern Seite nicht verstanden wurden?

Aber kehren wir zurück zur Frage nach der Fundierung der Ethik im Jahrhundert der Naturwissenschaften.

4. Das Evidenzproblem

Wir haben nun mehrfach von »ethischer Gesinnung« gesprochen und versucht zu zeigen, daß sie nicht aus der Erforschung des Seienden begründet werden kann. Doch auf welche Weise wollen wir dann den Rückgriff auf die Sprache des Mythos rechtfertigen, wenn wir vom Daimonion im Menschen reden? Natürlich lassen sich solche antiquierten Vokabeln vermeiden, aber auch das gibt noch keine Erklärung für das offenbar vorhandene gemeinsame sittliche Verantwortungsbewußtsein vieler Forscher.

Sollte man sagen, daß es eben Erfahrungen von Evidenz gibt, die keiner Begründung mehr fähig und bedürftig sind? Das »sittliche Gesetz in uns« wäre dann als eine ebenso natürlich vorgegebene Realität anzusehen wie der »gestirnte« Himmel« über uns, die Kant in einem Atemzug Objekte seiner Bewunderung nennt. Aber dürfen wir es uns so leicht machen? Manche Menschen halten ein allgemeinverbindliches Sittengesetz keineswegs für gegeben. Es gibt auch keine allgemeine Übereinstimmung bei den uns aufgegebenen Entscheidungen im Einzelfall. So waren im »Dritten Reich« keineswegs alle Gelehrten der Meinung, daß Max Planck sich in seiner Entscheidung für Haber richtig verhalten hatte.

Umgekehrt ist die allgemeine Übereinstimmung einer Masse von Menschen im Einzelfall noch kein Beweis dafür, daß sie einem »evidenten Sittengesetz« folgen. Man denke etwa an die Hexen- und Ketzerprozesse des ausgehenden Mittelalters. Damals hielt man es für »offenbare« Wahrheit, daß, was Hexen und Ketzer hieß, nicht verschont werden dürfe. Wir denken heute ganz anders darüber, weil wir uns von jenen Ideologien befreit haben, die damals auf der Menschheit lasteten. Ähnliches wäre zum Fall Haber zu sagen.

Trotzdem bleibt die Tatsache frappierend, daß wir heute unter führenden Naturwissenschaftlern Gemeinsamkeiten eines ethischen Engagements finden, die sich nicht aus den Ergebnissen der exakten Forschung selbst herleiten lassen. Vielleicht muß man es so sehen: Die Stimme des Daimonions ist leise. Sie kann übertönt oder ausgelöscht werden durch die Ideologie der mancherlei Weltverbesserer, durch das Pathos politischer Fanatiker ebenso wie durch die sanften Predigten einer über die »absolute« Wahrheit verfügenden Priesterschaft. Max Frisch läßt in seinem Drama »Don Juan oder die Liebe zur Geometrie« den Helden sagen:

> Nur der Nüchterne ahnt das Heilige. Alles andere ist Geflunker, glaube mir, nicht wert, sich damit aufzuhalten.

Vielleicht gilt diese Weisheit des Dichters auch schon für den Zugang zur Ethik. Nur wer frei von ideologischen Belastungen unbeirrt nach der Wahrheit fragt, kann die uns mitgegebenen »anfänglichen Wahrheiten« erkennen. Deshalb ist die Beschäftigung mit den exakten Wissenschaften so wichtig: Sie helfen uns nicht nur, die Welt zu verstehen, in der wir leben. Wer sich immer wieder darum bemüht, unbefangen und ohne Vorurteile das Seiende zu sehen, der kann vielleicht auch zu der Freiheit vordringen, das Evidente deutlich zu erkennen.

Unsere bisherigen Überlegungen beruhen auf Einsichten, die aus der Grundlagenforschung von Mathematik und Physik stammen. Es gibt aber auch einen Zugang zu den Fragen der Ethik, der von den Ergebnissen der Biologie ausgeht.

5. Der evolutionäre Humanismus

Im Gegensatz zu Poincaré ist der Biologe Julian Huxley (S. 13 ff.) der Auffassung, daß die Grundfragen der Ethik sehr wohl einer wissenschaftlichen Betrachtung zugänglich sind.

Huxley fordert ausdrücklich die Untersuchung der Wertvorstellungen in einer Gesellschaft, und er registriert dazu einige Ergebnisse aus der Völkerkunde und aus Tierversuchen. Es ist offensichtlich, daß hier eine rein *phänomenologische* Betrachtungsweise gefördert wird, die natürlich auf eine Beschreibung des Seienden hinausläuft. Wenn Poincaré feststellt, eine wissenschaftliche Ethik sei nicht möglich (weil kein Weg von dem, was ist, zu dem führt, was sein soll), so denkt er freilich an eine absolute, den Menschen fordernde Ethik. Solche Forderungen nach »ethischem Streben« finden sich freilich bei Huxley auch, und er spricht von der »Aufgabe des neuen Menschen«, den Gang der Evolution durch eine neuartige Religiosität zu fördern. Das ist aber doch nur möglich, wenn Ziele gesetzt sind.

Woher soll der Mensch wissen, in welche Richtung die Evolution fortschreiten will, wenn es keine absoluten Werte, keine absoluten Wahrheiten gibt?

Man hat bei der Lektüre der Huxleyschen Arbeit zuweilen den Eindruck, daß es sich gar nicht um einen wissenschaftlichen Versuch handelt, sondern um ein Glaubensbekenntnis zu einer neuen Göttin, die Evolution heißt. Da lesen wir (S. 16),

> daß alle Erscheinungen der Wirklichkeit der Evolution unterworfen sind, von Atomen und Sternen bis zu Fischen und Blumen, bis zu menschlichen Gesellschaften und Werten; ja man hat erkannt, daß die gesamte reale Welt ein einziger Evolutionsprozeß ist. Und in unserer Zeit haben wir zum ersten Mal genügend Kenntnisse erworben, um diesen gewaltigen Prozeß als Ganzes in großen Zügen zu erfassen.

Wir haben im Kapitel VIII darauf hingewiesen, daß man die Gesetze der Evolution nicht wie die der Physik im Laboratorium experimentell nachvollziehen kann, daß aber die Darwinsche Abstammungslehre in ihren Grundzügen durch Indizienbeweise als abgesichert gelten kann. Zweifelhaft bleibt aber eine Extrapolation in eine frühe Vergangenheit oder in eine noch vor uns liegende Zukunft. Was bedeutet da die von Huxley erwähnte Evolution von Atomen? Sind sie nur der Vollständigkeit wegen mit aufgenommen? Wir haben bereits ausgeführt, daß alle Extrapolationen in eine Frühzeit des Kosmos höchst zweifelhaft und deshalb sinnlos sind. Über die Evolution des Menschen und seine Zukunft weiß Huxley noch folgendes zu sagen (S. 19):

> Die Evolution des Menschen ist nun nicht mehr biologisch, sondern psychosozial ausgerichtet, das Triebwerk, das sie in Gang hält, ist die kulturelle Überlieferung; sie bringt eine kumulative Eigenvermehrung und selbsttätig zunehmende Mannigfaltigkeit von geistigen Leistungen und deren Früchten mit sich. Demgemäß werden größere Fortschritte in der menschlichen Phase der Evolution auf Grund eines Durchbruchs zu neuen dominanten Formen des Geisteslebens erzielt, in denen Denkweise, Wissen, Ideen und Glaubensüberzeugungen einheitliche Gestalt gewinnen, es ist keine physische oder biologische, sondern eine ideologische Neugestaltung.

Hier wäre zu fragen, warum denn der sich über Millionen von Jahren durch biologische Mutationen hinziehende Prozeß der Evolution gerade jetzt abgeschlossen sein soll. Die von Huxley kritisierte Bibel spricht den Menschen als »Krone der Schöpfung« an. Auch Huxley scheint den Homo sapiens für den Abschluß eines Entwicklungsprozesses zu halten, der sich jetzt nur noch im Bereich der Psyche auswirkt.

Er sieht die Möglichkeit, daß der Mensch diesen in den Bereich des Seelischen verlagerten Prozeß selbst zu steuern beginnt. Er sieht weiter die Anfänge einer neuen Religion, die dazu beiträgt, den »neuen Menschen« der Zukunft zu schaffen. Es wird aber nicht deutlich, woher diese neue Religion kommen, in welcher Richtung die Ethik sich entwickeln soll, da Huxley ausdrücklich alle absoluten Wahrheiten ablehnt.

Huxley reibt sich gern an der Theologie, der er vorwirft, sie verfahre unwissenschaftlich. Wir glauben nicht, daß dieser Vorwurf in seiner Allgemeinheit berechtigt ist. Zur Arbeit der Theologie gehören auch historische und philologische Untersuchungen, und auf diesen Gebieten leistet sie meist saubere Arbeit. So ungesicherte Verallgemeinerungen wie bei manchen modernen Biologen findet man da selten. Freilich: Wenn es um systematische Theologie geht, um die Erklärung und Rechtfertigung kirchlicher Dogmen, dann verläßt sie den Boden sicherer wissenschaftlicher Arbeit. Aber das tut Huxley als Apostel einer neuen Religion der Evolution ja auch.

Man könnte versuchen, die Idee eines evolutionären Humanismus durch einen Hinweis auf die Geschichte zu rechtfertigen. Es gibt Epochen, in denen sich humanitäre Ideen besonders stark entwickelt und das gesellschaftliche Leben nachhaltig verändert haben. Man denke etwa an das 18. Jahrhundert. Die großen Aufklärer forderten religiöse und politische Toleranz, und die Pädagogen bemühten sich um neue menschlichere Erziehungsmethoden. Es gab bald auch Stimmen, die eine Reform des Strafvollzugs forderten und die Abschaffung der Sklaverei. Gewiß gab es Rückschläge, aber der Ruf nach »Freiheit, Gleichheit und Brüderlichkeit« ist nie ganz verstummt. Kann man nicht darin ein Stück menschlicher Evolution sehen und hoffen, daß diese Entwicklung sich auf irgendeine Weise fortsetzen wird?

Dazu ist zunächst zu sagen, daß der Fortschritt auf dem Gebiet der Humanität im 18. Jahrhundert mit dem Ausbau der Wissenschaft zusammenhängt. Man begann auch den Menschen in seinen Entwicklungsstufen und in seinen möglichen Fehlentwicklungen besser zu verstehen. Die Erziehung wurde humaner, weil man das Eigenleben des Kindes besser zu verstehen lernte. Im Strafvollzug wurde törichte Grausamkeit abgebaut, weil man versuchte, den Menschen in Konfliktsituationen zu verstehen.

Aber das Wissen allein tut es nicht. In unserem Jahrhundert haben die sich mit dem Menschen beschäftigenden Wissenschaften viele neue Erkenntnisse zusammengetragen und sie auf mancherlei Weise populär gemacht. Und doch gibt es in unserem Jahrhundert viel mehr Konflikte in den mitmenschlichen Beziehungen in der Familie und in der Schule als in der bösen alten, so rückständigen Zeit. Die meisten Kinder haben damals ihre Eltern trotz ihrer antiquierten Erziehungsmethoden geachtet und geliebt, weil sie die ihnen zugewandte Güte spürten. Heute ist es zuweilen anders, auch in Häusern mit progressiven Formen des Zusammenlebens. Wenn zum Beispiel die Eltern keine Zeit mehr für ihre Kinder haben, dann kann eine Atmosphäre entstehen, in der die Kinder verkümmern.

Dieses Beispiel soll deutlich machen, daß man sich nicht auf eine Automatik des Fortschritts im Zuge der Evolution verlassen sollte.

Mitmenschliche Beziehungen gedeihen nur da, wo die Partner auf ihr Daimonion hören.

6. Entscheidungsprozesse

Aber allein mit einem Appell an das Gewissen kann man die großen Probleme unserer Zeit nicht lösen. Es zeigt sich immer wieder, daß zur Bewältigung der Aufgaben in Politik und Wirtschaft sehr viel Sachverstand gehört, Fachwissen aus den verschiedensten Bereichen. Teilaspekte genügen nicht, um etwa das Energieproblem zu lösen. Wenn zum Beispiel die Gewerkschaften auf die Erschließung neuer Energiequellen zur Beseitigung der Arbeitslosigkeit drängen, wenn die Naturfreunde dagegen eine für kommende Generationen gefährliche Belastung der Umwelt verhindern wollen, so können beide für sich in Anspruch nehmen, aus ethischen Motiven zu handeln. Eine vernünftige Lösung der Probleme ist aber nur möglich, wenn man das Ganze sieht. Dazu ist viel Sachverstand nötig.

Im letzten Jahrhundert hat sich die Forschung auf allen Gebieten immer weiter spezialisiert. Das war unerläßlich, um Spitzenleistungen zu erreichen. Aber jetzt zeigt sich, daß man für die praktischen Entscheidungen in der Wirtschaft und in der Politik einen Überblick über ganz verschiedene Problemkreise braucht, um eine vernünftige Entscheidung zu treffen, die unsere Zukunft retten kann.

Die Politiker und Wirtschaftsführer müssen also einen Lernprozeß durchmachen, bei dem sie ein hohes Maß an geistiger Beweglichkeit zu entwickeln haben. Dabei kann es vorkommen, daß sie ihre gestrige Stellungnahme morgen revidieren müssen. Das fällt den meisten Menschen überaus schwer.

Noch etwas kommt hinzu. In unserer Demokratie hat sich die Sitte ausgebildet, Entscheidungen nach Fraktionen en bloc zu treffen. Es dürfte aber bei der schwierigen Materie gewiß häufig vorkommen, daß einem Abgeordneten von seinem Daimonion gesagt wird, er müsse sich gegen seine Fraktion stellen.

Gefragt ist also nicht nur eine irgendwie ethisch fundierte Ausgangsposition, die man immer wieder lautstark verteidigt. Gefragt sind bewegliche und redliche Geister, die umzudenken fähig und willens sind. Das Daimonion ist beweglich genug, in alle sich wandelnden Fragestellungen mitzugehen. Es wird aber immer schwerer, ihm zu folgen.

Die Erforschung der Natur und der Entschluß, diese Erkenntnisse zum Vorteil der Menschheit anzuwenden, führt also zu Entscheidungssituationen, die nicht mit den Methoden der exakten Forschung selbst, sondern nur durch ein waches Gewissen zu meistern sind.

XI. Die »zweite Wirklichkeit«

Nichts trügt weniger als der Schein.
M. Liebermann (vgl. Portmann [1], S. 11)

1. Zwischenwelten

Die im neunzehnten Jahrhundert entstandene Theorie der elektromagnetischen Wellen ist nicht nur für die moderne Technik wichtig. Sie liefert uns ein schönes Beispiel für die Möglichkeit der Wissenschaft, die Ursachen von Wahrnehmungen ganz verschiedener Art aus einem gemeinsamen theoretischen Ansatz zu verstehen, wenn man will, sie als wesensgleich zu deuten.

Da haben wir das uns sichtbare Licht, das die Theorie als elektromagnetische Schwingung mit einer Wellenlänge von Bruchteilen eines tausendstel Millimeters deutet. An die rote Seite des sichtbaren Spektrums schließt sich das infrarote Licht an, das wir als Wärmestrahlung empfinden. Dann folgt der Bereich jener elektromagnetischen Wellen, die wir im Funkverkehr, im Radio und Fernsehen nutzen. An die violette Seite des sichtbaren Spektrums schließt sich die ultraviolette Strahlung an, deren physiologische Wirkungen uns heute aus der Medizin vertraut sind. Es folgt dann der Bereich der weichen und harten Röntgenstrahlen.

Man kann den Wellencharakter dieser auf die Sinne so verschieden wirkenden Phänomene durch eindrucksvolle Experimente verdeutlichen. Die Beugungserscheinungen des Lichtes sind seit langem bekannt.

Betrachtet man eine weiße Lichtquelle durch einen Spalt (Einschnitt in ein Stück Karton), so nimmt man farbige Ränder wahr. Noch eindrucksvoller wird die spektrale Zerlegung durch Beugung, wenn man statt eines solchen primitiven Spaltes ein vom Optiker auf Glas geritztes Gitter benutzt. Entsprechende Erscheinungen lassen sich aber auch für elektrische Wellen nachweisen, mit einem Gitter aus Holzlatten nämlich, dessen Dimensionen auf die Wellenlänge der Strahlen abgestimmt sind. Für die Röntgenstrahlen braucht man zur Erzeugung von Beugungserscheinungen ein so feines Gitter, daß es kein Techniker herstellen kann. Doch auch hier gibt es eine Möglichkeit, den Wellencharakter der Strahlen durch Beugung nachzuweisen: Man benutzt (nach den Verfahren von Max von Laue) ein Gitter, wie es mit gewissen geeigneten Kristallen gegeben ist. Damit wird deutlich, daß physikalische Phänomene, die auf ganz verschiedene Weise auf unsere Sinne wirken, unter dem Begriff der elektromagnetischen Wellen zusammengefaßt werden können. Ihre Eigenschaften kann man aus den Differentialgleichungen der Maxwellschen Theorie herleiten.

Diese allgemeine Theorie bezieht sich auf eine Zwischenwelt, die den Sinnen nicht unmittelbar zugänglich ist. Der Biologe A. Portmann hat mehrfach darauf hingewiesen, daß die moderne Naturwissenschaft sich in steigendem Maße in solche Zwischenwelten zurückzieht. Für die Molekularbiologie zum Beispiel sind es die chemischen Strukturen der Großmoleküle, etwa der Chromosomen eines Zellkerns. Auf diese Weise geht der unmittelbare Bezug auf die Anschauung verloren. Wir haben bereits erwähnt (Kap. VIII, 2), daß Goethe solche Abstraktionen gar nicht liebte, ja sogar die Bewaffnung des anschauenden Auges mit einem Mikroskop verwarf. Die Wissenschaft ist seinen Einwänden nicht gefolgt. Sie kann darauf hinweisen, daß wir durch die Beschäftigung mit abstrakten Zwischenwelten wichtige Erkenntnisse über die Natur gewinnen, die dann auch wieder ihre Bedeutung für die Sinnenwelt haben. Aber es besteht doch die Gefahr, daß der in die Struktur seiner wissenschaftlichen Begriffswelt eingesponnene Forscher das Ursprüngliche, das Naheliegende nicht mehr sieht. Deshalb hat Portmann [1] immer wieder auf die Wichtigkeit des ursprünglichen Welterlebens hingewiesen. Er wollte die moderne Forschung mit ihren großen technischen Möglichkeiten keineswegs verwerfen wie ein Goethe, aber er meinte doch, daß dem modernen Wissenschaftler eine ständige Rückbesinnung auf die Fragestellung des Anfangs nötig ist. Er sieht sonst den Wald vor Bäumen nicht. Er verliert zum Beispiel den Sinn für die Fragestellungen, die die Beispiele aus dem ersten Abschnitt dieses Kapitels uns vorlegen. Er erfreut sich an den Fortschritten in der Molekularforschung, aber er übersieht die großen offenen Fragen der

Biologie, die dem »unverbildeten« Menschen als erste aufgehen. Der Spezialist verliert manchmal den Blick für die Tatsache, daß die exakte Forschung nur einen geringen Ausschnitt des Wirklichen erfassen kann.

Doch auch Naturwissenschaftler und Mathematiker sind Menschen, denen die Welt der Werte wichtig ist. Man kann von jedem nicht ganz weltfremden Gelehrten behaupten, daß ihm die seine Privatsphäre bestimmenden Werte im Grunde doch wichtiger sind als die Strukturen seiner Disziplin. Jedenfalls hat sich der gewiß dem Rationalen aufgeschlossene Informationstheoretiker Steinbuch (S. 29) einmal energisch dagegen gewehrt, daß die »Hinterwelt« den Bereich der Werte für sich beansprucht:

> Die Behauptung der Hinterwelt, sie verwalte alles das, was gut, schön, wahr, edel, moralisch in dieser Welt sei, ist nichts anderes als Anmaßung. Es gibt alle diese wertvollen Eigenschaften auch dort, wo sie unbekannt ist, nur wird da weniger deklamiert, oft aber mehr praktiziert.

Wir haben keinen Grund, an dieser Stelle auf die Auseinandersetzungen zwischen dem Kybernetiker mit jenen Kreisen einzugehen, denen er »irrationalistische Unzucht des Denkens« vorwirft. Nur eine Bemerkung: Kann man mit den Methoden der exakten Wissenschaft festlegen, was

gut, schön, wahr, edel, moralisch

in dieser Welt ist? Hier geht es um Begriffe, die gerade *nicht* »more geometrico« fundiert werden können.

In diese Welt der Werte greifen auch die Fragen der Ehtik hinein, die – wie wir sahen – viele Forscher so leidenschaftlich bewegen. Es ist kein Zeichen besonderer wissenschaftlicher Reife, wenn man sich solchen Fragestellungen entzieht und auf die Beschäftigung mit dem beschränkt, was durch gesicherte axiomatische Grundlagen und logische Schlüsse oder durch einwandfreie experimentelle Verfahren gesichert ist. Irgendwann haben ja die Physiker angefangen, sich mit den Phänomenen der Elektrizität zu befassen, auch wenn sie sich nicht in die Gesetze der Mechanik einordnen ließen. Freilich besteht hier ein wichtiger Unterschied. Die Gesetzlichkeiten der Elektrizität vermochte man später mit mathematisch formulierten Grundgesetzen zu beschreiben, die in allen Konsequenzen experimentell bestätigt werden konnten. Aber wir sind durch unsere menschlichen Beziehungen ständig genötigt, uns mit Realitäten zu befassen, die sich – mindestens vorläufig – nicht durch verläßliche Systeme von Axiomen festlegen lassen, und wir müssen damit rechnen, daß eine solche Festlegung in vielen Fällen für immer unmöglich sein wird.

Wie soll sich da der an Exaktheit des Denkens gewöhnte redliche Forscher verhalten.

Er könnte geneigt sein, sich allen solchen Fragestellungen zu verschließen, die er nicht mit den gesicherten Methoden seiner Wissenschaft anpacken kann. Da sich der Anwendungsbereich exakter Verfahren immer mehr erweitert, könnte er abwarten, bis eines Tages die saubere Forschung auch mit jenen Fragen fertigwird, die sich heute noch so störrisch geben. Für eine solche Haltung spricht auch der Umstand, daß so viele Verfechter politischer oder religiöser Ideologien für alle Fragen eine rasche Antwort bereit haben, Antworten, die dem unvoreingenommen Denkenden nicht einleuchten wollen. Aber solcher Rückzug auf den Elfenbeinturm der reinen Wissenschaft ist doch bedenklich. Wir wissen gerade aus der exakten Behandlung wissenschaftlicher Fragen in der Mathematik und in der theoretischen Physik, daß es in den verschiedenen formalen Systemen unlösbare Fragen gibt. Alles spricht dafür, daß es der Forschung ebensowenig gelingen wird, auf die großen Menschheitsprobleme, mit denen Heinrich Heine sich angesichts der nächtlichen Wogen des Meeres beschäftigt, eine Antwort zu geben. Auf die Frage, was denn der Mensch sei, bekommt er die Antwort: nur »Meeresrauschen«, und

ein Narr wartet auf »Antwort«.

Unter den modernen Biologen gibt es aber einige solcher »Narren« im Sinne Heines, die glauben, dem Rätsel Mensch auf der Spur zu sein. Immerhin haben sie einiges über den Zusammenhang zwischen Fühlen, Wollen, Denken und den physikalisch-chemischen Vorgängen im Gehirn herausgefunden. Aber bei näherem Zusehen erweisen sich solche Ergebnisse exakter Naturforschung doch nur als Antworten auf (relativ unwichtige) Teilprobleme. Physikalische Meßergebnisse können immer nur Antwort auf physikalische Fragestellungen geben. Das Problem des menschlichen Bewußtseins und die andern großen Menschheitsfragen lassen sich aber nicht in der Terminologie einer physikalischen Theorie formulieren. Deshalb erscheint es angebracht, an solche Überlegungen einmal ganz anders heranzugehen und aus den exakten Wissenschaften nur den Geist unbestechlicher Sachlichkeit mitzubringen. Als eine nützliche Vorübung erscheint uns hier die Beschäftigung mit einem Problemkreis, der erst in jüngster Zeit Gegenstand akademischer Betrachtungen geworden ist, der Parapsychologie.

2. Zur Parapsychologie

Im Frühjahr 1945 wanderte ich auf einsamen Waldwegen mit einem jungen holsteinischen Bauern seinem Heimatdorfe zu. Es ergab sich in dieser Situation, daß wir auch über unsere Familien und die Eigenarten unserer Heimat sprachen. Die Rede kam auch auf die Gabe des sogenannten zweiten Gesichts, die vielen Bewohnern der nördlichen deutschen Provinzen eigentümlich ist. Mein Reisebegleiter gestand mir, daß er selbst zuweilen solche meist bedrückenden Visionen habe. So sei ihm eines Tages plötzlich ohne jeden äußeren Anlaß gewiß geworden, daß sein Vetter gestorben sei. Die Angehörigen wollten ihm nicht glauben, aber nach einigen Tagen kam die Bestätigung. Er habe, so berichtete mein Kriegskamerad, schon mehrfach solche telepathischen Erfahrungen gehabt, durchaus quälende unmittelbare Eingebungen.

Es gibt heute eine umfangreiche Literatur über derartige Phänomene (vgl. Bender sowie Tenhaeft). Neuerdings gibt es an einigen Universitäten Lehrstühle für Parapsychologie, die sich mit der Prüfung angeblich okkulter Phänomene beschäftigen. Natürlich gibt es auf diesem Gebiet mancherlei Schwindel, aber bei ernsthafter Prüfung der Berichte bleibt doch ein harter Kern von Reporten, an denen man nicht einfach deshalb zweifeln darf, weil wir für die hier berichteten Phänomene (noch) keine Erklärung haben.

Es liegt natürlich nahe, an eine Wirkung irgendwelcher Strahlen zu denken, die von einander nahestehenden Menschen gesendet und empfangen werden können, auf der gleichen Wellenlänge sozusagen. Aber so einfach ist das nicht. Schon Bavink [1] hat darauf hingewiesen, daß alle physikalisch bekannten Strahlungen in ihrer Intensität von der Entfernung abhängen: Sie nimmt mit dem Quadrat der Entfernung ab. Bei den telepathischen Übertragungen scheint aber die Entfernung gar keine Rolle zu spielen. Ein anderes okkultes Phänomen ist die Vorhererkennung der Zukunft, etwa durch Träume. Auch hier hat die Literatur viele gut bezeugte Beispiele vorzuweisen. Wir wollen auch bei dieser Gelegenheit vorziehen, ein kleines persönliches Erlebnis zu berichten. Im Frühjahr 1936 stellte ich mich nach meiner Heirat wieder dem öffentlichen höheren Schuldienst zur Verfügung. Die Beschäftigungslage war immer noch sehr schlecht, und so warteten wir zu Beginn des Semesters mit Spannung auf die Post, die den ersehnten Beschäftigungsauftrag bringen sollte. Eines Morgens sagte meine Mutter: »Du kriegst eine Stelle, ich habe es eben geträumt. Die Nachricht war mit Bleistift geschrieben!« Ich lachte: »Es mag ja sein, daß man mich einstellt, aber die Nachricht ist bestimmt nicht mit Bleistift geschrieben. Die Behörden haben Formulare, die mit der Schreibmaschine ausgefüllt werden!« Am nächsten Morgen kam eine Postkarte vom Direktor des Pankower Realgymnasiums mit der Anfrage, warum ich denn meine Stelle nicht antrete. Sie war mit Bleistift geschrieben. Die offizielle Benachrichtigung über meine Beschäftigung war in Pankow schon eingegangen, während aus irgendeinem unerfindlichen Grund die für mich bestimmte Benachrichtigung erst ein paar Tage später eintraf.

Die moderne Literatur über die Parapsychologie kann mit noch eindrucksvolleren Beispielen von Wahrträumen, von Telepathie und anderen okkulten Phänomenen aufwarten. Nicht alle derartigen Berichte sind ernst zu nehmen, aber an den akademischen Forschungsstätten für Parapsychologie ist man mit sehr kritischer Aufmerksamkeit darum bemüht, die wuchernde Phantasie mancher Zeitgenossen beiseite zu schieben und zunächst zu registrieren, was auf diesem Gebiet gesichert und bemerkenswert erscheint.

Man kennt Berichte über parapsychologische Phänomene aus

sehr frühen Zeiten, aber die Wissenschaft hat sich erst in jüngster Zeit mit diesem Fragenkreis ernstlich beschäftigt. Ihre Arbeit besteht zunächst im sorgfältigen Registrieren. Natürlich kann man Erklärungsversuche wagen. Wir erwähnten bereits die Möglichkeit, daß es sich bei den telepathischen Erscheinungen um eine Art von Strahlungseffekt handelt: Der von einer Gefahr bedrohte Mensch sendet Strahlen aus, die ein ihm nahe stehender Mensch »auf gleicher Wellenlänge« empfängt. Aber gegen diese Erklärung spricht der Umstand, daß nach allen vorliegenden Erfahrungen die Möglichkeit zu telepathischen Kontakten völlig unabhängig von der Entfernung der Partner ist, während doch bei den elektromagnetischen Wellen die Intensität mit dem Quadrat der Entfernung abnimmt. Bei den übersinnlichen Kontakten zwischen nahestehenden Menschen scheint es sich also um ein Phänomen zu handeln, das nicht aus den Ergebnissen der bisher bekannten Physik erklärt werden kann. Das ist zwar eine durchaus bemerkenswerte, aber für den durch die Naturwissenschaften geschulten Menschen keineswegs die Grundlagen seines Denkens verwirrende Tatsache. Schließlich lag ja auch in früherer Zeit die Elektrizitätslehre außerhalb des Bereiches der damaligen wissenschaftlichen Forschung. Man kann also vorläufig nur phänomenologisch vorgehen und die bemerkenswerten und gesicherten Beobachtungen registrieren. Dabei spielt bei manchen (der Wiederholung fähigen) Erscheinungen die Anwendung der Wahrscheinlichkeitsrechnung eine wichtige Rolle. Es gibt medial begabte Menschen, die anscheinend Gedanken und Wahrnehmungen anderer Menschen erkennen können. Da werden irgendwo aus einem Kartenspiel einzelne Karten herausgenommen, und das Medium sagt in einem anderen Raum aus, welche Karte da gezogen wurde. Bei einem Spiel mit 32 Kartenblättern ist die Wahrscheinlichkeit, daß man die richtige Karte zufällig errät, gleich 1/32. Wenn eine Person bei einer großen Zahl von Versuchen eine Trefferanzahl erreicht, die wesentlich über der durch die Wahrscheinlichkeit gegebenen Zahl liegt, dann ist zu vermuten, daß hier nicht der Zufall (der dem Gesetz der großen Zahl folgt) am Werke war, sondern daß hier Ursachen eine Rolle spielen, die wir noch nicht kennen. Man kann der Versuchsperson eine mediale Begabung zusprechen. Es ist interessant, daß – nach den Berich-

242

ten der Fachliteratur – besonders viele Experimente auf diesem Gebiet in der Sowjetunion gemacht werden. Bei der offiziellen Wissenschaftsgläubigkeit der Marxisten könnte es wundernehmen, daß man sich dort überhaupt mit solchen Themenkreisen befaßt, die nicht zur abgesicherten Wissenschaft gehören. Aber die Forscher jenseits des Eisernen Vorhanges sind keineswegs so töricht, zu glauben, es gebe in der Wissenschaft keine ungelösten Probleme. Und so beschäftigen sie sich auch mit Fragen der Telepathie in der Erwartung, daß die ungelösten Fragen von heute vielleicht schon morgen beantwortet werden können. Inzwischen besteht die Möglichkeit, auch die noch nicht völlig durchschaubaren Phänomene praktisch zu nutzen: Es wird ernstlich daran gedacht, daß medial begabte Kosmonauten einmal die Kommunikation in der Weltraumfahrt erleichtern könnten.

3. Das »Jenseits« der Wissenschaft

Wir müssen nun etwas ausführlicher auf den bereits im Kapitel IX, 3 erwähnten Begriff des »Jenseits« im Sinne der Wissenschaft eingehen, der in dem schon zitierten Buch von Ditfurth eine wichtige Rolle spielt.

Wer von der Evolution her die Welt zu verstehen sucht, muß gegen den primitiven Optimismus der Wissenschaftsgläubigen eigentlich gefeit sein. Wenn wir die Geschichte des Menschen in den kosmischen Zusammenhang stellen, wenn wir bedenken, wie kurz die Zeit ist, seit es überhaupt die wissenschaftlich forschende Menschheit gibt, dann erscheint der Gedanke absurd, daß wir das wesentliche über den Menschen und den Kosmos schon jetzt erkannt haben und die Zukunft nur noch unwesentliche Ergänzungen bringen könnte. Man kann weiter mit Ditfurth darauf hinweisen, daß das menschliche Auge ja nur einen geringen Teil der elektromagnetischen Wellen wahrnehmen kann, und doch gibt es auch die Schwingungen mit Wellenlängen diesseits und jenseits des sichtbaren Spektrums. Man muß daher mit der Möglichkeit rechnen, daß es Realitäten gibt, die unserem geistigen Auge verborgen bleiben.

Darin können wir Ditfurth durchaus zustimmen. Wir möchten

nur die Grenze zwischen dem »Diesseits« und dem »Jenseits« der Wissenschaft etwas anders ziehen. Im Kapitel IX wurde bereits erwähnt, daß wir einige seiner Behauptungen über die Frühzeit und die Zukunft der Evolution für ungesichert halten. Allzu oft heißt es bei ihm (S. 29): »Nur so läßt sich erklären ...« Solche Behauptungen sind nur dann zulässig, wenn es nachweisbar nur n Möglichkeiten gibt, von denen n − 1 effektiv ausgeschlossen werden können. Aber bei der Deutung astronomischer Probleme liegen die Dinge doch ganz anders. Wer sagt einem Forscher, daß zur Deutung eines Phänomens nur jene Möglichkeiten in Betracht kommen, die ihm gerade einfallen? Wir möchten aus solchen Bedenken heraus einiges zum »Jenseits« rechnen, was Ditfurth noch für gesichertes »Diesseits« hält.

Sicher ist damit zu rechnen, daß die Grenze zwischen beiden mit der Zeit zum »Jenseits« hin verschoben wird. Wir erwähnten in der Einleitung, daß Cauchy im Jahre 1811 über die Rückseite des Mondes etwas auszusagen für unmöglich hielt. Sie gehörte zum »Jenseits« der Wissenschaft seiner Tage. Heute haben wir Photos von der Rückseite unseres Trabanten und dürfen sie also zum »Diesseits« der Wissenschaft rechnen.

Zum »Jenseits« der exakten Wissenschaften gehört – mindestens vorläufig – das Gebiet der Parapsychologie. Und wir haben bereits mehrfach betont, daß die Probleme der mitmenschlichen Beziehungen und die großen Menschheitsfragen nicht »more geometrico« erledigt werden können.

Die Frage, ob man einen wissenschaftlich gesicherten Zugang zu den großen Menschheitsfragen findet, hängt natürlich auch davon ab, welche Aussagen, welche Ermittlungsverfahren man als »wissenschaftlich« zulässig annimmt.

4. Die Frage »Wozu?«

In einer Fernsehsendung über Meeresvögel sagte der Sprecher: »Die weise Natur hat es so eingerichtet, daß ...« Und dann kam ein Bericht über eine für die Lebensweise der Meeresvögel besonders zweckmäßige Gestaltung ihres Körpers. In dem bereits im Kapitel VIII, 1 zitierten Buch von Paturi ist von »genialen Inge-

244

nieuren in der Natur« die Rede. Es bietet eine Fülle von Beispielen für zweckmäßige Konstruktionen in der Natur, die dem menschlichen Techniker in manchen Fällen Vorbild sein können.

Man kann diese Betrachtungsweise auch auf die unbelebte Natur ausdehnen. Es ist sehr »zweckmäßig« (für die Menschheit), daß das Wasser bei $+4°$ ein Maximum des spezifischen Gewichtes hat, weil auf diese Weise unsere Seen nicht vollständig zufrieren können. Und es ist gut, daß zum Auftauen von 1 g Eis 80 Kalorien nötig sind. Wäre für den Übergang vom festen zum flüssigen Zustand keine Energie nötig, so hätten wir grauenhafte Überschwemmungen.

Wiederum kann man nicht behaupten, daß alles in der Natur »zweckmäßig« eingerichtet sei. Um nur ein Beispiel zu nennen: Da ist der Schmerz, der den Menschen das Leben schwer machen kann. Auch hier kann man versuchen, einen positiven Sinn zu sehen: Gäbe es keinen Schmerz, so würde ein Kind die Hand in die Flamme halten und Schaden nehmen. Der Schmerz dient zur Warnung vor dem Unheil; so könnte man ihn verteidigen. Aber bei manchen Krankheiten (Krebs) kommt zuerst die Zerstörung, dann der unerträgliche Schmerz, der kein Unheil mehr abwenden kann.

Leibniz hat unsere Welt die »beste aller möglichen« genannt und damit sagen wollen, daß der Schöpfer ein »Extremalproblem mit Nebenbedingungen« lösen mußte. Das ist eine aus der Mathematik bekannte Fragestellung. Voltaire hat das wohl nicht ganz verstanden, als er seinen Spott über die Leibnizsche These ausgoß.

Damit haben wir unversehens Gott ins Spiel gebracht. Das ist kaum zu vermeiden, wenn man von einer »zweckmäßigen« Ordnung der Natur spricht und sie zu erklären sucht. Zwecke werden von Personen gesetzt.

Aber schon Laplace hat Napoleon auf die Frage nach der Funktion Gottes in seinem System geantwortet: »Sire, ich brauche diese Hypothese nicht!«

Die moderne Naturwissenschaft sucht – mit gutem Erfolg – das Geschehen in der Natur zu registrieren und die beobachteten Gesetzlichkeiten durch mathematische Strukturen zu beschreiben. Da paßt die Vorstellung von Zwecksetzungen einfach nicht hinein. Sie legt sofort die Frage nach einem Weltenlenker nahe, der solche Zwecke setzt. In früheren Jahrhunderten war der Schöpfungsglaube so selbstverständlich, daß die Frage nach Zwecken und Zielen in der Natur kein Ärgernis war.

Aber alle Besorgnisse vor einem Hineingleiten in metaphysische Betrachtungsweisen schaffen doch die Tatsache nicht aus der Welt, daß sich dem unvoreingenommenen Beobachter der Natur die oft so eindrucksvolle Vorstellung von der Zweckmäßigkeit der biologischen Formen aufdrängt, und sie fließt auch heute noch immer in die Darstellung von Naturbeobachtungen ein, ohne daß der Sprecher sich damit auf eine Apologetik für den Schöpfungsglauben einlassen will.

Kürzlich haben Spaemann und Löw den Vorschlag gemacht, in der Naturbeschreibung teleologische Kategorien neben den kausalen gelten zu lassen. In ihrer Schrift »Die Frage Wozu« machen sie geltend, daß aus philosophischer Sicht die teleologischen Begriffsbildungen nicht bedenklicher seien als die üblichen kausalen.

Es ist aber nicht anzunehmen, daß die Naturwissenschaftler an einem Nebeneinander zweier Denksysteme Gefallen finden werden. Es ist vielleicht richtiger, die immer wieder auftretende Vorstellung von der Zweckmäßigkeit in der Natur vorläufig in jenem Bereich zu belassen, den Portmann das »Geheimnisvolle« nennt.

Nun haben wir bereits mehrfach von Problemen gesprochen, die mit exakt naturwissenschaftlichen Methoden nicht zu bewältigen sind. Da ist das die Forscher unseres Jahrhunderts beschäftigende Problem der ethischen Verantwortung des Wissenschaftlers, da ist die sich immer wieder aufdrängende Neigung, Zwecke in der Natur zu sehen. Bei dem Versuch, menschliches Fühlen und Streben zu deuten, kann man zwar Bezüge zur Physik und Chemie des Gehirns feststellen, aber es besteht keine Aussicht, auf diesem Wege zu einem wirklichen Verstehen des geistigen Lebens zu kommen. Was exakt zu behandeln ist, ist nur ein kleiner, sehr kleiner Ausschnitt der Wirklichkeit.

Wie wird sich nun der Mensch verhalten, der durch die Schule der exakten Forschung gegangen ist und sich jenen großen Fragen gegenübergestellt sieht, die (in der Terminologie von Ditfurth) zum

»Jenseits der Wissenschaft« gehören? Er kann nicht zu seinen Meßgeräten, Formelsammlungen und Computern greifen. Er kann nur jene unbestechliche Redlichkeit des Denkens mitnehmen, zu der er in den exakten Wissenschaften erzogen wurde. Hilfreich ist auch jene Einsicht, daß jedes wissenschaftliche Verfahren eine Grenze seiner Anwendbarkeit hat, daß man deshalb also nicht unzulässig verallgemeinern darf.

Aus solchen Einsichten kann die Bereitschaft erwachsen, auch für die zum Transzendenten gehörenden Bereiche eine neue Art von Wissenschaftlichkeit zuzulassen, die sich freilich von der herkömmlichen Naturwissenschaft wesentlich unterscheidet. Hier kann nicht mehr gerechnet und bewiesen werden. Die Arbeitsweise ist im wesentlichen phänomologisch.

Es ist verständlich, daß sich vor allem Ärzte, insbesondere Psychiater, der Frage nach einer »zweiten Wirklichkeit« zugewandt haben. Wer Menschen zu helfen versucht, die sich in seelischer Not befinden, muß immer wieder über die Grundfragen unserer Existenz nachdenken. Es kann ihm dabei die Einsicht kommen, daß hier die üblichen, an Physik und Chemie orientierten medizinischen Methoden nicht hinreichen. Einer der wichtigsten Sprecher dieser neuen (und doch wieder uralten) Denkweise ist der Schweizer Nervenarzt Balthasar Staehelin (ähnliche Auffassungen vertreten u. a. W. Lindenberg, Graf Dürckheim und der Kreis seiner Anhänger). Wir werden Staehelin im folgenden öfter zitieren.

5. Das »Ftan«

Erwin Schrödinger hat (vgl. Kap. VI, 2) als eine wichtige philosophische Konsequenz der Relativitätstheorie herausgestellt, daß sie uns von der »Tyrannei der Zeit« befreit. Er sieht einen geradezu religiösen Gedanken in der Feststellung, daß durch die Einsteinschen Überlegungen eine Existenz unabhängig von der Zeit denkmöglich geworden sei (eine Vorstellung, die schon der Platonischen Ideenlehre zugrunde liegt).

Diese Vorstellung von einer zweiten, zeitlosen Wirklichkeit im Menschen ist nun auch der Grundgedanke der Staehelinschen Veröffentlichungen.

Aus seinen Erfahrungen als Psychiater sieht er die Notwendigkeit, eine *neue Naturwissenschaft* aufzubauen, die sich dem Unzerstörbaren im Menschen zuwendet, aus dessen Tiefe allein die Kräfte zur Heilung vieler seelischer Krankheiten kommen können.

Es leuchtet ein, daß eine solche neue Naturwissenschaft nicht mit den experimentellen Methoden der Physik und Chemie arbeiten kann. Sie kann nur versuchen, mit intuitiver Vernunft jene für die Lebensgestaltung so wichtigen Phänomene der menschlichen Existenz zu registrieren und zu erhellen, die die sich exakt gebende Medizin einfach übersieht.

So ganz neu ist das ja nicht. Man kann zum Beispiel sagen, daß die Psychoanalyse Freuds auch schon aus intuitiv gewonnenen Einsichten über Zusammenhänge zwischen akuten Erkrankungen und frühkindlichen Sexualerlebnissen arbeitete. Freilich, die Einsichten von Staehelin und seinen Anhängern weisen in eine ganz andere Richtung als die Arbeiten der Psychoanalytiker. Staehelin ([2], S. 46) sagt zu den grundlegenden Begriffen der ersten und zweiten Wirklichkeit:

> Die erste Wirklichkeit des Menschen ist die individuelle, gleichsam biographische Lebensgeschichte und die zeitliche und räumliche Begrenztheit und Endlichkeit des Menschen zwischen seinem Gezeugtwerden und seinem Tod.
> Die zweite Wirklichkeit, naturwissenschaftlich ebenso feststellbar, kann definiert werden als derjenige Teil vom Menschen, der dem Absoluten, dem Unbedingten, dem Ewigen, der Unendlichkeit, der Unbegrenztheit, der Ungeteiltheit, der großen Ordnung, theologisch Gott, zugehörig, und zwar auch biologisch zugehörig, ist.

Bereits an dieser Stelle ist mit dem Widerspruch vieler Mediziner zu rechnen: Das Reden vom »Absoluten«, vom »Unbedingten« gehöre nicht in eine seriöse Wissenschaft. Aber hier setzt Staehelin seine ärztlichen Erfahrungen gegen die der Anhänger Freuds. Er registriert Aussagen von Patienten über die unmittelbare Erfahrung der »zweiten Wirklichkeit«, eine Erfahrung, die sich bei vielen seelischen Konflikten als hilfreich erweist.

Für besonders wichtig hält Staehelin ([2], S. 50) dies:

In der Stimmung der zweiten Wirklichkeit zeigt sich vielleicht etwas ganz entscheidendes: eine angeborene Potenz im Menschen zu einem bestimmten ethischen Verhalten. Diese Potenz meldet sich imperativ und gewissensmäßig. Dieser angeborene Imperativ drängt danach, die Eigenschaften dieser ethischen Potenz in der ersten Wirklichkeit eines Menschen, im Alltag, zum Austrag zu bringen. Diese angeborene ethische Potenz und ihre Eigenschaften also werden dem Menschen weder durch ein ihn umgebendes Sozialverhalten, wie Freud oder Marx meinten, anerzogen, noch sind sie einfach von außen geoffenbart, wie Konfessionen lehrten. Diese biologische ethische Potenz und ihre Eigenschaften sind kultur- und epocheunabhängig und können nicht manipuliert werden. Sie sind Ausdruck der angeborenen Religiosität jedes Menschen. Oft genug hingegen sind sie verschüttet, verstellt, verdrängt.

Wir können hier an die Aussagen über die »Ethik des Naturwissenschaftlers« in Kapitel X erinnern. Im Sinne von Staehelin könnte man sagen: Wer sich den Zugang zur »zweiten Wirklichkeit« nicht hat verschütten lassen, der »hört« das »sprechende Daimonion« (Kap. X, 3). Aus solchen Einsichten findet Staehelin den Zugang zu einer neuen Therapie für seine Patienten. Er will den Zugang zur »zweiten Wirklichkeit« wieder freilegen, weil dadurch dem bedrängten Menschen die Kräfte zu einem neuen Anfang erwachsen. Er glaubt (auf Grund seiner psychiatrischen Erfahrungen), daß der Mensch im Grunde gut sei, und widerspricht den Psychoanalytikern, die den »Agressionstrieb« für ein konstituierendes Element der menschlichen Seele halten.
Interessant ist sein Vorschlag zu einer Art von Gruppentherapie, bei der Menschen verschiedener Lebenskreise über ihre Probleme sprechen (und wohl auch gelegentlich schweigend meditieren). Staehelin sieht ein wachsendes Verständnis für seine Weltsicht und verspricht sich viel von der Zusammenarbeit mit Wissenschaftlern anderer Disziplinen. Vor einem Ärztekongreß sprach Staehelin [4] »Von der Transzendenz der Seele – vom Aufbruch des Menschen in eine neue Zeitepoche«. In diesem Vortrag (wie auch in einigen seiner Bücher) konstatiert er für das 20. Jahrhun-

dert eine Abkehr vieler Gelehrter vom materialistischen* Denken früherer Zeiten. Er nennt als Vertreter einer neuen Geisteshaltung seine (auch von uns schon mehrfach zitierten) Landsleute Heitler (Physik) und Portmann (Biologie). Es ist nicht zu übersehen, daß die »neue Naturwissenschaft« von der »zweiten Wirklichkeit« im Menschen die Bereiche der Religion berührt. Staehelin bezieht sich ja auch zuweilen auf die christlichen Mystiker, die Gott im »Urgrund der Seele« finden. Doch muß betont werden, daß hier nicht einer konfessionell gebundenen Religiosität das Wort geredet wird.

So heißt es bei Staehelin ([4], S. 52f.):

> Gott bleibt nur Gott, wenn er unerfaßt belassen wird. Dogmata werden fragwürdig.

Und die These, der Mensch sei »primär gut« (S. 58), ist nicht mit der protestantischen Kirchenlehre nach Luther und Calvin zu vereinbaren. Staehelin rechnet auch damit (S. 63), daß

> die Vorherrschaft des jüdisch-christlichen Weltverständnisses ihrem Ende entgegengeht.

Der Begriff der »zweiten Wirklichkeit« im Menschen ist so zentral, daß Staehelin dafür eine eigene, besonders einfache Vokabel für notwendig hält. Er spricht von dem »Ftan« im Menschen und kommt zu der für einen Psychiater bemerkenswerten These:

> Das Ftan ist nie krank.

Alle psychischen Spannungen kommen daher, daß der Zugang zu diesem unzerstörbaren und immer gesunden Ftan »verstellt« wird, zum Beispiel durch die mancherlei Ideologien unserer Zeit.

Wir erfahren auch, auf welche Weise Staehelin auf diesen eigenartigen und einprägsamen Namen gekommen ist. Bei einer Autofahrt durch die rhätoromanische Schweiz kam er durch ein kleines

---

* Leider finden sich bei Staehelin und manchen seiner Anhänger Pauschalurteile über den »Materialismus«, der zudem oft mit dem Konsumdenken unserer Zeit zusammengebracht wird. Man darf nicht übersehen, daß der moderne »wissenschaftliche« Materialismus ein erkenntnistheoretisches Prinzip ist, gegen das freilich mancherlei einzuwenden ist (Kap. VII, 2). Man darf sich aber die Polemik nicht zu leicht machen.

Dorf mit dem Namen »Ftan«. Diesen kurzen Ortsnamen wählte er zur Bezeichnung der zweiten Wirklichkeit.

Unser Bericht über die Lehre vom »Ftan« wird erst dann voll verständlich, wenn wir einige Ausführungen über die »Großen Erfahrungen« mit hineinnehmen, die in den Argumentationen von Staehelin, Graf Dürckheim und W. Lindenberg eine so wichtige Rolle spielen. Es gibt mancherlei Namen für diese eigenartige Erfahrung, von der nicht nur die Mystiker vergangener Epochen, sondern auch moderne Menschen zu berichten wissen, die aller Religion, vor allem aber aller esoterischen Weltbetrachtung ganz fern stehen.

6. Die »Große Erfahrung«

Wir wollen darauf verzichten, hier über die Visionen von Mystikern und Heiligen zu sprechen. Das Wesentliche kann einem Menschen unseres Jahrhunderts am besten deutlich werden, wenn wir moderne, rational eingestellte Menschen reden lassen. Dann wird zu fragen sein, was der erkenntnistheoretisch Geschulte von solchen »Ftan-Erfahrungen« (das ist Staehelins Vokabel) zu halten hat.

Im Jahre 1931 erschien unter dem Titel »Glaubenslose Religion« eine Abhandlung von »F. Marneck«, in der einer dogmenfreien Religion das Wort geredet wird. Marneck begründet seine Auffassungen aus einem Erlebnis, das Jahrzehnte zuvor seine Einstellung zum Leben grundlegend verändert hat.

Der Verfasser – wir dürfen ihn heute wohl bei seinem richtigen Namen nennen: Oskar Bolza (so Lindenberg, S. 49) – stammte aus einem religiös indifferenten Elternhaus. Als er, entsprechend dem üblichen Brauch, zum Konfirmandenunterricht angemeldet werden sollte, wollte er in die Stunden eines Pfarrers gehen, mit dessen Sohn er befreundet war. Aber die Eltern legten Wert darauf, daß er zur Vorbereitung auf die kirchliche Feier zu einem ausgesprochen liberalen Pfarrer ging (der Vater seines Freundes war streng orthodox). Das Ergebnis dieses Unterrichts war, daß der kritische Junge über die Lehren des Pfarrers weit hinausging und alle Religion verwarf. Er wandte sich später den exakten Wissenschaften zu und wurde ein durch seine Untersuchungen vor allem über die Variationsrechnung renommierter Mathematiker. Da machte er als etwa Dreißigjähriger eine eigenartige, ihm auch in seinen späteren Jahren immer noch »rätselhafte« Erfahrung, die seine Einstellung zum Leben völlig veränderte. Er schrieb daraufhin das Buch über »Glaubenslose Religion«, in dem er einer dogmenfreien Religiosität das Wort redet. Die Schrift enthält auch biographische Elemente, und Bolza berichtet »nur mit Zögern und großen Widerständen« über jenes Erlebnis, das seine rein rationalistische Denkweise der früheren Jahre verändert hat. Aus solchen Bedenken veröffentlichte er seine Erfahrung unter einem Pseudonym. Er schreibt (S. 175ff.):

> Da geschah etwas, was am wenigsten zu erwarten war: Mir selbst noch heute rätselhaft, kam ein inneres Erlebnis über mich, das ich auf das bestimmteste in das religiöse Gebiet verweisen muß, und das, so unscheinbar und dürftig es auch dem Leser, zumal dem religiös veranlagten, erscheinen mag, doch für mich zum entscheidendsten Ereignis meines Lebens geworden ist. Ich hatte mich nach einem unter der gewöhnlichen Arbeit verbrachten Tag zur gewohnten Stunde zu Bett gelegt, und die Ereignisse des Tages gingen durch meinen Sinn, unter denen sich insbesondere eine Nachricht befand, die mich in freudige, gehobene Stimmung versetzt hatte. Da überfiel mich wohl im Anschluß daran und dadurch ausgelöst – plötzlich ein unaussprechliches, unbeschreibliches, alles Maß an Intensität übersteigendes Glückseligkeitsgefühl. Ich habe nie etwas ihm auch nur entfernt Vergleichbares erlebt. Es war ein reines Gefühl höchster Glückseligkeit ohne allen bestimmten Inhalt, ohne irgendeinen Gegenstand, auf den es sich bezogen hätte, auch der Anlaß jener freudigen Erregung war aus meinem Gedächtnis ausgelöscht. Begleitet war der Vorgang von einem Gefühl einer intensiven inneren Lichtfülle. Das Gefühl des Grauens fehlte ganz. Wie lange dieser Zustand dauerte, kann ich nicht sagen; aber mir war, als ob ich Stunden so gelegen hätte.

Man kennt solche Berichte über »Große Erfahrungen« (Ftan-Erlebnisse) aus den Lebensbeschreibungen der großen Mystiker.

Es ist aber bemerkenswert, daß Psychiater wie Staehelin und Lindenberg über derartig eindrucksvolle Erfahrungen auch von Menschen zu berichten haben, die keinerlei Beziehungen zur Religion und zur Mystik hatten. In Staehelins [4] bereits zitiertem Vortrag findet sich zum Beispiel ein Bericht über eine junge Frau, die ohne Bezüge zu Religiosität und Mystik eine ähnliche, lange fortwirkende Erfahrung nach der Geburt eines Kindes hatte.

Viele fromme Menschen, viele nach den Regeln der Mystiker oder der modernen indischen Propheten meditierende Menschen sehnen sich nach einer solchen »Ftan-Erfahrung«, doch sie wird ihnen nicht zuteil. Übrigens bekennt auch Staehelin, der solche Erfahrungen seiner Patienten so wichtig nimmt und in seine »neue Naturwissenschaft« eingebaut hat, daß er selbst ein solches Erlebnis noch nicht gehabt habe. Wir wollen noch einen Bericht Lindenbergs (S. 50) zitieren, der sich auf ein Erlebnis eines »atheistischen« Arztes bezieht. Es heißt da:

Ein mir bekannter atheistischer Arzt fragte mich, ob ich wohl schon so etwas wie eine »Aura« erlebt hätte. Er habe im Krieg ein seltsames Erlebnis gehabt, daß ihn seitdem nicht mehr loslasse. Es sei ein kalter, unfreundlicher, grauer Tag gewesen, er sei mit seinen Kameraden in einem Schützengraben gelegen, und plötzlich sei diese Landschaft mit einem wunderbaren Licht übergossen worden, und alles habe lieblich und heiter ausgesehen; diese Stimmung habe auch auf ihn übergegriffen und er habe ein unaussprechliches Glücksgefühl gehabt. Er müsse sehr oft an dieses unbegreifliche Erlebnis denken, und immer, wenn er sich daran erinnere, komme noch ein Anflug von jener Seligkeit in ihm auf. Da er das Religiöse an diesem Erlebnis nicht zu erkennen vermochte, betrachtete er diesen Zustand als einen psychopathologischen, als eine Art präepileptischer Aura.

Zum Verständnis dieser Interpretation muß man wissen, daß Epileptiker oft vor ihren quälenden Anfällen eine kurze Zeit lang ein Erlebnis gesteigerter Glückseligkeit haben. Man findet darüber zahlreiche Beispiele und anschauliche Berichte, so bei Dostojewski. Der von Lindenberg zitierte Arzt meint nun, sein außergewöhnliches Erlebnis sei das Ergebnis eines Zustandes, wie ihn zuweilen Epileptiker vor ihren Anfällen haben. Und da man die Epilepsie unter die Krankheiten rechnet, wäre es wohl auch berechtigt, sein anormales Erlebnis als »psychopathologisch« einzustufen, wenn wir auch gewohnt sind, nur die unangenehmen Erfahrungen als Krankheiten anzusprechen. Er hat freilich keine Begründung dafür, daß es bei ihm nur zu dem präepileptischen, dem erfreulichen Teil der »Krankheit« kam.

Nach den aus den Ergebnissen der Grundlagenforschung entwickelten Einsichten muß man immer mit der Möglichkeit rechnen, daß ein auftauchendes Problem sich nicht aus den schon vorliegenden Erfahrungen lösen, daß ein Phänomen sich nicht aus den bisher bekannten Gesetzlichkeiten deuten läßt. Aber andererseits ist es doch vernünftig, nicht ohne zwingende Notwendigkeit auf bisher nicht zugelassene Erklärungsgründe zurückzugreifen. Daher sehen wir uns außerstande, dem »atheistischen« Arzt die Deutung seiner eigenen Erfahrung zu bestreiten. Bei Lindenberg freilich ist der Erlebnisbericht seines Kollegen in ein Kapitel mit dem Namen »Das Bild vom Paradies« eingeordnet. Er gibt darin eine große Zahl von Erfahrungen bekannt, die er als Dokumentation einer transzendenten Wirklichkeit ansieht. Er stimmt darin mit den meisten der Menschen überein, die solche Erfahrungen gemacht haben, wie auch mit dem gewiß nicht durch übersinnliche Neigungen belasteten Mathematiker Bolza. Lindenberg könnte zur Begründung seiner Auffassung darauf hinweisen, daß es viele Erfahrungen in sogenannten Grenzsituationen des Lebens gibt, die eine medizinische Deutung nicht zulassen. Deshalb auch diskutiert er die Auffassung seines Kollegen nicht weiter.

Als ein bemerkenswertes Beispiel einer eigenartigen Erfahrung in einer lebensgefährlichen Situation wollen wir aus Lindenbergs Schrift noch den Bericht des schottischen Arztes und Professors der Anatomie, Lord Geddes, wiedergeben, den dieser in der Royal Medical Society (Edinburgh) im Jahre 1937 gegeben hat. Wir zitieren nach Lindenberg (S. 118ff.):

Am Sonnabend, dem 9. November, begann ich mich wenige Minuten nach Mitternacht sehr schlecht zu fühlen, und um zwei Uhr litt ich tatsächlich an akutem Magen-Darm-Katarrh ... Um zehn Uhr hatten sich sämtliche Symptome einer akuten Vergiftung entwickelt ... Puls und Atmung waren nicht zählbar ... Mit wurde klar, daß ich sehr krank war, und ich rekapitulierte schnellstens meine gesamte finanzielle Lage: Danach schien mir mein Bewußtsein zu keinem Zeitpunkt auch nur im geringsten verschwommen, doch bemerkte ich plötzlich, daß mein Bewußtsein sich von einem anderen, das ebenfalls zu mir gehörte, trennte ... Das Bewußtsein, das ich B nennen will, begann sich aufzulösen, während A, das nun ich war, völlig außerhalb des Körpers schien, den ich sehen konnte. Schrittweise spürte ich, daß ich nicht nur meinen Körper und das Bett, in dem ich lag, sehen konnte, sondern alles im ganzen Haus und Garten. Dann begriff ich, daß ich nicht nur »Dinge« zu Hause, sondern in London und Schottland überall dort sah, wohin meine Aufmerksamkeit gerichtet war. Und die Erklärung, die ich aus ich weiß nicht welcher Quelle erhielt, doch die sich, wie ich merkte, mein Mentor nannte, besagte, daß ich frei war in einer zeitlichen Dimension des Raums, worin »Jetzt« auf irgendeine Weise dem »Hier« im gewöhnlichen dreidimensionalen Raum entsprach. Als nächstes bemerkte ich, daß mein Sehvermögen nicht nur »Dinge« der gewöhnlichen dreidimensionalen Welt einschloß, sondern auch der vier- und mehrdimensionalen Räume, in denen ich mich befand ... Obgleich ich keinen Körper hatte, besaß ich offenbar ein perfektes plastisches Sehvermögen, und was ich sah, läßt sich nur so beschreiben, daß ich mir eines psychischen Stroms, der mit dem Leben durch die Zeit floß, bewußt war, was mir den Eindruck vermittelte, sichtbar zu sein, und es schien mir, als besäße ich eine besonders intensive Strahlkraft ...

Ich sah F. das Schlafzimmer betreten. Sichtlich bekam sie einen fürchterlichen Schrecken. Sie eilte ans Telephon. Dann sah ich meinen Arzt seine Patienten verlassen und sehr eilig kommen. Ich hörte ihn sagen, oder sah ihn denken: »Er ist ganz hinüber.« – Ganz deutlich hörte ich ihn zu mir im Bett sprechen, doch hatte ich keine Verbindung zu meinem Körper und konnte nicht antworten. Ich war ausgesprochen verärgert, als er eine Spritze nahm und meinem Körper schnell etwas injizierte. Später erfuhr ich, daß es Kampfer war. Als das Herz anfing, stärker zu schlagen, holte mich das zurück, und ich war höchst ärgerlich, weil ich neugierig war und gerade begonnen hatte zu begreifen, wo ich war und was ich »sah«. Einmal zurück, verschwand alles, auch mein klares Sehvermögen, und ich war nur von einem schmerzdurchdrungenen Bewußtseinsschimmer erfüllt.

In den im Literaturverzeichnis genannten Büchern von Lindenberg und Moody (und in manchen anderen Schriften der Parapsychologie) finden sich weitere Beispiele für die Erfahrung des Außer-sich-Seins, die freilich den meisten Menschen fremd bleibt.

Es geht wohl nicht gut an, Berichte über solche Erlebnisse einfach als Schwindel abzutun. Wenn man sie aber ernst nimmt, dann muß man auch die Möglichkeit erwägen, daß sich hier eine Dimension des Seienden auftut, die der exakten Forschung bisher unbekannt war und die kaum aus den Gesetzlichkeiten der klassischen Naturwissenschaften zu erklären ist.

Erfahrungen dieser Art treten meist in Grenzsituationen des Lebens auf, in der Nähe des Todes und in großer Lebensgefahr. In letzter Zeit sind die bemerkenswerten Erfahrungen Sterbender zum Gegenstand eingehender Untersuchungen gemacht worden.

7. Leben nach dem Leben

Wenn ein Naturwissenschaftler mit dem Nobelpreis ausgezeichnet wurde, dann tun sich ihm viele Türen auf. Die Verleger sind gern bereit, seine Abhandlungen zu drucken, denn der Hinweis »Nobelpreisträger« wirkt absatzfördernd. Schließlich ist diese Auszeichnung eine besonders überzeugende Bestätigung der wissenschaftlichen Qualifikation.

Aber dieser Ausweis der Qualifikation bezieht sich in der Regel auf gediegene und ausdauernde Forschungsarbeit auf einem Spezialgebiet. Es ist keineswegs sicher, daß der Gelehrte, dem mit eindringendem Fleiß und viel Erfindungsreichtum die Lösung eines wichtigen speziellen Problems der Forschung gelingt, immer auch ein großer Philosoph ist, und es ist auch nicht ausgemacht, daß er in der Lage ist, die Ergebnisse seiner Wissenschaft gut darzustellen. Freilich: die meisten großen Forscher unseres Jahrhunderts waren auch ausgezeichnete Denker, die die Philosophie unserer Zeit nachhaltig beeinflußt haben. Das gilt für Einstein, Planck, Heisenberg, Born, Schrödinger und Pauli, um einige Beispiele zu nennen.

Die gute Darstellung schwieriger Zusammenhänge und die strikte Respektierung des Postulats der Objektivität auch bei Fragestellungen, an denen wir menschlich engagiert sind, ist ebenfalls sehr selten. Man sollte deshalb solche Tugenden besonders anerkennen. Wenn es einen Nobelpreis für Klarheit und Objektivität der Darstellung gäbe, so sollte er R. A. Moody [1] für seinen Bericht »Life after Life« zugesprochen werden. Der philosophisch geschulte Arzt berichtet über Erfahrungen mit Sterbenden, Menschen, die als »klinisch tot« galten und dann doch wieder zum Leben zurückkehrten. Diese Erfahrungen können als Ergänzung zu dem Abschnitt über die »zweite Wirklichkeit« gelten. Die genannte Schrift hat großes Aufsehen erregt. In Deutschland wurde sie erst durch einen Buchauszug in Reader's Digest bekannt; dann gab es eine deutsche Übersetzung, die es im Erscheinungsjahr 1977 zu einer Auflage von 134000 Exemplaren brachte.

Leider ist in der deutschen Ausgabe die von uns so gelobte Objektivität der Darstellung schon durch den Titel der Übersetzung verdorben worden: Rowohlts Buch heißt »Leben nach dem Tod« statt »Leben nach dem Leben«. Wahrscheinlich verkauft sich das »Leben nach dem Tod« besser als das zunächst nicht sofort verständliche »Leben nach dem Leben«. Gewiß aber hat sich R. A. Moody bei der Wahl des Titels etwas gedacht. Schließlich stammen seine Berichte nicht von Menschen aus dem Reich der Toten, sondern von Menschen, die eben doch noch nicht völlig aus dem Leben ausgeschieden waren. Ihre Berichte lesen sich freilich wie Berichte aus dem Jenseits, und die Berichterstatter sind auch offenbar sämtlich davon überzeugt, daß sie einen Blick ins Jenseits getan haben. Der im exakten naturwissenschaftlichen Denken geschulte Leser wird sofort darauf hinweisen, daß die Berichterstatter Moodys ja keine Erscheinungen aus einem Jenseits sind, sondern Menschen, die einmal dem Tode sehr nahe waren (wohl auch schon als »klinisch tot« galten). Moody wußte das sehr wohl und hat deshalb sein Buch »Life after Life« genannt und nicht »Leben nach dem Tod«. In der deutschen Ausgabe ist außerdem der von Moody stammenden Einleitung ein Vorwort der Schweizer Ärztin Dr. Kübler-Roß vorangestellt. Sie findet in der Schrift von Moody viele ihrer eigenen Erfahrungen mit Sterbenden wieder und sagt von den Moodyschen Untersuchungen, sie bestätigen, daß es ein Leben nach dem Tode gibt. Diese Auffassung hat Frau Kübler-Roß dann auch in einem eindrucksvollen Fernsehinterview unterstrichen. Aber bei Moody selbst lesen wir es doch etwas anders. Es heißt in seiner Einleitung, er habe nicht vor, den Beweis zu erbringen, daß es ein Leben nach dem Tode gibt: »Ich meine, ein solcher ›Beweis‹ ist gegenwärtig noch gar nicht möglich.«

Wer das Buch Moodys gelesen hat, wird Verständnis für die Auffassung von Frau Kübler-Roß aufbringen. Da »bestätigen« und »beweisen« nicht ganz dasselbe sind, kann man auch nicht behaupten, die beiden Mediziner seien verschiedener Ansicht. Trotzdem scheint es uns nicht sehr glücklich, daß die Ausführungen des Vorwortes der erkenntnistheoretisch so bedeutsamen Schrift Moodys vorangestellt wurden. Als ein Nachwort wären diese Gedanken besser am Platze.

Aber wenden wir uns nun dem Inhalt zu! Da gibt es zunächst eine Reihe von Berichten Sterbender, die den im vorigen Abschnitt gegebenen Beispielen aus der Schrift Lindenbergs entsprechen. Moody hat aber über noch weitergehende Erfahrungen berichtet.

Da gibt es (Moody, S. 62ff.) Berichte über Begegnungen mit anderen »spirituellen« Lebewesen, die offenbar gekommen waren, um beim Übergang in eine neue Welt zu helfen. In einigen Fällen brachten sie auch die Ankündigung, daß die Zeit, zu sterben, noch nicht gekommen sei. Noch eindrucksvoller sind aber die Berichte über die Begegnung mit einem »Lichtwesen«, über das Aussagen verschiedener Sterbender vorliegen, die bemerkenswerte Übereinstimmungen aufweisen. Es beginnt immer mit der Wahrnehmung eines Lichtscheins (S. 65ff.):

Bei seinem ersten Auftreten ist es in der Regel matt, worauf es seine Helligkeit jedoch sehr rasch bis zu überirdischer Leuchtkraft steigert. Trotz der unbeschreiblichen Helligkeit dieses Lichts (das gewöhnlich als »weiß« oder »klar« bezeichnet wird) greift es die Augen in keiner Weise an, wie viele eigens betonen; es blendet nicht, noch hindert es daran, andere Dinge in der Umgebung wahrzunehmen (vielleicht deshalb, weil die Betroffenen zu diesem Zeitpunkt keine physischen »Augen« mehr haben, die geblendet werden könnten).

Ungeachtet seiner ungewöhnlichen Erscheinungsform hat keiner der Beteiligten auch nur den leisesten Zweifel daran geäußert, daß dieses Licht *ein lebendes Wesen sei,* ein Lichtwesen. Und nicht nur das: Es hat personalen Charakter und besitzt unverkennbar persönliches Gepräge. Unbeschreibliche Liebe und Wärme strömen dem Sterbenden von diesem Wesen her zu. Er fühlt sich davon vollkommen umschlossen und ganz darin aufgenommen, und in der Gegenwart dieses Wesens empfindet er vollkommene Bejahung und Geborgenheit. Er fühlt eine unwiderstehliche, gleichsam magnetische Anziehungskraft von ihm ausgehen. Er wird unausweichlich zu ihm hingezogen.

Ohne die geringsten Abweichungen wird das Lichtwesen stets auf die oben angeführte Weise beschrieben. Interessanterweise wird es jedoch von Fall zu Fall und offenbar je nach dem besonderen religiösen Hintergrund, der jeweiligen Erziehung und religiösen Überzeugung des Betreffenden anders benannt. So identifiziert die Mehrzahl derer, die von ihrer Erziehung und Überzeugung her *Christen* sind, dieses Licht *mit Christus,* wobei sie gelegentlich Parallelen zur Bibel ziehen, um ihre Deutung zu untermauern. Ein Jude und eine Jüdin sahen in dem Licht einen »Engel«. In beiden Fällen steht jedoch außer Frage, daß die Betreffenden damit keineswegs andeuten wollten, daß das Wesen Flügel hätte, Harfe spielte oder gar von menschlicher Gestalt und Erscheinung sei; sie sprachen allein von dem Licht. Wie jeder von ihnen auszudrücken versuchte, hielten sie das Licht für einen Abgesandten oder Führer. Ein Mann, der vor seinem Erlebnis keinerlei religiöse Überzeugung oder Unterweisung gehabt hatte, nannte das, was er gesehen hatte, ohne Umschweife »ein Lichtwesen«.

Wir wollen zur Verdeutlichung des Gesagten noch einen der von Moody wiedergegebenen Berichte zitieren:

Ich wußte, daß ich starb und daß es nichts gab, was ich dagegen hätte tun können, weil mich doch keiner mehr hörte ... Ich befand mich außerhalb meines Körpers, ganz ohne Zweifel. Ich konnte ihn da auf dem Operationstisch liegen sehen. Meine Seele war ausgetreten! Zunächst drückte mich all das furchtbar nieder, aber dann erschien dieses gewaltig helle Licht. Am Anfang war es wohl ein bißchen matt, aber dann schwoll es zu einem Riesenstrahl – es war einfach eine enorme Lichtfülle, mit einem großen hellen Scheinwerfer überhaupt nicht zu vergleichen, wirklich ungeheuer viel Licht. Außerdem strahlte es Wärme aus; ich konnte sie deutlich spüren.

Das Licht war von einem hellen, gelblichen Weiß, jedoch mehr zum Weißen hin. Es war außerordentlich hell, einfach unbeschreiblich. Obwohl es alles zu bedecken schien, konnte ich doch meine ganze Umgebung deutlich erkennen – den Operationssaal, die Ärzte und Schwestern, wirklich alles. Ich konnte deutlich sehen. Es blendete überhaupt nicht.

Als das Licht erschien, wußte ich zuerst nicht, was vorging. Aber dann – dann fragte es mich, es fragte mich irgendwie, ob ich bereit sei, zu sterben. Es war, als spräche ich mit einem Menschen – nur daß eben kein Mensch da war. Es war wahrhaftig das Licht, das mit mir sprach, und zwar mit einer Stimme.

Inzwischen glaube ich, daß die Stimme, die mit mir gesprochen hatte, tatsächlich merkte, daß ich noch nicht zum Sterben bereit war. Wissen Sie, es ging ihm wohl vor allem darum, mich zu prüfen. Dennoch habe ich mich von dem Augenblick an, in dem das Licht mit mir zu sprechen begann, unendlich wohl gefühlt, geborgen und geliebt. Die Liebe, die es ausströmte, ist einfach unvorstellbar, überhaupt nicht zu beschreiben. Es war ein Vergnügen, sich in seiner Nähe aufzuhalten, und es war auch *humorvoll auf seine Art,* ganz gewiß!

Die meisten der Patienten Moodys berichten dann noch von einer weiteren Phase der Sterbeerlebnisse. Das Lichtwesen »fragte« sie, ob sie zu sterben bereit seien und ob ihr Leben auch wert gewesen sei. Diese Frage wurde nicht in irgendeiner Sprache formuliert, sondern wurde durch unmittelbare Gedankenübertragung verständlich. Sie war nie vorwurfsvoll formuliert. Es folgte dann meistens eine Rückschau über alle wesentlichen Ereignisse des Lebens, eine Erinnerung in überaus anschaulicher Form, etwa wie ein Farbfilm, der (anscheinend in wenigen Sekunden) das ganze Leben noch einmal vorführte, wobei der »Gestorbene« sich selbst als Kind oder in einer anderen Altersstufe wie ein Zuschauer beobachten konnte.

Die Berichterstatter sahen den Sinn dieser Rückschau in der Möglichkeit, daß man sich über Wert und Zielsetzung des Lebens klarwerde. Dabei verließ sie das Bewußtsein von der Liebe und Güte des »Lichtwesens« auch dann nicht, wenn die Rückschau auf unerfreuliche Abschnitte des Lebens stieß.

Wir müssen uns versagen, noch ausführlicher zu werden, und wollen versuchen, die Berichte von Moody, Lindenberg und anderen zu verstehen.

Es ist interessant zu beachten, was die Theologen zu diesem Einbruch eines Mediziners in ihre Sphäre sagen. Da gibt es in einigen Fällen einfach harte Ablehnung. »Hier wird billiger Trost verhökert.« Diese Bemerkung eines Priesters wird von Frau Kübler-Roß schon im Vorwort zitiert. Bei einem Gespräch mit einem evangelischen Theologen wurde der folgende Einwand laut: »Es ist ja durchaus möglich, daß Ärzte sich über den Zustand eines Sterbenden irren. Aber Gott, der Allwissende, müßte doch eigentlich wissen, ob ein Mensch tot ist oder nicht. Sollte er sein Gespräch mit dem Sterbenden beginnen, der noch nicht tot ist und dann noch einmal zum Leben zurückkehrt?«

In der Tat: Wenn man die in den beiden letzten Abschnitten berichteten außergewöhnlichen Erfahrungen als Bekundungen einer transzendenten Wirklichkeit nimmt, dann muß man feststellen, daß die Verzahnung zwischen dem Diesseits und dem Jenseits einigermaßen verwirrend und kompliziert ist. Da geraten besonnene und kritische Menschen unversehens in eine »Große Erfahrung« des Transzendenten, Sterbende erleben das »Lichtwesen« und kommen doch wieder ins Diesseits zurück. Viele Fromme würden etwas um solche Erlebnisse geben, aber sie haben trotz allen frommen Eifers keine »Großen Erfahrungen«. Dagegen fällt sie zuweilen auch völlig areligiösen Menschen zu.

Aber unser Anliegen ist ja nicht die theologische Problematik. Wir wollen mit dem kritischen Geist des objektiven Forschers auch an jene Phänomene herangehen, die exakter Betrachtung unzugänglich zu sein scheinen. Man wird zunächst versuchen, neue Phänomene mit den klassischen Methoden zu untersuchen. Aber wir können von unseren erkenntnistheoretischen Einsichten her nicht ausschließen, daß die bisherigen Betrachtungsweisen ungeeignet sind, einem neuen Problemkreis gerecht zu werden. So wie die Physiker darauf verzichten mußten, die Erscheinungen der Elektrizität aus den Gesetzlichkeiten der Mechanik zu verstehen (bei der Wärmelehre war das doch gelungen), so könnten wir bei der Würdigung transzendent erscheinender Phänomene zu dem Geständnis genötigt sein, daß es Realitäten gibt, die sich nicht aus unserem wissenschaftlichen Denken verstehen lassen.

Im vorigen Abschnitt hatten wir berichtet, daß ein Arzt seine »Ftan-Erfahrung« (im Sinne Staehelins) als »präepileptisches Phänomen« gedeutet hatte. Es gibt Versuche, auch die Visionen der Mystiker und ihre Erfahrungen in der Ekstase medizinisch zu verstehen. In seiner Schrift »Himmel und Hölle« hat A. Huxley, der Bruder des Biologen, über Erfahrungen mit Rauschgift berichtet und die Ansicht begründet, daß die Visionen der frommen Eiferer in den Klöstern des Mittelalters den Visionen vergleichbar seien, die durch Rauschgifte hervorgerufen werden. Auch der (damals übliche) Vitaminmangel und die Veränderungen des Blutes durch Fasten und Kasteien können Visionen hervorrufen. Im Zuge solcher Überlegungen liegt es nahe, die Erfahrungen von Sterbenden auf ähnliche Weise medizinisch zu interpretieren.

Moody gesteht die Berechtigung solcher Überlegungen zu und diskutiert sie am Schluß seiner Arbeit. Er hat dann freilich einige gewichtige Einwände gegen eine so geartete Interpretation seiner Berichte. Da sind zunächst die Aussagen seiner Patienten. Einige von ihnen hatten (unter dem Einfluß starker Schmerzmittel) schon »Rauschgiftvisionen« gehabt, und sie versicherten, daß die Erfahrungen in der Todesnähe von ganz anderer Art gewesen seien. Rauschgiftvisionen sind flüchtig und rasch veränderlich, sie sind außerdem bei den einzelnen Menschen ganz verschieden. Die Sterbeerfahrungen dagegen sind durch überzeugende »Realität« und Klarheit ausgezeichnet. Dazu kommt noch die beglückende Erfahrung in der Begegnung mit dem »Lichtwesen«. Bemerkenswert ist auch die starke Übereinstimmung der Erlebnisse bei den einzelnen Berichterstattern.

Hier kann man annehmen (um an einer physiologischen Erklärung festzuhalten), daß eben im Augenblick des Sterbens die physikalisch-chemischen Bedingungen im Gehirn ganz anders seien als bei Einnahme von Rauschgift.

Das ist gewiß nicht zu bestreiten, aber es bleibt doch erstaunlich, daß nach dem Herzstillstand, also nach dem Aussetzen der Versorgung des Gehirns, überhaupt noch sinnvoll zusammenhängende Erfahrungen möglich sind. Wenn etwa ein Fernsehempfänger versagt, dann kann man unter Umständen ein Aufblitzen der Röhre und vielleicht auch einen Knall, nicht aber das Abspielen eines »Sonderprogramms« wahrnehmen.

Es scheint uns weiter bedeutsam, daß beim Sterbeerlebnis keineswegs solche Ereignisse eintreten, wie sie etwa ein religiös erzogener Mensch nach seinen Informationen aus dem Religionsunterricht erwarten könnte. Das »Lichtwesen« hat zum Beispiel keineswegs die Züge eines Weltenrichters, es hat »Humor« und betont in seinen Gesprächen die Wichtigkeit des Lernens und Forschens, während doch die Bibel von der »Torheit« aller menschlichen Weisheit spricht.

Wir sehen auch keine Möglichkeit zu einer das naturwissenschaftliche Denken befriedigenden Erklärung für die berichteten »Wahrnehmungen«, die »außerhalb des Leibes« gemacht wurden. Moody berichtet von präzisen Beobachtungen im Zustand des klinischen Todes, die die normalen Sinne gar nicht gemacht haben können. Wahrscheinlich denkt Frau Kübler-Ross an solche Wahrnehmungen, wenn sie von einer »Bestätigung« für ein Leben nach dem Tode spricht. Moody bleibt da zurückhaltender. Er will andere medizinische Erklärungen nicht ausschließen, aber man merkt seinen Berichten doch immer wieder an, wie stark er von den Erfahrungen seiner Patienten beeindruckt ist, vor allem von der selbstverständlichen Sicherheit, mit der sie von der beglückenden Realität ihrer Erfahrungen sprechen.

Wir haben uns deshalb mit einiger Ausführlichkeit mit den »Großen Erfahrungen« und den Sterbeerlebnissen beschäftigt, weil wir sie für erkenntnistheoretisch bedeutsam halten. Sie legen uns die Überlegung nahe, ob wir nicht Realitäten jenseits des physikalisch Erfahrbaren annehmen müssen, ein »Jenseits« also, das nicht nur hinter dem physikalisch Registrierbaren steht (Ditfurth), sondern auch für die diesseitige Lebensgestaltung des Menschen von einer beglückenden Realität sein könnte.

Solchen Erwartungen steht jedoch einfach die Tatsache gegenüber, daß die »Ftan-Erfahrungen« nur einer verschwindenden Minderheit zugänglich sind. Man kann nicht gut seine Weltsicht auf den Erfahrungen anderer aufbauen. Sehr viel Leid ist schon über die Menschheit dadurch gekommen, daß die Menschen religiöse oder politische Lehren blindlings übernahmen. Der Segen des exakten Denkens für die Menschheit besteht gewiß gerade darin, daß man sich von der unkritischen Übernahme vorgesetzter Lehrmeinungen befreien konnte. Auch wenn uns aus solchem kritischen Denken deutlich geworden ist, daß es Grenzen unserer Erkenntnis gibt, daß man mit Recht von einem »Jenseits« der Forschung sprechen muß, so können wir dieses »Jenseits« doch nicht mit Gestalten aus der Erfahrung anderer bevölkern.

Aber bei der Beschäftigung mit den Grundlagenfragen der Naturwissenschaften ist uns zuweilen ein Satz der großen Forscher begegnet, in dem von Gott die Rede war – von Darwin, Einstein, Portmann. Ist es nur eine Konzession an seine Zeitgenossen, wenn Darwin von der göttlichen Schöpfung spricht, nur ein Wortspiel, wenn Einstein sagt, daß Gott nicht würfelt? Oder gibt es doch einen Zugang zu einer religiösen Weltdeutung, die aus der eindringlichen Beschäftigung mit den Gesetzlichkeiten der Natur erwächst und allen redlich Suchenden zugänglich sein könnte?

XII. Der Gott der Forscher

Antwort zweier Nobelpreisträger auf die Frage von
Journalisten: »Glauben Sie an Gott?«

Natürlich nicht. Schließlich bin ich Naturwissenschaftler!
P. Medawar (vgl. Ditfurth, S. 200)

Ich glaube an den Gott Spinozas, der sich in der Harmonie
alles Seins erweist, nicht an einen Gott, der sich mit
den Schicksalen und Handlungen von Menschen befaßt.
A. Einstein (vgl. Jordan [2], S. 267)

1. »Tres physici, duo athei«?

Im Jahre 1927 saßen gelegentlich eines physikalischen Kongresses drei renommierte Forscher zu einem Gespräch in der Halle eines Brüsseler Hotels zusammen: Werner Heisenberg, Wolfgang Pauli und Paul Dirac (Heisenberg [1], S. 116ff.). Einer hatte bemerkt, daß Einstein so viel vom »lieben Gott« redete, und sie versuchten nun herauszufinden, was von der Religiosität von so bedeutenden Gelehrten wie Planck und Einstein zu halten sei. Man glaubte einen wichtigen Unterschied in den Aussagen von Planck und Einstein über Gott und die Welt feststellen zu können: Während Einstein von den Erkenntnissen der Physik ausging und von der sich vertiefenden Einsicht in die Harmonie des Kosmos, schien Planck eher von einer starken Bindung an christliche Traditionen geprägt zu sein. Pauli zeigte mehr Sympathie für die Einsteinsche Denkweise, aber Heisenberg versuchte, auch die Haltung Plancks zu verstehen. Sie sei zu deuten aus einer konsequenten Trennung des Bereichs der Naturwissenschaft von dem der Werte. Wenn man diese Bereiche nicht durcheinanderbringt, kann es keine Konflikte zwischen Religion und Naturwissenschaft geben. Aber – darüber waren sich Heisenberg und Pauli bald einig – die Bilder und Symbole der historischen Religionen werden im Zeitalter der Naturwissenschaften den Massen bald nicht mehr genügen, und es besteht die Gefahr, daß mit der Abkehr von den Bindungen an die Kirchen auch die Fundamente der Ethik kaputtgehen.
Der damals erst knapp 25 Jahre alte Paul Dirac aber hielt alle Religion für ein überflüssiges Relikt vergangener Zeit. Die Gottesvorstellung sei geboren aus der Angst vor den Naturgewalten, und

die auf dieser Angst basierende Herrschaft der Priester habe viel Unheil angerichtet. Zur Fundierung einer vernünftigen Ethik brauche man die Religion nicht. Heisenberg hielt dem entgegen, daß man die Religion nicht von ihren Mißbräuchen her werten dürfe. Ein abschließendes Ergebnis dieser Gesprächsrunde gab es indes nicht. Pauli schloß das Gespräch mit einer »Interpretation« der Haltung Paul Diracs: »Es gibt keinen Gott, und Paul ist sein Prophet!«

Im 19. Jahrhundert hatte Georg Büchner seinem materialistischen Werk »Kraft und Stoff« die These vorangesetzt:

»Tres physici, duo athei.«

Bei der Diskussion im Brüsseler Hotel 1927 gab es unter den drei renommierten Physikern – alle drei erhielten später den Nobelpreis – freilich nur einen Atheisten. Einige Jahre später behauptete Bernhard Bavink [2] in dem Titel eines Buches, daß die »Naturwissenschaft auf dem Wege zur Religion« sei. Er sah eine solche Entwicklung vor allem wegen der Diskussion der Naturwissenschaftler über die Heisenbergsche Unschärferelation und das Bohrsche Komplementaritätsprinzip voraus. Man kann nicht gut behaupten, daß die Entwicklung der folgenden Jahrzehnte ihm recht gegeben hat. Es gibt auch heute nicht wenige Anhänger der von Dirac vertretenen Auffassung, vor allem aber einen großen Anteil an Forschern, die sich für die Fragen der Religion überhaupt nicht interessieren. Immerhin – zuweilen hört man auch in unserer Zeit Äußerungen von Naturwissenschaftlern, die die Meinung Bavinks zu bestätigen scheinen. So lesen wir in dem bereits mehrfach zitierten Buch von Ditfurth (S. 14):

Die Züge, die das naturwissenschaftliche Weltbild während der letzten Schritte der Forschung angenommen hat, machen alle Befürchtungen gegenstandslos, zwischen der Welt als Schöpfung und der Welt als Objekt menschlicher Wissenschaft könnte ein unüberbrückbarer Gegensatz klaffen.
Freilich muß man, um an dieser befreienden Einsicht teilzuhaben, bereit sein, dieses naturwissenschaftliche Weltbild auch vorurteilslos zur Kenntnis zu nehmen. Jedenfalls waren die Aussichten auf eine Harmonisierung von religiösem und

naturwissenschaftlichem Weltbild seit dem frühen Mittelalter nicht mehr so günstig wie heute.

Der Verfasser versichert seinen Lesern weiter (S. 16),

> daß niemand zu befürchten braucht, in einem der folgenden Kapitel werde von ihm verlangt, auch nur ein Quentchen seiner religiösen Überzeugung in Frage zu stellen.

Man fragt sich, was Ditfurth bei diesem Versprechen gedacht hat. Es finden sich später (S. 141ff.) in dieser Schrift mehrere Äußerungen, die den bibelgläubigen Christen ärgerlich sein müssen. Da sind seine Kritik an dem Mythos von der Gottessohnschaft eines Menschen und der Protest gegen die auch noch von Teilhard de Chardin vertretene kirchliche Auffassung, daß der Mensch das »Ziel« der Schöpfung sei. Aus seinem Verständnis vom Wesen der Evolution ist diese Auffassung nur konsequent. Aber er dürfte doch dann nicht in Aussicht stellen, daß kein »Quentchen« religiöser Konzeptionen seiner Leser in Frage gestellt werden würde.
So leicht darf man es sich nicht machen. Jedoch darin hat Ditfurth gewiß recht: Durch die Grundlagenforschung unseres Jahrhunderts ist jedem Einsichtigen deutlich geworden, daß es Grenzen für die exakte Forschung gibt, daß man mit den naturwissenschaftlichen Methoden nur einen schmalen Ausschnitt des Wirklichen erfassen kann. Es hat also schon seinen Sinn, wenn Ditfurth vom »Jenseits« der Wissenschaft spricht. Aber der durch die Schule der Grundlagenforschung gebildete Geist wird nun sein kritisches Denken nicht aufgeben, wenn es um Probleme einer »zweiten Wirklichkeit« oder um die der Religion geht. Wer sich der Wahrheit verpflichtet, wird auch das Allzumenschliche in den Versuchen der Gläubigen erkennen, Verbindliches über dieses »Jenseits« auszusagen. Von daher sind ja auch die kritischen Bemerkungen Ditfurths über manche religiösen Konzeptionen zu verstehen.
Wir wollen uns in dieser Schrift nicht mit der Problematik kirchlicher Glaubenslehren befassen (vgl. Meschkowski [1]). Uns geht es um die Frage, was wir aus exakter Forschung »wirklich wissen«.
Dabei soll am Schluß auch die Frage erlaubt sein, ob und (wenn

ja) in welcher Weise sich die kritische Denkweise des Naturwissenschaftlers auch bei der Erörterung solcher Fragen bewährt, die nicht durch Messungen im cgs-System, die nicht durch mathematisch formulierte Theorien erledigt werden können. In diesem Sinne haben wir uns bereits mit den Fragen nach der Ethik des Naturwissenschaftlers und nach einer »zweiten Wirklichkeit« beschäftigt. Es liegt nahe, einen weiteren Schritt zu tun und die Frage nach dem Grund unseres Seins überhaupt, nach Gott, zu stellen. Dabei geht es nicht um die Kritik der Religionen und des Offenbarungsanspruchs der Kirchen. Es ist zu fragen, in welchem Sinne und mit welchem Recht etwa Einstein wiederholt von »Gott« spricht (von dem er zum Beispiel zu sagen weiß, daß er »nicht würfelt«).

Die exakten Wissenschaften haben vor anderen Disziplinen den Vorteil, daß Meinungsverschiedenheiten unter den Gelehrten weitgehend ausgeschlossen sind. Kann man erwarten, daß diese Gemeinsamkeit auch bei Ausdehnung unserer Problemstellungen auf die letzten großen Menschheitsfragen erhalten bleibt?

2. Pro und contra

Hans Reichenbach (S. 156) vertrat die Ansicht, daß es »unter mathematischen Philosophen keine Meinungsverschiedenheiten geben kann«. Er glaubte vielmehr, daß Übereinstimmung erreichbar sei, wenn »man seine Meinung nur klar genug formuliert«.

Diese Bemerkung fiel in einer Erörterung über die Frage nach der »Realgeltung« der Geometrie. Darum ging es: Ist es eine Frage der Konvention, mit welcher Geometrie der Physiker die Prozesse im Weltall beschreibt, oder gibt es von der Sache her eine zwingende Notwendigkeit, sich für die euklidische oder eine bestimmte nichteuklidische Geometrie zu entscheiden? Die erste Ansicht (den Konventionalismus) hatte der französische Mathematiker Henri Poincaré vertreten, und auch Albert Einstein hatte ihm zugestimmt. Reichenbach aber war anderer Ansicht. Und er fühlte sich herausgefordert, weil Einstein in einem Seminar den Konventionalismus »sehr witzig verteidigt« hatte, mit einem erfundenen Gespräch zwischen Poincaré und Reichenbach.

Reichenbach wollte nun seine Auffassung so ausführlich darstellen, daß, wenn auch nicht Poincaré (der nicht mehr lebte), »so doch Professor Einstein überzeugt« sein würde, für dessen wissenschaftliche Arbeiten Reichenbach »große Bewunderung« hegte. Es ist nicht unser Anliegen, die (wie wir meinen: durchaus überzeugende) Argumentation Reichenbachs (S. 156ff.; vgl. auch Meschkowski [3], Kap. IX) zum Raumproblem hier zu würdigen. Uns geht es um seinen fröhlichen Optimismus: daß es doch unter »mathematischen Philosophen« höchstens ein Mißverstehen der Aussagen geben könne (das durch ausführliche und präzise Formulierungen auszuräumen ist), keinesfalls aber echte, unauflösliche Gegensätze der Auffassungen. Es liegt die Frage nahe: Hat Reichenbach nun Einstein wirklich überzeugt? Ein Student hat auf unsere Anregung hin (als Beitrag zu einer Examensarbeit über die Realgeltung der Geometrie) das herauszufinden versucht. Vergebens: Inzwischen waren beide Forscher gestorben.

Es liegt nahe, hier an die bekannte Kontroverse zwischen Einstein und Born über das Problem der Kausalität zu denken (Kap. V, 6). Die beiden Forscher haben sich in ihrer Korrespondenz über Jahre hin nicht einigen können. Auch die Meinungsverschiedenheiten in der Mathematik zwischen Formalisten und Intuitionisten sind nicht ausgeräumt worden. Woher also nimmt Reichenbach seinen Optimismus?

Er hat ja zunächst darin recht, daß es an den (durch Axiome festgelegten) mathematischen Theorien kein »Rütteln und Zwängeln« gibt. Die Aussagen der Geometrie z. B. sind »unentrinnbar wie das Schicksal«, nach den Worten von Don Juan in Max Frischs Drama (vgl. Kap. VII, 1). Reichenbach meint nun, daß Unterschiede der Meinungen in den Grundlagenfragen der exakten Wissenschaften nur daher kommen, daß man mit nicht ganz klar festgelegten Begriffen aneinander vorbeiredet. Wenn man die Präzision der Begriffsbildungen auch für die zunächst aus der Umgangssprache übernommenen Begriffe ausdehnt, dann müßten eigentlich alle Meinungsverschiedenheiten zwischen unvoreingenommenen Forschern schwinden. Im Fall Einstein–Born kann man in der Tat die Möglichkeit einräumen, daß die beiden sich verständigt hätten, wenn das immer wieder geplante persönliche Gespräch zwischen ihnen zustande gekommen wäre. Bei einem Briefwechsel ist die Gefahr des Aneinandervorbeidenkens viel größer als bei einem persönlichen Gespräch.

Wir wollen uns nun der Frage zuwenden, was die Wissenschaft zu den »letzten Dingen« zu sagen hat, zur Frage nach dem Grund unseres Seins, nach dem Mysterium, nach Gott. Ob sich auch hier Reichenbachs Optimismus bewähren kann, ob es Gemeinsamkeiten der Aussagen gibt, wenn alle Mißverständnisse in den Begriffsbildungen beseitigt sind? Bevor wir darauf eingehen, möchten wir betonen, daß wir die Erörterungen über das »Jenseits« der Wissenschaft für sehr wichtig halten. Wir haben herausgestellt: Nur ein schmaler Ausschnitt der für uns lebenswichtigen Probleme kann allein mit den Methoden der exakten Wissenschaften gelöst werden. Wir stehen bei der Lösung unserer menschlichen und politischen Probleme immer wieder vor Aufgaben, die sich nicht aus einer gesicherten Theorie heraus erledigen lassen. Man kann aber zumindest versuchen, aus der Alltagsarbeit der naturwissenschaftlichen Forschung den Geist der strengen Objektivität und das Bemühen um Klarheit der Sprache in die Erörterung über jene Fragen mitzunehmen, die nicht durch Experimente oder formale Rechnungen zu erledigen sind.

Wir wollen nun unsere Ausführungen über den »Gott der Forscher« mit einer Zusammenstellung von Zitaten führender Naturwissenschaftler (und Mathematiker unseres Jahrhunderts) beginnen. Es sind meist Äußerungen aus den späteren Lebensjahren. Das liegt nahe.

Junge Leute sind naturgemäß in der Untersuchung spezieller Probleme engagiert; erst in der Rückschau der späteren Jahre denkt der Mensch länger über die klassische Frage nach, was denn »die Welt im Innersten zusammenhält«. Wir werden also die Aussagen vorwiegend solcher Forscher zusammenzustellen haben, die schon in der ersten Hälfte unseres Jahrhunderts aktiv waren. Es sprechen aber mancherlei Belege dafür, daß sich für die hier geäußerten Ansichten auch Anhänger in der jüngeren Generation finden.

Es sollen ausschließlich anerkannte Gelehrte zu Wort kommen, Forscher, deren wissenschaftliche Qualifikation über jeden Zweifel erhaben ist. Und wir wollen schließlich (an dieser Stelle) auf die Aussagen solcher Gelehrter verzichten, die auf Grund ihrer beruflichen Stellung oder ihres Werdeganges weltanschaulich vorbelastet sein könnten (Priester, Professoren aus Staaten mit atheistischer Tendenz).

Doch auch bei all solchen Vorsichtsmaßnahmen bleibt die Tatsache bestehen, daß die Meinungen weit divergieren. Wir wagen auch nicht zu entscheiden, ob in den Äußerungen Pro oder Kontra überwiegt. Und da man über Fragen dieser Art gewiß nicht durch Abstimmungen zum Ziel kommen kann, wollen wir im folgenden zunächst je fünf Forscher zu Wort kommen lassen, die für bzw. gegen ein religiöses Weltverständnis plädieren. Wir zitieren:

1. *Albert Einstein* (1879–1955), Nobelpreisträger, Begründer der speziellen und allgemeinen Relativitätstheorie (nach Mittasch, S. 18),
2. *Bertrand Russell* (1872–1970), Philosoph und Mathematiker, Autor (zusammen mit Whitehead) der »Principia Mathematica« (nach Russell [2], S. 35),
3. *Bernhard Rensch* (geb. 1900), Zoologe (nach Rensch, S. 74),
4. *Max Bense* (geb. 1910), Philosoph und Wissenschaftstheoretiker (nach Szczesny [2], S. 68),
5. *Max Planck* (1858–1947), Nobelpreisträger, Physiker, Begründer der Quantentheorie (nach Planck [2], S. 333),
6. *Jacques Monod* (geb. 1910), Nobelpreisträger, Chemiker (nach Monod, S. 211),
7. *Georg Cantor* (1845–1918), Mathematiker, Begründer der Mengenlehre (nach Cantor, S. 12),
8. *Paul Lévy* (geb. 1886), Mathematiker (nach Lévy, S. 185),
9. *Walter Heitler* (geb. 1904), Physiker (nach Sendung des Bayerischen Rundfunks v. 16. 7. 1970),
10. *Paul Dirac* (geb. 1902), Physiker (nach Heisenberg [1], S. 117).

1. *Albert Einstein*
Meine Religion besteht in der demütigen Anbetung eines unendlichen geistigen Wesens höherer Natur, das sich selbst in den kleinsten Einzelheiten kundgibt, die wir mit unseren

schwachen und unzulänglichen Sinnen wahrzunehmen vermögen. Diese tiefe, gefühlsmäßige Überzeugung von der Existenz einer höheren Denkkraft, die sich im unerforschlichen Weltall manifestiert, bildet den Inhalt meiner Gottesvorstellung.

2. *Bertrand Russell*

Die ganze Vorstellung von Gott stammt von den alten orientalischen Gewaltherrschaften. Es ist eine Vorstellung, die freier Menschen unwürdig ist.

3. *Bernhard Rensch*

Im Anfang war der Logos, und der Logos war bei Gott, und Gott war bei Gott, und Gott war der Logos.

4. *Max Bense*

Es läßt sich zeigen, daß Aussagen über Gott von der Art »Gott ist höchstes Wesen« oder »Gott ist transzendent« nicht das Geringste mehr aussagen als etwa »X ist pektabel«. In einer solchen Aussage wird von einem unbestimmten Etwas (X) ein unbestimmtes Prädikat (ist pektabel) ausgesagt. Diese sprachliche Formulierung ist kein Satz, sondern ein Scheinsatz.

5. *Max Planck*

Es ist der stetig fortgesetzte, nie erlahmende Kampf gegen Skeptizismus und gegen Dogmatismus, gegen Unglaube und gegen Aberglaube, den Religion und Naturwissenschaft gemeinsam führen; und das richtungsweisende Losungswort in diesem Kampf lautet von je her und in Zukunft: Hin zu Gott!

6. *Jacques Monod*

... muß der Mensch endlich aus seinem tausendjährigen Traum erwachen und seine totale Verlassenheit, seine radikale Fremdheit erkennen. Er weiß nun, daß er seinen Platz wie ein Zigeuner am Rande des Universums hat, das für seine Musik taub ist und gleichgültig gegen seine Hoffnungen, Leiden oder Verbrechen.

7. *Georg Cantor*

Es bleibt aber bis zum Ende der Tage auf einem unerschütterlichen Fels, Christo selbst, ruhend, die unsichtbare Kirche, welche er gegründet hat, bestehen. Er ist ihr Oberhaupt, das keinen Statthalter auf Erden braucht.

8. *Paul Lévy*

Bei mir war es der wissenschaftliche Geist, der den Glauben an Gott zerstört hat; und ich dachte, er würde ihn auch von selbst bei allen Menschen zerstören.
... ich glaube noch, daß die Wissenschaft schließlich den Religionen schaden wird, aber so, wie ich es anfangs glaubte, indem sie wirklich beweist, daß Gott nicht existiert.

9. *Walter Heitler*

Nicht Gott ist tot. Niemand könnte solches wissen oder behaupten. Wer

273

Gott als tot erklärt, sagt lediglich,
daß er selbst tot ist ... Verführt
durch die Fülle der Erkenntnisse in
der physikalischen Welt ... sieht er
nur noch Mechanismen in der Welt
... Er hat sich den Weg zum Geiste
und damit zu Gott versperrt.

10. *Paul Dirac*
Die Religion ist eine Art Opium, das
man dem Volk gewährt, um es in
glückliche Wunschträume zu wiegen
und damit über die Ungerechtigkeit
zu trösten, die ihm widerfährt ...
Ehrlich zu sagen, daß dieser Gott
nur ein Produkt der menschlichen
Phantasie ist, muß natürlich als
schlimme Todsünde gelten.

Diese Zusammenstellung ist bedrückend für den, der auf einigermaßen übereinstimmende Vota der Forscher gehofft hat. Man
kann aus unserer Aufstellung die Zitate mit ungerader Nummer
herausgreifen und – etwa in einer kirchlichen Zeitschrift – den
Nachweis führen, daß die großen Forscher unseres Jahrhunderts
an Gott glauben. Man kann sich auf Namen von höchstem Rang
berufen und hat auch keine Schwierigkeiten, die Liste der Zitate
zu verlängern.
Aber es geht auch anders: Das Informationsblatt MIZ (Materia-
lien und Informationen zur Zeit) des Bundes der Konfessions-
losen könnte geneigt sein, die Zitate mit gerader Nummer nachzu-
drucken, und darauf hinweisen, daß es auch in der jungen
Generation der Forscher Verfechter der Ansichten von Russell,
Lévy, Bense ... gibt. Wir wollen trotzdem nicht resignieren. Es
wird sich zeigen, daß eine Verständigung zwischen den Forschern
eher möglich erscheint, wenn man nicht von einzelnen gegensätz-
lichen und aus dem Zusammenhang gerissenen Zitaten ausgeht.
Wir wollen deshalb unsere Liste der Zitate ergänzen durch die

mehr ins Detail gehende Darstellung der religiösen Konzeptionen einzelner Gelehrter. Dabei wird jetzt nicht mehr auf Pro oder Kontra geachtet. Wichtiger soll uns der Gesichtspunkt sein, daß es unserem Forscher nicht um die nachträgliche Bestätigung einer vorgefaßten religiösen oder antireligiösen Haltung geht, sondern um den ernstlichen Versuch, in aller für einen Wissenschaftler selbstverständlichen erkenntniskritischen Vorsicht von den Forschungsergebnissen aus zu extrapolieren, um Antworten auf die großen alten Menschheitsfragen zu finden.

Es wird sich zeigen, daß die in der Zusammenstellung kurzer Zitate so hart erscheinenden Gegensätze der Auffassungen in einem milderen Lichte erscheinen, wenn man ausführlicher in der Darstellung wird und auf die Begründungen eingeht. Vielleicht besteht dann tatsächlich die Möglichkeit, daß bei einem ausführlichen Gespräch zwischen unvoreingenommenen und der Objektivität verpflichteten Naturwissenschaftlern weitgehende Gemeinsamkeit in den großen Menschheitsfragen erreichbar ist.

3. Paul Lévy und Max Planck

Wir wollen zunächst die Aussagen von Paul Lévy und Max Planck über die Religion ausführlicher darstellen, zweier Forscher, die in unserer Zusammenstellung »Pro und Kontra« auf verschiedenen Seiten stehen. Der französische Mathematiker hat sich in seiner Autobiographie ausführlich über die Gottesfrage geäußert.

Der um die Entwicklung der Wahrscheinlichkeitsrechnung verdiente Forscher Paul Lévy ist ein kritischer Geist. Er distanziert sich von der in Frankreich üblichen bedingungslosen Verehrung für den »Nationalphilosophen« René Descartes und weist dem (ebenfalls von vielen seiner Zeitgenossen hochgeschätzten) Philosophen Henri Bergson Ungereimtheiten in seinen mathematischen Betrachtungen nach.

Aber Lévy hat auch seine eigenen Auffassungen über die Religion. Er hat ein besonderes Kapitel (S. 181ff.) der Frage nach der Existenz Gottes gewidmet. Lévy will sich dabei vom »gesunden Menschenverstand« (le bon sens) leiten lassen. Er geht davon aus, daß man in den Naturwissenschaften nicht wie in der Mathematik exakte Beweise führen könne. Der Forscher muß sich dort vom »bon sens« leiten lassen, um die zur Deutung seiner Ergebnisse beste Hypothese auszuwählen. Es ist auch derselbe gesunde Menschenverstand, der ihm sagt, wann die Versuche zur Bestätigung einer Theorie hinreichen. In summa: »Der gesunde Menschenverstand führt uns in jenen Bereichen, in denen nicht absolut Sicheres gilt« (wie in der Mathematik). Dieser »bon sens« könne »kultiviert und entwickelt« werden. Als eine höhere Form des »bon sens« erwähnt Lévy gelegentlich die *Intuition* (die etwa den Physiker zur Konzeption einer ganz neuen Theorie führt).

Auf Grund der Führung durch den »bon sens« betrachtet er es (S. 184) als »praktisch sicher«, daß die Seele nicht außerhalb des Körpers existieren kann. Er räumt ein, daß es sogenannte Wunder gibt, die er nicht erklären kann. Er meint damit nicht solche Mirakel wie die von Lourdes, sondern etwa die Tatsache, »daß das Gehirn denken kann«.

Diese und andere unerklärliche Fakten sind ihm aber noch kein Anlaß, an die Existenz Gottes zu glauben. Er war schon im Jahre 1902 zu dem Schluß gekommen, ein Gottesbeweis sei nicht möglich. Später, zwischen 1904 und 1908, wurde er dezidierter Atheist. Dies sind seine Gründe dafür (S. 184):

1. Gott hätte nicht die Verbrechen zugelassen, die in seinem Namen geschehen sind. »Diese Verbrechen sind begangen worden; das ist eine unbestreitbare Tatsache. Also existiert Er nicht.«
2. Der »gröbste Menschenverstand« (le plus grossier bon sens) lehrt uns, die Meinung von Narren nicht ernst zu nehmen ... Sie sind leichtgläubig. So erklärte man den Griechen den Blitz mit dem Speer des Zeus und den Christen den Tod als »Strafe für die Sünde Adams«.

Diese Argumentationen Lévys richten sich offenbar in erster Linie gegen die in Frankreich sehr einflußreiche katholische Kirche. Er räumt aber ein, daß es Leute gibt, die an Gott glauben und sich zu keiner bestimmten Religion bekennen. Sie argumentieren etwa so (S. 186): »Wer hat die wunderbare Welt gemacht, in der wir leben, wenn nicht Gott?« Oder sie sagen: »Sie geben die Existenz eines Mysteriums zu. Es ist dieses Mysterium, das wir Gott nennen.« Hier antwortet er mit seiner Vorstellung vom Wesen des Gottesglaubens (S. 186):

Für mich heißt »an Gott glauben« an die Existenz eines denkenden Wesens glauben, das uns beobachtet, das unsere Gedanken liest, das uns richtet, das uns zweifellos liebt, das schließlich offen ist für unsere Gebete und das wir lieben können. In diesem Sinne glaube ich nicht an Gott.

Aber – so bekennt er – über das Mysterium der Welt hat er sich Gedanken gemacht. Besonders bemerkenswert erscheinen seine Aussagen zu der These mancher Biologen, wonach die Evolution das Werk des Zufalls sei. Vom Zufall versteht der Mathematiker Lévy mehr als die Biologen: Er hat sich intensiv mit den Problemen der Wahrscheinlichkeitsrechnung beschäftigt und kommt zu dem Schluß (S. 188):

Die wunderbare Welt, in der wir leben, kann nicht das Werk des Zufalls sein.

Er erwähnt als ein nicht aus dem Zufall zu erklärendes Faktum die Vernarbung der Wunden am menschlichen Körper, das Gefühl von Hunger und Durst, wenn der Körper Essen und Trinken nötig hat. Aber er lehnt es ab, dem Mysterium den Namen »Gott« zu geben, denn ein Name erklärt nichts.

Wenden wir uns jetzt *Max Planck* zu, der allgemein als ein Vorkämpfer für eine Verständigung zwischen Religion und Naturwissenschaft gilt.

Im Februar 1945, als die Russen schon dicht vor Berlin standen, wollte der deutsche Rundfunk die Bevölkerung durch den Zuspruch vertrauenswürdiger Persönlichkeiten ermutigen. Da wurde auch Max Planck ans Mikrophon gebeten. Er sagte nur wenige Sätze, die mit dem Bekenntnis schlossen: »Das Land Luthers und Kants kann nicht untergehen.« Luther und Kant: Die Nennung gerader dieser Namen bestätigte uns damals unsere Auffassung von der Gesinnung des großen Forschers. Er hat natürlich den Nazis nicht zu Gefallen geredet, sondern jene Denkweise bekräftigt, die uns schon von seinem damals viel beachteten Vortrag über »Religion und Naturwissenschaft« vertraut war und die schon im Jahre 1927 das im obigen Abschnitt erwähnte Gespräch in der Brüsseler Hotelhalle veranlaßt hatte.

Plancks These, es gebe keinen Gegensatz zwischen Naturwissenschaft und Religion, wurde in den vierziger Jahren viel zitiert, und besonders in den Akademien der evangelischen Kirche diskutierte man oft über die Planckschen Vorträge. Um so mehr Aufsehen erregte es, als einige Jahre nach seinem Tode ein Brief aus dem Jahre 1947 bekannt wurde, in dem er sich ausdrücklich von den Lehren der Kirche distanzierte. Da war nach dem Kriege das (völlig unbegründete) Gerücht aufgetaucht, Planck sei zum Katholizismus übergetreten. Der Regensburger Diplom-Ingenieur Wilhelm Kick schrieb daraufhin an Planck und bat ihn um eine Begründung für diesen Schritt. Er erhielt von Planck eine wenige Wochen vor seinem Tode geschriebene Antwort, die erst in einer Zeitung, 1958 in einem Beitrag von Herneck in den »Physikalischen Blättern« (S. 372ff.) veröffentlicht wurde.

Göttingen, 18. 6. 1947

Sehr geehrter Herr!

In Beantwortung Ihres Schreibens vom 10. 6. 1947 kann ich Ihnen mitteilen, daß ich selber seit jeher tief religiös veranlagt bin, daß ich aber nicht an einen persönlichen Gott, geschweige denn an einen christlichen Gott glaube. Näheres darüber würden Sie in meiner Schrift »Religion und Naturwissenschaft« finden.

Hochachtungsvoll
Dr. Max Planck

Der erwähnte Vortrag (Planck [2], S. 319f.) enthält nun keine ausgesprochene Absage an einen »christlichen Gott«. Wohl aber eine Distanzierung von dem in den christlichen Kirchen immer noch verteidigten Wunderglauben:

Glauben heißt fürwahrhalten, und die unablässig auf unanfechtbar sicheren Pfaden fortschreitende Naturerkenntnis hat dahin geführt, daß es für einen naturwissenschaftlich einigermaßen Gebildeten schlechterdings unmöglich ist, die vielen Berichte von außerordentlichen, den Naturgesetzen widersprechenden Begebenheiten, von Naturwundern, die gemeinhin als wesentliche Stützen und Bekräftigungen religiöser Lehren gelten, und die man früher ohne kritische Bedenken einfach als Tatsachen hinnahm, heute noch als auf Wirklichkeit beruhend anzuerkennen.

Wer es also mit seinem Glauben wirklich ernst nimmt und es nicht ertragen kann, wenn dieser mit seinem Wissen in Widerspruch gerät, der steht vor der Gewissensfrage, ob er sich überhaupt noch ehrlich zu einer Religionsgemeinschaft zählen darf, welche in ihrem Bekenntnis den Glauben an Naturwunder einschließt.

Eine Zeitlang konnte mancher noch eine gewisse Beruhigung darin finden, daß er einen Mittelweg einzuschlagen versuchte und sich auf die Anerkennung einiger weniger als besonders wichtig geltender Wunder beschränkte. Aber auf die Dauer ist eine solche Stellung doch nicht zu halten. Schritt für Schritt muß der Glaube an Naturwunder vor der stetig und sicher voranschreitenden Wissenschaft zurückweichen, und wir dürfen nicht daran zweifeln, daß es mit ihm über kurz oder lang zu Ende gehen muß.

Mit diesen Ausführungen setzte sich Planck zwar in einen gewissen Gegensatz zu der damals im deutschen Protestantismus vorherrschenden Neuorthodoxie Barthscher Prägung, dennoch enthielt sein Vortrag keine Absage an den Glauben an einen persönlichen Gott. Nach dem Kriege veröffentlichte der Religionswissenschaftler A. Bertholet (S. 161f.) einige Briefe seines Freundes Max Planck aus dem Jahre 1945. In einem Brief vom 28.3.1945 (nach der Hinrichtung seines Sohnes durch die Nazis) schrieb Planck, daß er es

als eine Gnade des Himmels betrachte, daß ihm von Kindheit an der »durch nichts zu beirrende Glaube an den Allmächtigen und Allgütigen« tief im Innern wurzelt.

Der Allmächtige – ist das nicht ein »persönlicher Gott«? Die kritische Aussage des letzten veröffentlichten Briefes von Planck wird dann auch bestätigt durch die Erinnerungen von Lise Meitner (S. 106ff.). Sie war seit Beginn ihres Studiums in Berlin im Jahre 1907 mit dem Hause Planck befreundet und kannte die Ansichten des großen Forschers aus vielen Gesprächen.

Lise Meitner spricht von Plancks oft zutage tretender religiöser Grundhaltung, doch sie betont auch:

Seine religiöse Einstellung war nicht getragen von dem Glauben an eine bestimmende Religionsform, er hat mehrfach betont, daß man nie vergessen darf, daß auch die heiligsten Symbole menschlichen Ursprungs sind, und daß daher der tief religiöse Mensch nicht an seinen Symbolen festklebt, und daß es daher andere religiöse Menschen geben kann, denen andere Symbole vertraut und heilig sind.

Sie bezeichnet schließlich Plancks religiöse Haltung als Pantheismus und vergleicht seine Haltung mit der Goethes und Einsteins.

Wir wollen nicht den Versuch unternehmen, die (wirklichen oder vermeintlichen) Gegensätzlichkeiten in den Zeugnissen über Plancks Religiosität zu bereinigen. Auch ein großer Forscher ist ein »Mensch mit seinem Widerspruche«, und er hat das Recht zu einer Wandlung seiner religiösen Denkweise im Laufe eines langen Lebens, unter der Last schwerer Schicksalsschläge.

Im ganzen aber bestätigen sich in seinen frühen und späten Äußerungen doch wesentliche Grundzüge seiner Religiosität. Wir wollen sie an einem kurzen Ausschnitt eines Briefes aus dem Jahre 1942 an den Dresdner Oberkirchenrat Neuberg (vgl. Abb. 20) erläutern. Es heißt da:

> Daß das ganze Weltleben aus einem Ordnungsprinzip beherrscht wird, bildet von jeher eine meiner Grundüberzeugungen, ja ist für mich die Vorbedingung meiner Liebe zur Wissenschaft. Denn sonst würde es sich ja gar nicht lohnen zu forschen. Und da das wissenschaftliche Denken eine Einheit bildet, so muß es diese Ordnung in gleicher Weise für die Natur und für den Menschen voraussetzen. Aber sorgfältig muß es unterschieden werden vom religiösen Denken, das auf einer ganz anderen Ebene liegt; und daher auch niemals mit ihm in Widerspruch geraten kann.

Wir haben bereits mehrfach (u. a. im Kapitel über Zeit und Raum) ausgeführt, daß (vom forschenden Menschen unabhängige) gute Gründe für die objektive Gültigkeit des Ordnungsprinzips im Kosmos vorliegen. Als ein Beispiel für die sinnvolle Ordnung der Natur nennt Planck in seinen Vorträgen öfter das sogenannte Prinzip der kleinsten Wirkung und seine Anwendung auf die Strahlenoptik. Ein Lichtstrahl wird beim Übergang in ein anderes

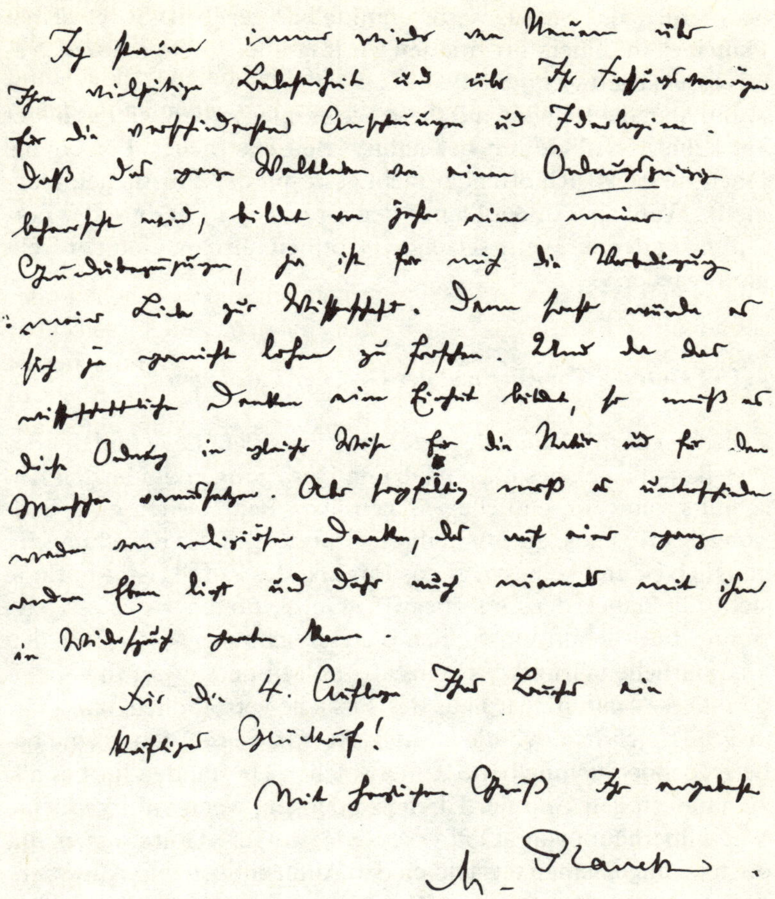

Abb. 20: Aus einem Brief von Max Planck vom 16.5.1942

Medium so gebrochen, daß er, unter Berücksichtigung der in den Medien verschiedenen Lichtgeschwindigkeiten, sein Ziel auf kürzestem Wege erreicht. Für den solchen Gesetzlichkeiten nachspürenden Wissenschaftler steht dann der Gottesgedanke als Grenzbegriff am Ende der Forschung, gehört aber nicht in die naturwissenschaftlichen Systeme hinein.

Für den religiösen Menschen dagegen, der in der Welt der Werte lebt, ist die Realität Gottes (wer oder was das auch sei) mit der Unbedingtheit der Sittengesetze unmittelbar gegeben. So etwa hat Planck es in seinem oft zitierten Vortrag über »Religion und Naturwissenschaft« dargestellt.

Wenn man die Religion auf diese Weise interpretiert, gibt es in der Tat keine Konflikte mit der naturwissenschaftlichen Forschung. Doch sie deckt sich offenbar nicht ganz mit der christlichen Dogmatik. Wohl aber findet Planck den Grenzbegriff »Gott« der Forschung in der die Werte setzenden Gottheit (also im Gott der Religion) wieder.

4. Der Gott der Forscher und der Gott der Theologen

Zwischen der Weltsicht des Mathematikers Paul Lévy und der des Physikers Planck bestehen nach den Darlegungen des letzten Abschnitts keine wesentlichen Gegensätze. Beide sehen eine Ordnung des Kosmos, die nur in ihren Grundzügen der Forschung zugänglich ist und keineswegs das Produkt des Zufalls ist. Am Ende steht für Planck der Grenzbegriff »Gott«, für Lévy das »Mysterium«. Lévy lehnt nun freilich die Bezeichnung »Gott« für den unerklärlichen Grund des Seins ab, um Mißdeutungen zu vermeiden. Diese Haltung wird aus der Tatsache verständlich, daß Lévy in Frankreich lebt, wo die katholische Kirche sehr lange eine beherrschende Stellung hatte. Unter solchen Umständen liegt es allzu nahe, an den Gott der Kirche zu denken, wenn auf irgendeine Weise überhaupt von »Gott« die Rede ist. Wer »Gott« sagt, meint doch im allgemeinen tatsächlich den Allmächtigen und Allwissenden, dessen Stellvertreter in Rom sitzt und dessen Eigenschaften durch die Lehren der Kirche beschrieben werden.

Aber darf man denn von Gott nur in kirchenamtlich festgelegtem Sinne reden? Wir finden bei Meister Eckehart und den Mystikern des ausgehenden Mittelalters, später bei Schleiermacher und Tillich viele Aussagen über das Wesen Gottes, die nicht mit den Bekenntnisschriften der Kirchen vereinbar sind, ganz zu schweigen von Aussagen der Philosophen und Dichter. Weshalb soll man also das Wort »Gott« nur der kirchenamtlichen Sprache überlassen?

Die Neigung, zur Vermeidung von Mißverständnissen auf andere

Worte auszuweichen, ist freilich weit verbreitet. So ist in den Briefen Wilhelm von Humboldts über die großen Grenzfragen des Lebens die Rede vom Wirken »der Götter«, der »Gottheit« oder auch »des Himmels«. Wahrscheinlich waren hier unbewußt ähnliche Bedenken wirksam wie bei Paul Lévy. Es spricht aber auch vieles für die Aussageweise von Einstein und Planck, die sich nicht scheuen, das alte, schwere Wort »Gott« zu gebrauchen.

Es ist hinzuzufügen, daß auch bei Spinoza und Kant, bei Goethe und Rilke oft von Gott die Rede ist, und das gewiß nicht im Sinne konfessioneller Dogmen. Man braucht es also auch Einstein und Planck nicht zu verargen, wenn sie Lévys großes »Mysterium« mit dem Wort »Gott« bezeichnen. Es scheint also durch diese Bemerkungen deutlich, daß zwischen den Anschauungen von Paul Lévy auf der einen und von Planck und Einstein auf der anderen Seite so wesentliche Gegensätze nicht bestehen.

Aber damit ist unsere Zitatentabelle von Abschnitt 2 nicht entschärft. Die Absage von Bense und Dirac an alle Religionen scheint in der Tat mit der Denkweise Max Plancks nicht vereinbar zu sein.

Wir wollen aber diese nicht zu übersehende Gegensätzlichkeit zunächst stehenlassen und darauf hinweisen, daß es eine für die Zukunft der Menschheit vielleicht bedeutsame Gemeinsamkeit des Denkens gibt, die Naturwissenschaftler wie Einstein, Planck, Heisenberg und Portmann ebenso umfaßt wie Vertreter der Geisteswissenschaften und Männer des politischen Lebens. Man kann eben auch aus dem Studium der Geschichte oder aus dem Bemühen um eine menschliche Politik zu einer Objektivität des Denkens kommen, wie sie Russell für die Naturwissenschaftler gefordert hat.

Unbefangene Redlichkeit kann dann den Blick freigeben für jene Wirklichkeiten, die nicht mit den Methoden exakter Forschung erschlossen werden können. Sie bleiben freilich dem verschlossen, der sich darauf festgelegt hat, nur das seinen wissenschaftlichen Methoden Zugängliche gelten zu lassen. Und so bleibt (auch nach Ausräumen aller philologischen Mißverständnisse) die Spannung zwischen den »Wissenschaftsgläubigen« und jenen Forschern, die aus der intensiven Beschäftigung mit den Systemen der exakten Forschung zu einer genialen Naivität des Denkens vorgedrungen sind, wie etwa Einstein. Dieser Unterschied der Auffassungen kann wohl nicht durch logische Argumentationen beseitigt werden.

Man könnte leicht durch eine umfassende Dokumentation (vgl. Hunke [1] u. [2]) verdeutlichen, wie groß der Kreis jener Denker ist (in Geschichte und Gegenwart), deren Weltsicht religiös ist im Sinne von Planck und Einstein.

Wir wollen immerhin einige Beispiele geben, die das belegen können.

Über den in aller Welt geschätzten UN-Generalsekretär Dag Hammarskjöld erfuhr die Weltöffentlichkeit erst aus den Tagebuch-Veröffentlichungen nach seinem Tode, daß der gewandte Politiker ein sehr vielseitiger Denker war. Einige seiner Notizen beziehen sich auf Fragen der Religion. Es heißt da (S. 37):

> Gott stirbt nicht an dem Tag, an dem wir nicht länger an eine persönliche Gottheit glauben, aber wir sterben an dem Tag, an dem das Leben für uns nicht länger von dem stets wiedergeschenkten Glanz des Wunders durchstrahlt wird, von Lichtquellen jenseits aller Vernunft.

Der Satz vom »Glanz des Wunders« könnte auch von Einstein stammen.

Der große Historiker Arnold Toynbee hat seinen kritischen Geist nicht an den Problemen der exakten Wissenschaften, sondern am Studium der geschichtlichen Quellen geschärft. Er hat viel über Gott und die Welt nachgedacht und seine kritischen Ergebnisse in mehreren Schriften zusammengefaßt. Besonders eindrucksvoll scheint uns ein Gespräch zu sein, das er mit seinem Sohn, dem Journalisten Philipp Toynbee, im britischen Rundfunk führte. Philipp Toynbee erwies sich dabei als ein dem Vater an Klarheit des kritischen Denkens nicht nachstehender Gesprächspartner. Es heißt da (S. 17):

> P.: Wenn Gott uns mit einem Wink seiner Hand vollkommen machen könnte, was ist dann der Zweck des Bösen? Geschieht es nur zu seiner Unterhaltung, daß wir uns durch alle Mühen und Plagen hindurchquälen müssen? Das einzige, was mir die Sache sinnvoll machen kann, ist die Vorstellung,

daß wir in einem positiven schöpferischen Prozeß stehen, daß das, was wir tun, in einem letzten Sinn wirklich Bedeutung hat. Und die einzige Möglichkeit, diese Vorstellung auch zu glauben, ist die, zu glauben, daß Gott eine Art Erfüllung oder Hilfe von uns verlangt ...

A.: ... Alles Gute muß bezahlt werden. Das ist vielleicht die Grundvoraussetzung der Existenz. Es schließt natürlich ein, daß es eine Art letzten Widerstand gibt, mit dem Gott zu kämpfen hat, genau wie wir. Wir sind Gottes Mitstreiter in diesem Kampf.

Wenn Arnold Toynbee den Menschen zum »Mitstreiter Gottes« macht, dann spricht er einen Gedanken aus, den (freilich mit anderer Motivation) schon Julian Huxley zur Grundlage seines evolutionären Humanismus gemacht hatte: Der Mensch hat die Möglichkeit (und die Pflicht), an der Gestaltung der Schöpfung mitzuarbeiten. Das haben auch schon einige Dichter so gesehen. Thornton Wilder hat einen Roman unter dem Titel »Der achte Schöpfungstag« geschrieben.

Aus diesen Zitaten (und vielen anderen Quellen) kann man deutlich machen, daß es in unserem Jahrhundert eine Gemeinsamkeit des Denkens und Wollens gibt, die von den großen Naturwissenschaftlern über führende Geisteswissenschaftler bis zu einigen Dichtern reicht. Und man könnte eine solche Dokumentation zurückverfolgen in die Geschichte, über Goethe, Leibniz und Newton bis zu Meister Eckehart.

5. Scheidewege

Sigrid Hunke [1] fand diese große Gemeinschaft des Denkens und Glaubens so beachtlich, daß sie von »Europas anderer Religion« sprach. Auch wer das für berechtigt hält, kann nicht übersehen, daß es unter den modernen Naturwissenschaftlern sehr viele gibt, die einer solchen Gemeinschaft nicht angehören. Sie sehen mit Monod die »totale Verlassenheit« des dem Zufall ausgelieferten Menschen und finden keinen Ansatz zu einer religiösen Weltsicht. Sie halten es auch für unangemessen, wenn Portmann von den

»Geheimnissen« der Natur spricht, und reden lieber von (noch) ungelösten Problemen. In vielen Fällen steht dahinter die Hilbertsche Wissenschaftsgläubigkeit: »Wir müssen wissen, wir werden wissen!« Wir haben dafür mehrfach Beispiele zitiert.

Wenn Max Bense sagt, daß die Aussagen über Gott vom Typ »Gott ist pektabel« (also absolut sinnlos) seien, dann steckt nach unserer Auffassung in dieser überspitzten Formulierung eine berechtigte Kritik an den dogmatischen Versuchen mancher systematischer Theologen. Aber er bleibt ja nicht bei dieser im Abschnitt 2 zitierten Kritik stehen. Er hat im »Club Voltaire« einen Aufsatz mit dem Titel »Warum man Atheist sein muß« (vgl. Szczesny [2]) geschrieben. Muß man wirklich? Einstein mußte nicht. Aber es gibt unter den naturwissenschaftlichen Dissidenten auch Vertreter mit einer unangreifbaren erkenntniskritischen Position. Man kann bei klarer Einsicht in die Grenzen der exakten Verfahren darauf verzichten, eine »zweite Wirklichkeit« anzuerkennen. Man darf wohl B. Russell zu diesem Typ von Forschern rechnen. Wer so denkt, wird im allgemeinen auch von der Ethik her keinen Zugang zum »Jenseits« der Wissenschaft sehen. Wie der junge Dirac (vgl. Abschnitt 1) wird er in den Grundsätzen der Ethik nur »vernünftige Absprachen« über das menschliche Zusammenleben sehen.

Hier scheiden sich die Geister, und es gibt keine Möglichkeit, Meinungsverschiedenheiten durch rationale Deduktionen auszuräumen. Man kann Gottesbeweise widerlegen und eine allzu naive Wissenschaftsgläubigkeit ad absurdum führen. Aber man kann nicht Plancks und Einsteins Religiosität durch Beweise fundieren oder sie durch widerlegende Deduktionen erschüttern.

Immerhin kann man für oder gegen ihre Überzeugung argumentieren. Besonders wichtig scheint uns in diesen Tagen die Plancksche Wertung der Ethik und – wichtiger noch – sein eigenes Beispiel. Wer damals die öffentliche Ehrung eines jüdischen Gelehrten wagte, handelte nicht auf Grund eines gesellschaftlichen Kontraktes zur gegenseitigen Respektierung von Interessen. Nein, Planck folgte einem ihn verpflichtenden Sittengesetz, von dessen göttlichem Ursprung er überzeugt war.

Das Leben auf diesem Planeten ist eigentlich nur deshalb erträglich, weil es zu allen Zeiten Menschen sehr verschiedener Herkunft gab, die sich ihrem »Daimonion« verpflichtet wußten. Da ist zum Beispiel der französische Oberleutnant Picquart, der schließlich der Dreyfus-Affäre in den neunziger Jahren des vorigen Jahrhunderts die entscheidende Wendung gab. Er hatte den Mut, sich gegen das ganze Offizierskorps und den Klerus für den zu Unrecht verfolgten jüdischen Offizier Dreyfus einzusetzen. Aber man muß gar nicht nur an Persönlichkeiten denken, die in die Geschichte eingegangen sind. Hier sind zum Beispiel auch jene Mütter zu nennen, die in ihren belasteten Haushalt noch ein Flüchtlingskind aufnahmen. Vielleicht darf man mit Staehelin sagen, daß diesen Menschen – im Gegensatz zu manchen »wissenschaftsgläubigen« Forschern – die Sicht für die zweite Wirklichkeit nicht verstellt ist.

Nun kann man aber nicht übersehen, daß heute – in den achtziger Jahren des zwanzigsten Jahrhunderts – vieles so ganz anders geworden ist. Die Welt hat sich seit den Tagen Plancks verändert, und wir stehen vor Problemen, von denen die meisten Menschen vor wenigen Jahrzehnten noch nichts ahnten. Es ist zu fragen, was denn von dem Reden über die Schönheit der Natur und ihrer Gesetze, vom Sittengesetz in uns oder von einer zweiten Wirklichkeit noch bleibt angesichts der Bedrohung der Existenzgrundlagen unserer Erde.

6. Die Welt von gestern

Wir haben in der Schule ein Gedicht von Robert Reinick auswendig gelernt: »Wie ist doch die Erde so schön, so schön!« Die dritte Strophe schließt mit dem Jubelruf:

> Und wer es nicht malt, der singt es,
> Und wer es nicht singt, dem klingt es
> im Herzen vor lauter Freud'!

Ludwig Uhland begrüßte seinen Frühling so:

> Die Welt wird schöner mit jedem Tag,
> Das Blühen will nicht enden,
> Es blüht das fernste, tiefste Tal.

Nun, armes Herz, vergiß die Qual,
Es muß sich alles, alles wenden.

Die Freude an der jedem Menschen zugänglichen stillen Schönheit der Wälder und Felder kann verglichen werden mit dem ehr-
fürchtigen Staunen Einsteins vor der ihm in der Forschung sich
offenbarenden Harmonie. Und mancher sah jene Beziehung, die
von dieser Schönheit auf das ewige Sittengesetz wies. Es liegt eigentlich keine Logik in dieser Relation, und doch ist man geneigt,
Eichendorff zuzustimmen:

Im Walde steht geschrieben
ein stilles ernstes Wort
von rechtem Tun und Lieben
und was des Menschen Hort.

Ist das nun alles kaputt? In vielen Tälern, die einst die Dichter be-
sungen, stehen heute Fabriken oder andere Betonklötze, und Ei-
chendorffs Wald ist heute meistens eine von Autostraßen zer-
schnittene Forstkultur, die ein saurer Regen zerfrißt. Es wird
immer schwieriger, ein »fernes Tal« zu finden, das mit seinem
Frieden dem Menschen den Uhlandschen Trost zuspricht. Vielleicht könnte es das schöne Altmühltal sein, aber wer hier wandert, muß sich ausmalen, wie der Kanalbau bald alles mit Baggern
zerstört.

Wir haben nicht die Absicht, unsere Schrift über die Grenzen exakter Erkenntnis in eine wehmütige Naturschwärmerei ausklin-
gen zu lassen, in eine Klage über die vergangene gute Zeit. Aber
das muß gesagt werden dürfen: Mit dem Abholzen des Waldes,
mit dem Betonieren grüner Wiesen, mit der kommerziellen Erschließung der letzten stillen Täler werden nicht allein die biologischen Voraussetzungen unserer Existenz angegriffen, wie es inzwischen verantwortungsbewußte Biologen mehrfach ausgesprochen haben – freilich ohne sich durchsetzen zu können.

Man sollte einsehen, daß mit der Veränderung der Natur durch
die Technik auch die Voraussetzungen für eine vertrauende Weltsicht und für ein gutes menschliches Miteinander in Frage gestellt
werden. Wer sich von einem Reisebüro in ein »erschlossenes« Na-
turparadies verfrachten läßt, wer mit dem Auto durch ein Wald-

stück rast, wird kaum jene Erfahrungen nachvollziehen können, von denen die zitierten Dichter des 19. Jahrhunderts sangen. Vielleicht ist das heute noch möglich, wenn man im Hochgebirge wandert – wenn man sich nicht gerade über einen neuen Block von Eigentumswohnungen ärgern muß, den geschäftstüchtige Unternehmer mitten in die Landschaft gesetzt haben.

Nehmen wir hinzu, daß sehr viele Menschen unserer Erde – aus bitterer materieller Not oder aus Angst vor politischen Katastrophen – den Blick nur auf die Sorgen der Stunde richten können, dann erscheinen die bisher zitierten Betrachtungen über Gott und die Welt, über Naturerleben und eine zweite Wirklichkeit wie müßige Kontemplation wohlsituierter Menschen einer leider vergangenen Zeit.

Was bleibt von alledem angesichts der großen Fragen von morgen? Kann uns die abgeklärte Weisheit der Weisen von gestern helfen, die quälenden Probleme von morgen zu lösen?

Zuweilen entsteht der Eindruck, daß die uns in den letzten Jahrzehnten gewordenen Einsichten über die Zukunft unseres Planeten so bedrückend sind, daß alle tröstlichen Weisheiten von gestern hoffnungslos antiquiert erscheinen. Was soll uns der Jubel von vorgestern über die Schönheit der Erde, wenn unsere Kinder oder unsere Enkel vielleicht bald nicht genug saubere Luft zum Atmen haben werden? Man darf solchen Fragen nicht ausweichen, so schwierig auch alle futurologischen Versuche sein mögen.

7. Zu einer neuen Ökologie

In seiner Schrift über »Das irdische Gleichgewicht« sagt Gruhl (S. 52) über die ursprüngliche ökologische Ordnung der Natur:

> *Die Natur konnte dagegen Milliarden Jahre bestehen, weil sie den schwereren, aber sichereren Weg gegangen ist.* Blin: »Das Leben setzte auf die seltenen Elemente und verschmähte jene, die sich ihm in großer Zahl darboten. Es mißachtete die Quantität, um dem Gesetz der Qualität zu gehorchen, wobei die Natur nach dem Prinzip des Recycling, d. h. der Wiederaufbereitung von Stoffen, vorgeht ... Wenn mit dem allge-

meinen Ausdruck ›Ökonomie‹ die Gesamtheit der Aktivitä-
ten bezeichnet wird, durch die ein Organismus die für seinen
Fortbestand unabdingbaren Elemente aus der Umwelt bezieht, so kann gesagt werden, daß das Leben von seinen einfachsten Formen an die totale Unterordnung der Ökonomie
unter einen übergreifenden Endzweck darstellt.«

Es verdient angemerkt zu werden, daß die Existenz eines solchen
Gleichgewichts zwischen Werden und Vergehen keineswegs
selbstverständlich ist. Das zeigt schon die Möglichkeit der Zerstörung der ökologischen Harmonie durch den Menschen. Die Natur hat das Gleichgewicht (wie Gruhl bemerkt) durch Ausnutzung
der Eigenschaften von »seltenen Elementen« erreicht (während
der Mensch vorwiegend mit den in Fülle vorhandenen Elementen
arbeitet). Wir dürfen also im Vorliegen einer solchen Ordnung eines jener »Wunder« sehen, an denen das organische Leben so
reich ist (vgl. Kap. VIII, 1). Aber (S. 51)

vor etwa 200 Jahren *ernannte der Mensch sich selbst zum Subjekt der Weltgeschichte und entwickelte ökonomische Theorien,
die alles Lebendige wie die tote Materie den Kriterien der
augenblicklichen Nützlichkeit für ihn unterwarfen.*

Hier ist anzumerken, daß damals und im 19. Jahrhundert der
Mensch *nicht* der Überzeugung war, daß er sich zum Subjekt der
Weltgeschichte machte. Die Völker, die damals neue ökonomische
Theorien und Praktiken entwickelten, waren ja alle christlich, und
die Eroberer und Kaufleute waren überzeugt, mit ihrem Tun ein
göttliches Gebot zu erfüllen. Es steht ja in Mos. 1, 28:

Und Gott segnete sie und sprach zu ihnen: Seid fruchtbar
und mehret euch und füllet die Erde und machet sie euch untertan, und herrschet über die Fische im Meer und die Vögel
des Himmels, über das Vieh und alle Tiere, die auf der Erde
sich regen! Und Gott sprach: Siehe, ich gebe euch alles
Kraut, das Samen trägt. Auf der ganzen Erde, und alle Bäu-
me, an denen samenhaltige Früchte sind, das soll eure Speise
sein.

Vom 18. Jahrhundert an entwickelten die führenden christlichen
Völker immer neue und wirkungsvollere Verfahren, sich »die Erde

untertan« zu machen. Der Gedanke, daß es Grenzen des Wachstums geben könnte, kam ihnen zunächst überhaupt nicht. Gruhl (S. 52) sagt nun über die Veränderung der ökologischen Ordnung durch den Menschen:

> Im Gegensatz zu den Kreisläufen der Natur arbeitet die industrielle Technik der Neuzeit *linear*. Das führt zu einer früher nie gekannten Verschwendung der Ressourcen. Die Ökonomie kümmerte sich in den letzten zwei Jahrhunderten nicht um die Bestände der Erde, die sie verarbeitete, und auch nicht um den Abfall, der am anderen Ende übrigblieb. Boulding nennt das »Durchflußwirtschaft«.

Auch auf den folgenden Seiten übt Gruhl harte Kritik am Menschen, der die natürliche Ordnung der Welt kaputtgemacht und mit seinen Wachstumsprogrammen in West und Ost einen radikalen Raubbau an den Bodenschätzen und Energiequellen unseres Planeten getrieben hat. Hart und unerbittlich ist die Kritik Gruhls (wie auch die anderer Gegner der herrschenden Wirtschaftssysteme). Sie richtet sich nicht nur gegen die Wachstumsprogramme der modernen Wegwerfgesellschaft; nach Gruhls Meinung wurden die Weichen bereits falsch gestellt, als der Mensch mit der Industrialisierung anfing, als er den natürlichen Kreislauf des Lebens durch »Einbahnstraßen« der Technik (vom Abbau der Naturprodukte zum Industriemüll) zu zerstören begann.

Wir haben bereits ausgeführt, daß wir die für die ganze Denk- und Lebensweise des Menschen verhängnisvolle Entwicklung durchaus sehen. Aber man kann auch nicht leugnen, daß in dieser Entwicklung eine gewisse Zwangsläufigkeit lag, der wir uns heutzutage nicht einfach durch massive Kritik entziehen können. Die Schrift Gruhls ist mit den Mitteln moderner Buchtechnik hergestellt. Da war elektrischer Strom im Spiel, der zum Teil sogar aus einem Atomkraftwerk stammt. Man kann kein Buch, keine Nachricht verbreiten, keine Großstadt ernähren, ohne die Hilfsmittel der modernen Technik in Anspruch zu nehmen. Wo in der Entwicklung fängt die Schuld an?

Wenn ein Schimpanse eine Stange benutzt, um eine sonst unzugängliche Banane zu erreichen, so wird man ihm kaum den Vorwurf machen, er störe die ökologische Ordnung der Natur. War es eine Versündigung, die Intelligenz zu benutzen, um harte und stumpfsinnige Arbeit durch den Einsatz von Dampfmaschinen zu erleichtern? Goethe, der ja schon die Anwendung von Mikroskopen in der Naturforschung beanstandet hatte, war einer der wenigen Denker jener Zeit, dem die aufkommende Epoche der Technik unheimlich war. Auf jeden Fall war man davon überzeugt, daß auch die durch die Möglichkeiten der Technik verstärkten Kräfte des Menschen ein Nichts waren gegen die Allgewalt der Natur.

> Tand, Tand,
> ist das Gebilde von Menschenhand,

heißt es in dem Gedicht »Die Brücke am Tay« von Theodor Fontane, und Jahrzehnte später schilderte Hermann Hesse die menschliche Siedlung – »Die Stadt« – mit ihrem Werden und Vergehen, die mit all ihren technischen Errungenschaften verfällt und von der siegreichen Natur langsam, aber sicher wieder vereinnahmt wird. Der Gedanke, daß der Mensch mit seiner Technik die ökologische Ordnung der Natur ernstlich stören, ja, sie vernichten könne, gehört zu jenen unheimlichen Einsichten, die der denkenden Menschheit erst in den letzten Jahrzehnten bewußt wurden. Zum Verständnis für diese Entwicklung kann man noch daran erinnern, daß die naheliegende Ausnutzung aller technischen Möglichkeiten auch durch das biblische Gebot »Macht euch die Erde untertan!« gerechtfertigt schien. Und da die Menschheit auch das andere Gebot befolgt hatte: »Seid fruchtbar und mehret euch!«, stehen wir heute vor anscheinend unlösbaren Problemen. Das »Ende der Vorsehung« (Amery) scheint gekommen zu sein, und der Mensch steht vor der unheimlichen Aufgabe, die durch sein Wirken aus den Fugen geratene Ordnung wieder so zu richten, daß eine menschheitsvernichtende Katastrophe vermieden wird. Was können wir tun? Gruhl übt in seinem erwähnten Buch, wie viele andere Verfasser einer neuen Ordnung, harte Kritik an der Abkehr von den natürlichen Ordnungen, an der bei Unternehmern und Gewerkschaftlern vorherrschenden Neigung, immer mehr Wirtschaftswachstum zu erreichen. Er fordert Abkehr vom Konsumdenken unserer Zeit, Verzicht auf die Atomenergie und Bescheidung unserer Ansprüche. Und er klagt die verantwortlichen Politiker an, die neue Atomkraftwerke, neue Kanäle und Flughäfen bauen wollen.

Wir sind geneigt, Gruhl darin zuzustimmen: Eine Abkehr vom ungehemmten Konsum- und Wachstumsstreben erscheint geboten, zugleich eine neue Ehrfurcht vor der gewachsenen Natur. Aber man darf es sich nicht zu leicht machen. Mit Kritik allein kann niemand die ökologischen Probleme von morgen lösen. Es ist anzunehmen, daß in der westlichen Verschwendungsgesellschaft noch mancherlei sinnvolle Einsparungen möglich sind. Aber es ist doch zu bedenken, wie viele Menschen in der Dritten Welt hungern. Um hier Abhilfe zu schaffen, ist unter anderem zusätzliche Energie nötig – um etwa wüstes Land im großen zu bewässern. Es ist heute schwer vorstellbar, daß man die Probleme ohne die Nutzung der Kernenergie lösen könnte. Man kann freilich hoffen, daß in einigen Jahrzehnten die freundliche Energie aus der Kern*fusion* technisch nutzbar ist und zur Verfügung steht. Doch sicher ist das nicht. Es gibt Fachleute, die es für möglich halten, daß die Zähmung der H-Bombe wegen technischer Schwierigkeiten nie gelingt. Wir müssen darauf verzichten, in dieser Schrift eine Abschätzung der Zukunftsaussichten in der Energiepolitik zu wagen. Aber einige Überlegungen über Grundsatzfragen wollen wir doch versuchen.

Auch und gerade, wenn man die ursprüngliche ökologische Ordnung mit jener Ehrfurcht betrachtet, die große Forscher wie Einstein, Planck und Portmann den Gesetzlichkeiten der Natur entgegenbringen, darf man die Hoffnung haben, daß eine neue Stabilisierung des ökologischen Gleichgewichts gelingen wird. Schließlich ist ja die menschliche Intelligenz, die die Maschinen schuf, auch ein Stück Natur, und man braucht die Initiatoren der Technisierung nicht mit dem Vorwurf zu belasten, sie hätten aus Übermut die Ordnungen der Natur zu stören gesucht. Man darf hoffen, daß es den Menschen nach Einsicht in die Problematik gelingen kann, »am achten Schöpfungstag« durch vernünftige Planung die aus den Fugen geratene Ordnung wieder zu richten. Dazu ist freilich viel Sachverstand und guter Wille, wahrscheinlich auch die Bereitschaft zum Verzicht geboten.

Bei der wachsenden Zahl von Menschen auf der Erde erscheint es als unmöglich, einfach zu den alten ökologischen Ordnungen, wie sie vor der Technisierung bestanden, zurückzukehren. Wir müssen wohl die Flucht nach vorne wagen und eine neue ökologische Ordnung suchen, die die Bereitstellung der für die Ernährung der Menschheit nötigen Energie zuläßt und trotzdem das Leben von Tieren und Pflanzen sicherstellt. Dazu ist eine Zusammenarbeit von Wissenschaftlern und Politikern des Erdkreises nötig, die wir uns freilich heute noch kaum vorstellen können. Man darf sich dabei jedoch nicht auf ungesicherte Zukunftshoffnungen verlassen, etwa auf die Erwartung, in 205 Jahren die Technik der Kernfusion zu beherrschen.

Sicher werden in den nächsten Jahrzehnten schwierige Probleme der technischen Physik und Chemie zu lösen sein. Aber wir haben in den Laboratorien der Industrie und der Universitäten noch viele fähige Forscher, die sich etwas einfallen lassen.

Weit schwieriger erscheint uns ein anderes Problem. Bei der Verwirklichung neuer Projekte sind meist politische, gesetzgeberische Verfahren nötig. Es muß etwa entschieden werden, ob man neue Kraftwerke baut, ob Gelder für Forschungsarbeiten großen Stils zu bewilligen sind, ob die Bestimmungen für den Umweltschutz verschärft werden müssen. Es mag sein, daß sich ein Kreis von Experten über solche Fragen einigen kann. Aber wie sind solche Entscheidungen in den Parlamenten durchzusetzen?

Es liegt nahe, hier an die Lage des Zoologen und Polarforschers Fridtjof Nansen vor dem Völkerbund der zwanziger Jahre zu denken. Er sah, was nottat, was die Vernunft und die Menschlichkeit gebot, um Hungersnöte und Flüchtlingselend zu lindern. Aber allzu oft erhielt er zwar freundlichen Beifall, nach der Beratung in den Ausschüssen aber wurden seine Anregungen abgelehnt. Dabei ist es durchaus möglich, daß die Mitglieder der Entscheidungsgremien von der Berechtigung der Nansenschen Vorschläge überzeugt waren. Aber sie mußten ja den Weisungen ihrer Regierungen folgen. Unsere Parlamentarier sind zwar gemäß der Verfassung nur ihrem Gewissen verpflichtet, aber de facto ist der Druck der Fraktion der Parteigremien und der hinter ihnen stehenden Interessengruppen so stark, daß fast immer die Abstimmungen en bloc nach Fraktionen erfolgen. Da ist es sehr, sehr schwer, unpopuläre, den Interessen großer Gruppen widerstrebende Entscheidungen durchzusetzen.

Doch gerade das dürfte in der Zukunft wieder und wieder notwendig werden, wenn wir eine neue stabile ökologische Ordnung anstreben wollen. Wir haben in dieser Schrift mehrfach gezeigt, daß die Lösung neuer Probleme meist nicht mit den Methoden und Denkweisen von vorgestern möglich ist, daß man nicht unzulässig verallgemeinern, nicht von den Gesetzlichkeiten einer gewissen Struktur auf die einer umfassenderen schließen darf. Wir müssen mit der Möglichkeit rechnen, daß weder die Gesetze der sozialen Marktwirtschaft noch die des klassischen Sozialismus geeignet sind, die ökologischen Probleme von morgen zu lösen. Auch die voreilig zementierten Antiparolen (»Atomkraft – nein danke!«) sind fehl am Platze. Gefragt sind Leute, die sich etwas Neues einfallen lassen, und Parlamentarier, die bereit sind, das Neue sorgfältig zu prüfen und in der Entscheidung wirklich nur ihrem Gewissen zu folgen.

Die Lösung der wissenschaftlichen und technischen Probleme zur Versorgung der Menschheit unter Berücksichtigung ökologischer Gesetzlichkeiten wird schwierig genug sein. Weit problematischer erscheinen uns aber die entstehenden ethischen Probleme.

Der Naturwissenschaftler lebt aus der ihm immer wieder deutlich werdenden Einsicht, daß die Probleme von heute möglicherweise nicht mit den Methoden von gestern zu lösen sind. Anders ausgedrückt: Wenn man von der Untersuchung einer Struktur S zu einer allgemeinen Struktur S_1 übergeht, kann man nicht erwarten, daß alle Gesetzlichkeiten aus S auch in S_1 gelten. Man muß umdenken, sobald sich das Forschungsgebiet erweitert. Das gilt auch für die technische Anwendung solcher Strukturen; die für die Entscheidungen über die Technik und die Wirtschaft von morgen zuständigen Politiker (auch die Gewerkschaftler und die Unternehmer) denken gern in festgelegten Kategorien. Und wenn man sich im Wahlkampf auf die Prinzipien des Sozialismus oder auf die der freien Marktwirtschaft festgelegt hat, dann darf hinterher keiner »umfallen«.

Prinzipientreue und Solidarität: Das sind die Tugenden, die man von einem Politiker erwartet. Wer aus der Reihe tanzt oder sich selbst widerspricht, der hat keine Chancen, sich durchzusetzen.

Indes, die notwendigen Lernprozesse werden in der Regel zunächst von einer Minderheit bewältigt, und diese muß sich dann zumeist gegen eine uneinsichtige Mehrheit durchsetzen. Es kommt zuweilen vor, daß man bei der Beschäftigung mit neuen Problemen zu der Ansicht gelangt, daß eine Meinung falsch war, die man erst gestern noch öffentlich vertreten hat. Kann man es sich leisten, in den Ruf eines Umfallers zu kommen?

Es sei erlaubt, an dieser Stelle eine persönliche Erinnerung einzubringen. Manchmal ging es in den Debatten der deutschen Hochschulgremien der sechziger Jahre sehr lebhaft zu. Als in einer Senatssitzung der Rektor seine Meinung geäußert hatte, fiel ihm eine Kollegin ins Wort: »Aber sie haben doch bisher immer eine ganz andere Ansicht vertreten!« – »Das stimmt«, sagte der Rektor ruhig, »aber ich hab eingesehen, daß das falsch war.« Schweigen. Später berichtete die betroffene Kollegin, daß diese Antwort sie entwaffnet habe. »Wenn einer zugibt, daß er sich geirrt hat, dann kann man einfach nichts mehr sagen!«

Der Rektor hat durch sein offenes Wort keineswegs »das Gesicht verloren«. Er hat dadurch in der Hochschule im Gegenteil an Kredit gewonnen. Die in der Zukunft anstehenden Fragen der Wirtschaft und der Technologie sind so schwierig, daß man wieder und wieder mit der Möglichkeit rechnen muß, daß auch gescheite Leute sich zunächst einmal irren. Wenn wir die richtigen Lösungen für unsere Zukunftsfragen finden und die erkannten Einsichten politisch durchsetzen wollen, dann wird das vielleicht nur möglich sein, wenn die Wissenschaftler *und* die Politiker umzudenken bereit sind und gegebenenfalls auch einmal zugeben können, daß sie sich geirrt haben. Das gilt nicht nur für die alten Routiniers der politischen Macht, sondern auch und gerade für die jungen Revolutionäre, die sich auf eine Ideologie festgeschrieben haben.

Aber kehren wir nun von dem Exkurs in die Politik zurück zu unserer Fragestellung! Hat es angesichts der quälenden, uns in der Existenz bedrohenden Probleme der Zeit einen Sinn, nach Realitäten im »Jenseits« der Wissenschaften zu fragen? Wir meinen: Ja! Denn die erwähnten Probleme können nur von Menschen gemeistert werden, die fähig sind, frei zu denken und aus ihrem Gewissen zu leben. Das sokratische »Daimonion« haust aber im »Jenseits« der Wissenschaften.

8. Leben aus dem »Jenseits« der Wissenschaft

Das habe ich in dieser Schrift hoffentlich mehrfach deutlich machen können: Wenn wir uns den Realitäten nicht verschließen, wenn wir uns den erkenntnistheoretischen Einsichten der Grundlagenforschung stellen, dann müssen wir einsehen, daß wir die großen Probleme unserer Zeit nicht einfach durch rationale Deduktionen lösen können, daß wir auch aus dem »Jenseits« der Wissenschaft leben. Wie ist das aber möglich, ohne sich ungesicherten Ideologien auszuliefern?

Wir haben bereits ausgeführt, daß es eine tröstliche, tief liegende Gemeinsamkeit der frei Forschenden gibt. Wir dürfen hoffen, daß sie auch in der Lage sein wird, die uns heute quälenden Probleme zu meistern. Es könnte sein, daß wir auf dem Wege zu einer neuen Ökologie und zu einem menschlichen Miteinander erkennen können, daß das Plancksche »Hin zu Gott!« einen Sinn hat.

Man kann es auch mit einer sehr alten Formel so ausdrücken: Die Ehrfurcht vor dem »gestirnten Himmel« über uns und dem »moralischen Gesetz« in uns hat auch dann noch ihren Sinn, wenn wir diesen Himmel vor lauter Unrat in der Atmosphäre nur selten in seiner vollen Schönheit zu sehen bekommen und wenn anscheinend die Stimmen der Interessengruppen viel stärker sind als die des »Daimonions« in unserer Brust. Es bleibt also dies:

1. Die Einsteinsche Ehrfurcht vor der Harmonie des Kosmos. Wer sie nicht in den mathematischen Gesetzlichkeiten der großen Theorien findet, der kann sie auch heute noch unmittelbar erleben, wenn er die freilich selten gewordenen Stätten der großen Einsamkeit aufsucht.

2. Es bleiben die »ethischen Gesinnungen«, die Einstein mit seinem Freunde Born gegen »eine Welt von Zynikern« verteidigen wollte (Kap. V, 6).

Wir können hinzufügen, daß in unserer Zeit, in der der Menschheit die Bemühung um eine neue Ökologie aufgegeben ist, die »ethischen Gesinnungen« der Verantwortlichen besonders wichtig werden. Und wenn uns auch der Blick auf die Sterne zuweilen durch den Smog verdunkelt ist, so bleibt uns doch die durch die Forschung vertiefte Einsicht in die Gesetzlichkeiten des Kosmos und die aus dem »Urvertrauen« (im Staehelinschen Sinne) wachsende Hoffnung, daß kommende Generationen auch die uns heute quälenden Umweltprobleme meistern können.

Wir wollen solches Urvertrauen nicht aus den »großen Erfahrungen« einiger weniger Menschen (Kap. XI) rechtfertigen. Es gibt Zugänge zur zweiten Wirklichkeit, die allen Menschen zugänglich werden können. Albrecht Goes (S. 322) hat es einmal so ausgedrückt:

Ich glaube, daß der Mensch, dieser schwierige, widerspruchsvolle Mensch, der so viel zerstört hat und täglich weiter zerstört, dennoch mit dem göttlichen Ebenbild zu tun hat. Darum gehen mich seine Wege zurück an, alle Geflechte vom Anfang her: Väter und Vorväter, Mütter und Urmütter, die Kindheit, die Lebenszusammenhänge aus Umwelt und Landschaft, Sprache und Geschichte, der ganze Teppich Vergangenheit, in dem so viel vorkommt: so viel Bösewichterei, aber eben auch Hölderlin und Mozart. Darum scheint mir die Losung »Blick nicht zurück!« so wenig gültig zu sein wie die andere: »Blicke zurück im Zorn!«

Und ich glaube, daß es mitten in der Gegenwart etwas wie eine winzige, wunderbare Möglichkeit des Menschen gibt, daß im Aufschlagen eines Augenlids, im Kuß der Liebe, im Klang der Stimme, die ehrfürchtig eine vollkommene Dichterzeile wiederholt, die Welt sich verändern kann. Die Welt lebt, das glaube ich, viel mehr, als es ihr bewußt ist, von dem unscheinbaren Werk der Geduld, dem Lächeln der Versöhnlichkeit, von dem mutigen Vertrauen – nicht ihrer Träumer, sondern der Erschrockenen und Leidenden. Die mühsame Arbeit freilich, quadratzentimeterweise den Boden des Vertrauens zu bebauen, bleibt keinem erspart, und hier hängt alles mit allem zusammen, der kleinste Bereich mit dem größten Bereich.

Und ich glaube, daß der Mensch bei dieser Arbeit nicht allein gelassen ist, daß im großen Welttheater nicht nur die Teufel, sondern auch die Engel unermüdliche und kräftige Akteure sind. Ich glaube, daß der Mensch eine Zukunft hat, weil ich an den lebenverwandelnden Geist glaube. Darum ist mir – in der Kunst – zweierlei gleich fremd: jene hartherzige Schönheit und Harmonie, die sich selbst genug ist, und das Trümmerwerk, das selbstzerstörerisch seinen eigenen Ruin genießt. Wohl aber glaube ich, daß die ockerfarbenen Wellenlinien bei Paul Klee und die Sextengänge in der Zauberflöte aus der Wahrheit sind, weil sie im Bündnis stehen mit der ewigen Weise; einer Weise, die wohl ernst macht, weil es ihr auf ein ernstes Ziel ankommt, die aber zugleich so gerne spielt, mit uns spielt als mit den Gästen im Zelt, die Gäste ermutigend zu der Leichtigkeit der Seele, zur Heiterkeit der Weitereilenden. »Die Macht ist bei den Fröhlichen«, sagt Hoffmannsthals Sängerin. Ich glaube, sie hat recht.

Nun haben wir am Schluß einer der aus dem Geist der exakten Wissenschaft vorgenommenen Erkenntniskritik gewidmeten Schrift einem Dichter-Theologen das Wort gegeben. Wir müssen mit dem Vorwurf rechnen, daß wir uns damit doch recht weit von der Denkweise der exakten Forschung entfernt haben. Das ist wahr. Aber solches Verhalten legen uns die Ergebnisse der Grundlagenforschung nahe: Je eingehender wir uns mit den Möglichkeiten der exakten Verfahren beschäftigen, desto mehr wächst die Einsicht, daß der Bereich der axiomatisch fundierten oder der durch einwandfreie Experimente abgesicherten Erkenntnisse recht eng ist.

Es gibt keine Weltanschauung, die eine für unser menschliches Miteinander wichtige Fragestellung allein durch Anwendung exakter Methoden einwandfrei beantworten könnte. Es scheint, daß unser Menschsein darauf angelegt ist, daß wir wenig wissen und viel vertrauen sollen, wenn wir ein erfülltes Dasein gestalten wollen. Und so erscheint es nicht verfehlt zu sein, wenn wir das im Bereich des Möglichen so unerläßliche Vertrauen auch dann walten lassen, wenn es um die Sinndeutung unseres Daseins geht.

Literaturverzeichnis

Amery, J. Das Ende der Vorsehung, Hamburg 1972
Bavink, B. (1) Probleme und Ergebnisse der Naturwissenschaften, 7. Aufl., Leipzig 1941
    (2) Naturwissenschaft auf dem Wege zur Religion, Frankfurt a. M. 1939
Bender, H. Verborgene Wirklichkeit, 3. Aufl., Olten 1974
Bernoulli, J. Ars coniectandi, opus posthumum, Paris 1713
Bertholet, A. Erinnerungen an Max Planck, Physik. Blätter 3, 1958, S. 161ff.
Boethius. Trost der Philosophie, dt. v. K. Büchner, Wiesbaden o. J.
Born, M. (1) Physik im Wandel meiner Zeit, Braunschweig 1957
    (2) Die Relativitätstheorie Einsteins, Berlin-Göttingen-Heidelberg 1964
    (3) Aus dem Briefwechsel Einsteins mit M. und H. Born, Braunschweig 1966/67
Born, H. u. M. (1) Briefwechsel 1916–1955, München 1969
    (2) Der Luxus des Gewissens, München 1969
Buchwald, E. Bildung durch Physik, Göttingen 1956
Cantor, G. Ex oriente lux, Privatdruck, Halle o. J.
Charon, J. Der Geist der Materie, Wien-Hamburg 1979
Darwin, Ch. Über die Entstehung der Arten, 1859
Deker, U. u. Thomas, H. Unberechenbares Spiel der Natur. Die Chaos-Theorie, Bild d. Wiss. 20, Heft 1, 1983
Ditfurth, H. v. Wir sind nicht nur von dieser Welt, Hamburg 1981
du Bois-Reymond, E. Über die Grenzen der Naturerkennung, 11. Aufl., Berlin 1967
Eichelberg, P. C. u. Sexl, R. u. U. Albert Einstein. Sein Einfluß auf Physik, Philosophie und Politik, Braunschweig u. Wiesbaden 1979
Einstein, A. (1) Mein Weltbild, Hg. C. Seelig, Frankfurt o. J.
    (2) Akademie-Vorträge, Nachdruck, Berlin o. J.
    (3) Aufsatz, Times vom 28. 11. 1919
    (4) Sitzungsberichte d. Preuß. Akad. d. Wiss., 1914, 1915
Frisch, K. v. Aus dem Leben der Bienen, Berlin u. a. 1977
Fritzsch, H. (1) Quarks, 2. Aufl., München 1981
    (2) Vom Urknall zum Zerfall, München 1983
Fromm, E. Psychoanalyse und Religion, Konstanz 1966
Gerlach, W. Humanität und naturwissenschaftliche Forschung, Braunschweig 1962
Glowatzki, G. Konflikte zwischen Wunsch und Wirklichkeit, Der Kassenarzt 1983/3, S. 23ff.
Gödel, K. Über formal unentscheidbare Sätze der Principia Mathematica und verwandter Systeme, I. Monatshefte f. Mathematik und Physik 38, 1931, S. 173–198

Goes, A. Aber im Winde das Wort. Prosa und Verse aus zwanzig Jahren, Frankfurt a. M. 1963

Graham, R. Ein unberechenbares Stück Natur – die Turbulenz, Bild d. Wiss. 4/ 1982, S. 68ff.

Gröbner, W. Diagnose und Prognose, Privatdruck, Innsbruck 1960/61

Gruhl, H. Das irdische Gleichgewicht, Düsseldorf 1982

Hammarskjöld, D. Zeichen am Weg, München-Zürich 1965

Heisenberg, E. Das politische Leben eines Unpolitischen, München 1980

Heisenberg, W. (1) Der Teil und das Ganze, München 1969
(2) Schritte über Grenzen, München 1971

Heitler, W. (1) Der Mensch und die naturwissenschaftliche Erkenntnis, Braunschweig 1962
(2) Naturphilosophische Streifzüge, Braunschweig 1970
(3) Wahrheit und Richtigkeit in den exakten Naturwissenschaften, Ak. Wiss., Lit., Mainz 1972
(4) Die Natur und das Göttliche, Zürich 1974
(5) Die Evolution – ein physikalischer Zufall?, Scheidewege 1, 1975, S. 42–55

Hemleben, J. Charles Darwin, Reinbeck 1968

Herneck, F. Bemerkungen zur Religiosität Max Plancks, Physik. Blätter, 1958, S. 320

Hilbert, D. (1) »Über Naturerkennen und Logik«, Naturwissenschaften 1930, S. 959ff.
(2) Brief an Frege, Sitz.-Ber. d. Heidelberger Akad. d. Wiss. math.-nat. Kl., Jg. 1941, 2. Abh.
(3) Ges. Abh. III, Berlin-Heidelberg-New York 1970

Hilbert, D. u. Ackermann, W. Grundzüge der theoretischen Logik, 3. Aufl., Berlin-Göttingen-Heidelberg 1949

Hubel, D. H. Das Gehirn, Spektrum d. Wiss. XI, 1979, S. 36ff.

Humboldt, W. v. Sein Leben und Wirken, dargestellt in Briefen, Tagebüchern und Dokumenten seiner Zeit, Berlin 1953

Hunke, S. (1) Europas andere Religion, Düsseldorf-Wien 1969
(2) Glaube und Wissen, Düsseldorf-Wien 1979

Huxley, A. Himmel und Hölle, München 1957

Huxley, J., Hg. Der evolutionäre Humanismus, München 1964

Illies, J. Schöpfung und Evolution, Zürich 1979

Jordan, P. (1) Die Physik und das Geheimnis des Lebens, Braunschweig 1948
(2) Albert Einstein, Frauenfeld u. Stuttgart 1969
(3) Wir müssen den Frieden retten, Flugschrift, Berlin 1957

Kippenhahn, R. 100 Milliarden Sonnen, München 1980

Klaus, G. Moderne Logik, Berlin 1970

Kleene, S. C. Introduction to Metamathematics, Groningen 1952

Laplace, P. S. de. Exposition du système du monde, 2 Bde., Paris 1796

Leibniz, G. W. Fragmente zur Logik, Hg. Franz Schmidt, Berlin 1960

Lenin, I. Werke, Berlin-Wien 1927

Lévy, P. Quelques Aspects de la Pensée d'un Mathématicien, Paris 1970

Lichtenberg, J. Ch. Tag und Dämmerung. Aphorismen, Leipzig 1941

Lindenberg, W. Über die Schwelle. Gedanken über die letzten Dinge, München-Basel 1972

Löbsack, Th. Die Biologie und der liebe Gott, München 1968

Lohmann, M., Hg. Wohin führt die Biologie?, München 1977

Luthe, H. Die Religionsphilosophie von Heinrich Scholz, Diss., München 1961

March, A. Der Weg des Universums, Bern o. J.

Marneck, F. Glaubenslose Religion, München 1931

Matile, Ph. Die heutige entscheidende Phase in der biologischen Forschung, Universitas, 1973, S. 543f.

Meitner, L. Max Planck als Mensch, Naturwissenschaften, 45, 1958, S. 406ff.

Melchers, S. Organismen – Mechanismen und allgemeine Biologie, in Lohmann, M., Hg., Wohin führt die Biologie?, München 1977, S. 33ff.

Meschkowski, H. (1) Das Christentum im Jahrhundert der Naturwissenschaften, München 1961

(2) Wahrscheinlichkeitsrechnung, Mannheim 1968

(3) Wandlungen des mathematischen Denkens, 4. Aufl., Braunschweig 1969

(4) Richtigkeit und Wahrheit in der Mathematik, 2. Aufl., Zürich 1978

(5) Problemgeschichte der neueren Mathematik (1880–1950), Mannheim 1978

(6) Mathematik und Realität, Mannheim 1979

(7) Problemgeschichte der Mathematik, I, II, Zürich 1979/81

(8) Georg Cantor – Leben, Werk und Wirkung, 2. Aufl., Mannheim 1982

Mittasch, A. Erlösung und Vollendung, Meisenheim-Wien 1953

Monod, J. Zufall und Notwendigkeit, 5. Aufl., München 1973

Moody, R. A. (1) Leben nach dem Tod, Hamburg 1977

(2) Nachgedanken über Leben nach dem Tod, Hamburg 1978

Müller, A. Bios und Christentum, Stuttgart 1958

Müller, A. M. K. Wende der Wahrnehmung, München 1978

Musil, R. Der mathematische Mensch, zit. n. Jb. Überblicke Mathematik 1980, S. 205

Nevanlinna, R. Raum, Zeit und Relativität, Basel-Stuttgart 1964

Paturi, F. Geniale Ingenieure der Natur, Düsseldorf-Wien 1974

Pamlin, W. Physik und Erkenntnistheorie, Braunschweig 1961

Péter, R. Rekursive Funktionen, Budapest 1951

Planck, M. (1) Religion und Naturwissenschaft, Leipzig 1938

(2) Vorträge und Erinnerungen, Darmstadt 1969

Popper, K. R. (1) Objektive Erkenntnis, Hamburg 1973

(2) Wissen und Nichtwissen, Vortrag in Frankfurt, Frankfurter Rundschau v. 02.06.1979

(3) Wissen und Nichtwissen, Vortrag in Frankfurt, Frankfurter Rundschau v. 19.06.1979

Popper, K. R. u. Eccles, J. C. Das Ich und sein Gehirn, München 1982

Portmann, A. (1) Welterleben und Weltwissen, München 1964

(2) Entläßt die Natur den Menschen?, München 1970

(3) Biologie und Geist, Frankfurt 1973

(4) An den Grenzen des Wissens, Düsseldorf-Wien 1974

Prigogine, J. Vom Sein zum Werden, München 1979

Reichenbach, H. Der Aufstieg der wissenschaftlichen Philosophie, 2. Aufl., Braunschweig 1968

Rensch, B. Homo sapiens – vom Tier zum Halbgott, 3. Aufl., Göttingen 1970

Riemann, B. Gesammelte mathematische Werke, Leipzig 1982

Rosenbloom, P. The Elements of Mathematical Logic, New York 1950

Russell, B. (1) Mystik und Logik, Wien 1952

(2) Warum ich kein Christ bin, Hamburg 1968

Scholz, H. (1) Logik, Grammatik, Metaphysik, Arch. Phil. 1, 1947, S. 39–80
  (2) Mathesis universalis, Stuttgart 1969
Schröder, J. Was ist Leben?, Freiburg 1971
Schrödinger, E. (1) Was ist Leben?, 4. Aufl., München 1951
  (2) Geist und Materie, 2. Aufl., Braunschweig 1961
  (3) Meine Weltansicht, Hamburg 1963
Schumann, F. K. Mythos und Technik, Arbeitsgem. Forsch. Nordrhein-Westfalen, Heft 49
Schweizer, A. Aus meinem Leben und Denken, München 1947
Sexl, R. u. Schmidt, H. K. Raum-Zeit-Relativität, Braunschweig-Wiesbaden 1979
Shaefer, G. (1) A Mathematical Theory of Existence, Princeton 1976
  (2) Non-additive Probabilities in the Work of Bernoulli and Lambert, Arch. Hist. Ex. Sc. 19, 1978, S. 309–370
Snow, C. P. The Two Cultures and a Second Look, London 1959, dt. Die zwei Kulturen, Stuttgart 1967
Spaemann, R. u. Löw, R. Die Frage Wozu?, München 1981
Staehelin, B. (1) Haben und Sein, 6. Aufl., Zürich 1971
  (2) Urvertrauen und zweite Wirklichkeit, Zürich 1973
  (3) Was ist das Heilige?, Zürich 1974
  (4) Von der Transzendenz der Seele – vom Aufbruch des Menschen in eine neue Zeitepoche, Schweiz. Med. Rundschau 63, 1974, Nr. 10, S. 276–295
Stegmüller, W. (1) Metaphysik, Wissenschaft, Skepsis, Frankfurt-Wien 1954
  (2) Personale und statistische Wahrscheinlichkeit, Berlin-Heidelberg-New York 1973
Steinbuch, K. Falsch programmiert, Stuttgart 1968
Szczesny, G. (1) Zukunft des Unglaubens, München 1958
  (2) Club Voltaire I, München 1963
Tenhaeft, W. H. C. Hellsehen und Telepathie, Gütersloh 1962
Toynbee, A. u. Ph. Über Gott und die Welt, München 1963
van der Waerden, B. Erwachende Wissenschaft, Basel-Stuttgart 1966
Vicomte, A. Cours de philosophie positive I, Paris 1869
Wagner, F., Hg. Menschenzüchtung, München 1969
Weizsäcker, C. F. v. (1) Die Tragweite der Wissenschaft, Stuttgart 1964
  (2) Die Einheit der Natur, 2. Aufl., München 1971
  (3) Der Garten des Menschlichen, 2. Aufl., München-Wien 1977

Nachweis der Abbildungen

Abb. 1 aus: H. Meschkowski, Georg Cantor, Leben, Werk und Wirkung, Mannheim/Wien/Zürich 1983, S. 170

Abb. 2 aus: H. Meschkowski, Mathematik verständlich dargestellt, München/Zürich 1981, S. 151

Abb. 3, 4, 7–12 aus: H. Meschkowski, Wandlungen des mathematischen Denkens, Braunschweig 1969, S. 5, 9, 13, 14, 16

Abb. 5, 6 aus: H. Meschkowski, Problemgeschichte der Mathematik I, Mannheim/Wien/Zürich 1979, S. 77

Abb. 13 aus: H. Meschkowski, Problemgeschichte der neueren Mathematik, Mannheim/Wien/Zürich 1978, S. 234

Abb. 14 aus: H. Meschkowski, Problemgeschichte der Mathematik II, Mannheim/ Wien/Zürich 1981, S. 46

Abb. 15 aus: H. Meschkowski, Funktionen, Mannheim/Wien/Zürich 1970, S. 10

Abb. 16 aus: W. H. Westphal, Physik, Berlin/Heidelberg 1947, S. 630

Abb. 17 vom Autor

Abb. 18 aus: H. Meschkowski, Nichteuklidische Geometrie, Braunschweig 1965, S. 74

Abb. 19 aus: K. v. Frisch, Aus dem Leben der Bienen, Berlin 1927, S. 11

Abb. 20: Staatsbibliothek Preußischer Kulturbesitz Berlin

Namensregister

Abel, N. H. 52f.
Ackermann, W. 85, 92, 302
Amery, J. 292, 301
Arabische Mathematik 49
Archimedes 49, 50
Aristoteles 143

Bavink, B. 146f., 150, 241, 301
Barth, K. 96, 279
Bender, H. 240, 301
Bense, M. 271f., 274, 283, 286
Bergson, H. 275
Bernoulli, J. I. 69f., 71, 301
Bertholet, A. 279, 301
Bessel, F. W. 62
Boethius 142ff., 301
Bohr, N. 36–41, 118, 122, 132, 136, 204, 266
Boltzmann, L. 72f., 131
Bolza, O. 251f., 254 (vgl. Marneck)
Bolyai, J. v. 61ff., 100, 154
Bolyai, W. 61, 100
Boole, G. 71f., 80, 81
Born, H. 166, 227, 301
Born, M. 99, 121–124, 132, 132–136, 150, 160, 227, 257, 269, 295, 301
Bose, S. N. 72f.
Bourbaki (27)
Büchner, G. 266
Buchwald, E. 166, 301
Busch, W. 166f.

Calvin, J. 250
Cantor, G. 22f., 34f., 49, 68f., 100, 148, 271, 273, 301
Cardano, G. 50
Cauchy, A. 13f., 16, 51, 244
Charon, E. 199ff., 301
Clausius, R. J. E. 131

Compton, A. H. 37
Comte, A. 51f.
Coulomb, Ch. A. de 215
Couturat, L. 77
Crick, F. 188f.

Darwin, Ch. 203–206, 217, 219, 231, 264, 301
Dedekind, R. 49
Deker, U. 139f., 301
de Méré, A. 66–69, 71
Demokrit 175
Descartes, R. 51, 77, 275
Dingle, H. 121, 124, 126, 160
Dirac, P. 265f., 271, 274, 283, 286
Ditfurth, H. v. 214, 215–219, 243f., 246, 264, 265, 266f., 301
Dostojewski, F. 253
Dreyfus, A. 287
du Bois-Reymond, E. 14, 99, 174, 212f., 301
Duns Scotus 84
Dürckheim, K. Graf 247, 251

Eccles, J. C. 195, 201, 303
Eckehart 282, 285
Eichelberg, P. C. 200, 301
Eichendorff, J. v. 288
Einstein, A. 18, 99, 106, 116, 120, 124, 132, 132–136, 142, 147–151, 152ff., 154–157, 158, 160, 161, 166, 175, 191f., 200, 209, 223, 227, 247, 257, 264, 265, 268, 269, 271, 283f., 286, 288, 295, 301
Euklid 48, 54, 55–66, 68, 155, 162, 215
Euler, L. 22, 24ff., 178

Fermat, P. 69
Fermi, E. 72f.

306

Bücher zum Thema

Manfred Eigen/Ruthild Winkler
Das Spiel
Naturgesetze steuern den Zufall. 5. Aufl., 49. Tsd. 1983. 404 Seiten mit
68 Abbildungen. Kt.

Harald Fritzsch
Quarks
Urstoff unserer Welt. Vorwort von Herwig Schopper. 6., überarbeitete
Aufl., 30. Tsd. 1984. 320 Seiten mit 91 Abbildungen. Geb.

Harald Fritzsch
Vom Urknall zum Zerfall
Die Welt zwischen Anfang und Ende. 3., überarbeitete Aufl., 35. Tsd. 1983.
351 Seiten mit 55 Abbildungen. Geb.

Elisabeth Heisenberg
Das politische Leben eines Unpolitischen
Erinnerungen an Werner Heisenberg. 2., durchges. Aufl., 14. Tsd. 1983.
202 Seiten. Serie Piper 279

Werner Heisenberg
Denken und Umdenken
Zu Werk und Wirkung von Werner Heisenberg. Für die Alexander von
Humboldt-Stiftung hrsg. von Heinrich Pfeiffer. 1977. 279 Seiten mit
10 Fotos. Kt.

Werner Heisenberg
Schritte über Grenzen
Gesammelte Reden und Aufsätze (Erscheint im Juli 1984). Ca. 317 Seiten.
Serie Piper 336

Werner Heisenberg
Der Teil und das Ganze
Gespräche im Umkreis der Atomphysik. 5. Aufl., 56. Tsd. 1981.
334 Seiten. Geb.

Werner Heisenberg
Tradition in der Wissenschaft
Reden und Aufsätze. 1977. 145 Seiten. Serie Piper 154

Piper

Bücher zum Thema

Aldous Huxley
Die Pforten der Wahrnehmung – Himmel und Hölle
Aus dem Englischen von Herberth E. Herlitschka. 11., durchges. und neu
übers. Aufl., 62. Tsd. 1984. 134 Seiten. Serie Piper 6

Rudolf Kippenhahn
Hundert Milliarden Sonnen
Geburt, Leben und Tod der Sterne. 3. Aufl., 17. Tsd. 1981. 276 Seiten mit
89 Abbildungen und 6 farb. Tafeln. Geb.

Herbert Meschkowski
Mathematik verständlich dargestellt
2. Aufl., 9. Tsd. 1983. 317 Seiten mit 82 Abbildungen. Kt.

Jacques Monod
Zufall und Notwendigkeit
Philosophische Fragen der modernen Biologie. Vorwort von Manfred
Eigen. Aus dem Französischen von Friedrich Griese. 6. Aufl., 76. Tsd.
1983. 238 Seiten. Geb.

Karl R. Popper/John C. Eccles
Das Ich und sein Gehirn
Aus dem Englischen von Angela Hartung und Willy Hochkeppel, unter
wissenschaftlicher Mitarbeit von Otto Creutzfeldt. 3. Aufl., 32. Tsd. 1984.
699 Seiten mit 66 Abbildungen. Geb.

Ilya Prigogine
Vom Sein zum Werden
Zeit und Komplexität in den Naturwissenschaften. Aus dem Englischen
von Friedrich Griese. 3. Aufl., 8. Tsd. 1982. 261 Seiten mit Abbildungen und
Tabellen. Kt.

Ilya Prigogine/Isabelle Stengers
Dialog mit der Natur
Neue Wege naturwissenschaftlichen Denkens. Aus dem Englischen von
Friedrich Griese. 4. Aufl., 24. Tsd. 1983. 314 Seiten mit 26 Zeichnungen.
Geb.

Piper